YOUNG OXFORD

ASTRONOMIE

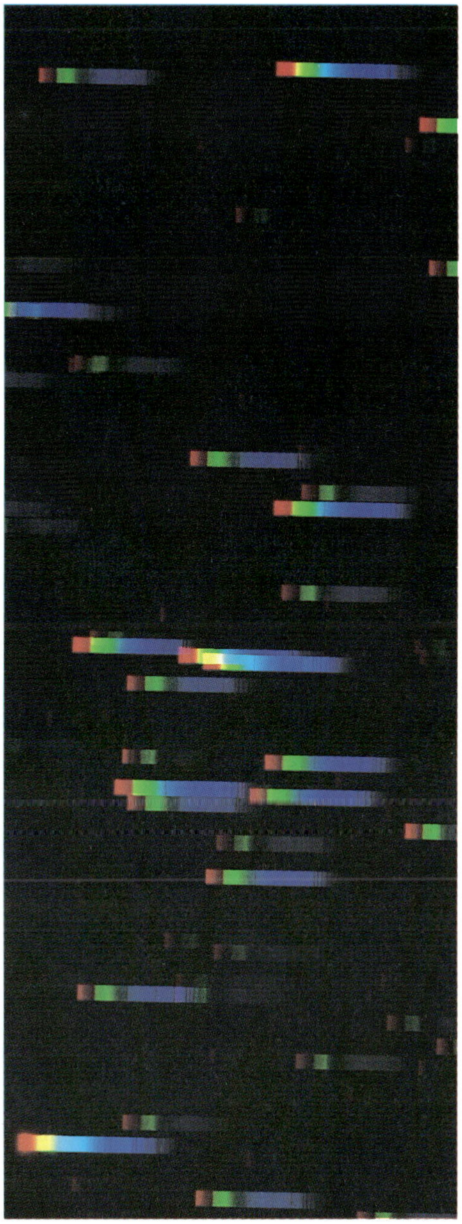

YOUNG OXFORD

ASTRONOMIE

Simon und Jaqueline Mitton

Aus dem Englischen
von Karin Schuler
und Anja Hansen-Schmidt

Beltz & Gelberg

INHALT

Titel der englischen Originalausgabe:
THE YOUNG OXFORD BOOK OF ASTRONOMY

This translation of
THE YOUNG OXFORD BOOK OF ASTRONOMY
originally published in English in 1994 is published
by arrangement with Oxford University Press, Oxford.
Diese Übersetzung von
THE YOUNG OXFORD BOOK OF ASTRONOMY,
erstmals auf Englisch 1994 erschienen, wurde im
Einverständnis mit Oxford University Press verlegt.

Programm Beltz & Gelberg, Weinheim
Einbandgestaltung: Max Bartholl
Satz: Satz- und Reprotechnik GmbH, Hemsbach
Printed in Italy
ISBN 3-407-75301-2
3. Auflage

Gesetzt nach der neuen Rechtschreibung

1

Die Herausforderung der Astronomie

2

Das Sonnensystem

Einleitung

Schau in einer klaren Nacht zum Himmel hinauf, und du siehst unzählige glitzernde Lichtpunkte. Was sind das für Sterne und Planeten? Wie weit sind sie entfernt? Können wir mehr über sie in Erfahrung bringen? Die Menschen haben sich über Jahrtausende hinweg diese Fragen gestellt, und da du unser Buch aufgeschlagen hast, suchst auch du offensichtlich nach Antworten.

Bevor das Fernrohr vor etwa 400 Jahren erfunden wurde, war es für Astronomen schwierig, Genaueres herauszufinden. Heute sammeln Teleskope und Raumsonden faszinierende Bilder und Informationen über die Planeten, Sterne und Galaxien. In diesem Buch stellen wir die verschiedenen Wege vor, auf denen die Astronomen heute das Universum erforschen. Dann machen wir uns auf eine Reise durchs All, beginnend mit den Planeten. Wir machen Station bei unserem Stern, der Sonne, bevor wir die gigantische Vielfalt der Sterne in unserer Galaxis, der Milchstraße, bewundern. Jenseits der Milchstraße lädt ein ganzes Universum von Galaxien zur Erkundung ein. Und wenn der Himmel heute Nacht klar ist, kannst du auch zu deiner eigenen Entdeckungsreise ins Weltall aufbrechen und deinen Weg durch die Sternbilder mit unseren leicht lesbaren Sternkarten finden. Viel Spaß dabei!

Simon Mitton
Jacqueline Mitton

Die Herausforderung der Astronomie

Wir leben auf dem Planeten Erde, der die Sonne in Begleitung des Mondes umkreist. Die Sonne ist ein Stern unter Milliarden in der Galaxis Milchstraße. Es gibt andere Galaxien, so weit entfernt, dass ihr Licht Milliarden von Jahren braucht, um uns zu erreichen. Mit Hilfe von Teleskopen und Raumsonden erklären uns Astronomen unseren Blick auf die Sonne und den sternenübersäten Nachthimmel.

DIE ERKUNDUNG DES UNIVERSUMS

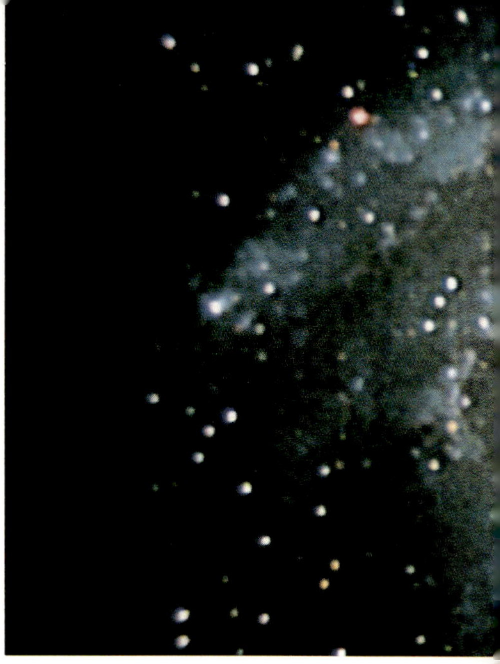

Astronomen versuchen das Universum zu erforschen und zu verstehen. Im Weltall findet sich Materie verschiedenster Form: Staub und Gas, Planeten und Kometen, unser Mond und andere Monde, die Sonne und andere Sterne, die Milchstraße und andere Galaxien.

Dieses Buch erklärt, was Astronomie ist und was Astronomen über das Universum sagen können. Wir werden die Planeten unseres Sonnensystems besuchen, den Weg der Sterne betrachten und den Anfang und das Ende des Universums erkunden.

Die professionelle Astronomie ist heute eine Wissenschaft, die die Eigenschaften der Planeten, Sterne und Galaxien im Universum erforscht. Astronomen wollen die Geschichte des Universums und seiner verschiedenen Objekte kennen lernen. Sie messen die Entfernungen zu den nächsten Planeten und den entferntesten Galaxien, und sie versuchen mit Hilfe der Mathematik und Physik die inneren Abläufe auf der Sonne und anderen Sternen zu untersuchen. Dazu setzen sie eine sehr teure Ausrüstung ein, riesige Teleskope, Raumsonden und die schnellsten Computer der Welt.

Aber Astronomie ist nicht nur eine Sache der Wissenschaftler. Auch ganz ohne jede Ausrüstung kannst du dich mit Astronomie beschäftigen, vielleicht schon heute Nacht. Mit einem billigen Fernglas kannst du die Mondkrater, verschiedene Sternenhaufen und die Milchstraße erkunden.

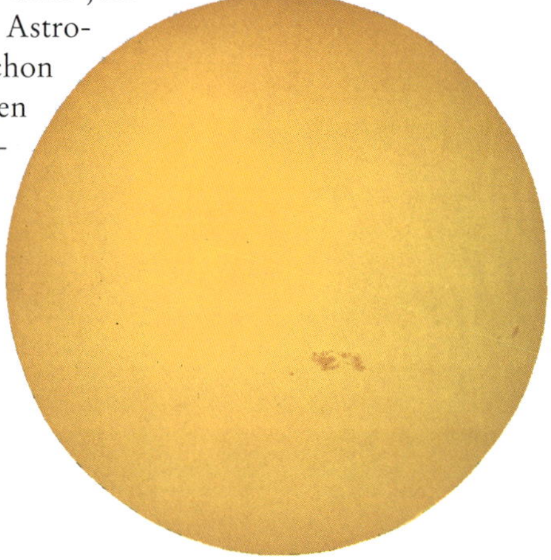

▽ Die Sonne ist ein Stern. Ihr Durchmesser ist 109-mal so groß wie der der Erde.

◁ Die Erde auf einem Foto des Raumfahrzeugs Apollo 17, aufgenommen aus einer Entfernung von 40.000 km. Ganz Afrika ist zu sehen.

◁ Diese Spiralgalaxie (NGC 6946) ähnelt der Milchstraße, zu der auch die Sonne gehört.

Was ist das »Universum«?

In der Wissenschaft bedeutet »Universum« die größtmögliche Ausdehnung des Raums inklusive aller darin enthaltenen Materie und Strahlung, die uns irgendwie beeinflussen kann. Aus unserer Sicht gibt es daher nur ein beobachtbares Universum. Vielleicht gibt es andere Universen, vielleicht ist das Universum, das wir sehen, grenzenlos. Die Ausdehnung des Raumes, die wir beobachten können, heute etwa 17 Milliarden Lichtjahre in jede Richtung, ist »unser« Universum.

▽ Der Komet West. Man sieht einen aus Gas und Staub bestehenden Schweif, der vom Kopf des Kometen ausgeht. Die Lichter der Sterne verschwimmen, da die Kamera der Bewegung des Kometen folgt.

△ Die Oberfläche des Planeten Venus ist von zahlreichen Vulkankratern und breiten Lavaströmen bedeckt.

◁ NGC 3932 ist ein junger Sternhaufen.

Was können wir heute Nacht sehen?

Beginnen wir mit der größten Sensation, die die Erde zu bieten hat: dem sternenübersäten Nachthimmel.

In einer dunklen Nacht kann man tausende von Sternen und den nebligen Streifen der Milchstraße erkennen, wenn die künstlichen Lichter der Stadt nicht zu hell leuchten. Im Laufe der Nacht drehen sich die Sternenmuster langsam von Osten nach Westen. Versuche dich auf einige leicht erkennbare Sternbilder zu konzentrieren. Suche die hellsten Sterne und die Figuren und Muster, die sie formen.

Wenn du eine Stunde später noch einmal nachschaust, haben sich die Sternenmuster etwas bewegt und sind jetzt weiter im Westen zu sehen. Der Grund dafür ist die Erdrotation. Du hast schon eine wichtige wissenschaftliche Beobachtung gemacht. Sie ist der Beweis dafür, dass die Erde sich im Raum dreht.

▷ Das Sternbild Orion, der Jäger, ist zwischen November und März abends beinahe überall auf der Erde zu sehen.

Vom Mythos zur modernen Wissenschaft

Jahrtausende lang beobachteten die Menschen den Nachthimmel ohne alle Hilfsmittel. Die frühesten Astronomen in verschiedenen Kulturen gaben vielen Sternbildern wie auch einzelnen Sternen jeweils eigene Bezeichnungen. Noch heute benutzen die Astronomen viele Namen, die die Griechen vor über 2000 Jahren prägten.

Der Unterschied zwischen Astronomie und Astrologie ist sehr wichtig. Astronomie ist eine Wissenschaft, die auf sorgfältiger Beobachtung beruht. Astrologie ist eine Form des Aberglaubens. In früheren Jahrhunderten galt auch die Astrologie als ernst zu nehmende Wissenschaft und war Anlass für viele astronomische Beobachtungen.

Planeten, Sterne und Galaxien

Wir leben auf dem Planeten Erde auf einer Umlaufbahn um einen Stern, den wir Sonne nennen. Es gibt neun größere Planeten, die um die Sonne kreisen. Sieben von ihnen haben Monde. Die Sonne, die Planeten und ihre Monde bilden zusammen mit zahllosen Asteroiden und Kometen sowie Unmengen von Staub das Sonnensystem. Raumsonden haben alle Planeten unseres Sonnensystems mit Ausnahme des Pluto, des entferntesten, besucht oder sind nahe an ihnen vorbeigeflogen.

Der wichtigste Unterschied zwischen Sternen und Planeten ist, dass Sterne aus eigener Kraft leuchten, während Planeten nur das Licht der Sonne reflektieren. Sterne produzieren ihr Licht mit Hilfe von Kernfusionen in ihrem Inneren. Sie sind extrem heiße, glühende Gasbälle. Normale Sterne wie etwa die Sonne sind sehr viel größer als Planeten: Die Sonne hat einen mehr als 100-mal größeren Durchmesser als die Erde. Planeten sind entweder feste Kugeln wie die Erde oder riesige Bälle aus kaltem Gas wie der Jupiter.

Neue Sterne entstehen in Gas- und Staubwolken im Raum. Die Sonne wurde vor etwa 5 Milliarden Jahren in einer Gaswolke geboren und ist Teil einer gewaltigen Familie von Abermillionen Sternen, die gemeinsam die Galaxis Milchstraße bilden. Die Sterne und Gaswolken sind in einem Spiralmuster angeordnet. Unsere Galaxis ist riesig. Wenn man mit Lichtgeschwindigkeit reisen könnte, bräuchte man 100 000 Jahre, um sie zu durchqueren.

Wenn man in den Nachthimmel hinaufschaut, ist fast jeder Lichtpunkt, den man sieht, ein Stern unserer Galaxis. Manchmal kann man einen oder mehrere Planeten entdecken. Auf ihrer Reise um die Sonne bewegen sie sich durch die Sternbilder. Fünf von ihnen sind ohne Teleskop sichtbar, wenn man weiß, wann und wo man sie suchen muss. Besonders hell und deshalb leicht zu finden sind Venus und Jupiter. Die Venus kann man oft am östlichen Himmel kurz vor Sonnenaufgang oder am westli-

1. Sonne
2. Merkur
3. Venus
4. Erde
5. Mars
6. Jupiter
7. Saturn
8. Uranus
9. Neptun
10. Pluto

◁ Die größeren Planeten des Sonnensystems in ihrer Abfolge von der Sonne aus. Sie sind im richtigen Größenverhältnis zueinander abgebildet, die Entfernungen jedoch sind nicht angemessen wiedergegeben. Merkur, Venus, Erde und Mars sind kleine Planeten aus fester Materie und bilden zusammen das innere Sonnensystem. Jupiter, Saturn, Uranus und Neptun sind riesige aus Gas bestehende Planeten. Raumsonden, die mit Kameras und wissenschaftlichen Messgeräten ausgestattet waren, haben alle Planeten mit Ausnahme des Pluto besucht oder sind nahe an ihnen vorbeigeflogen.

chen Himmel nach Sonnenuntergang sehen. Der Jupiter sieht aus wie ein besonders heller »Stern«, der mit einem beständigen gelben Licht leuchtet.

Es gibt andere Galaxien verschiedenster Form und Größe, aber sie alle haben eines gemeinsam: Alle sind Familien aus Sternen, Gas und Staub.

Das Universum

Alle Galaxien gemeinsam bilden das Universum. Es umfasst alles, was wir durch Teleskope sehen können, und alles, was in irgendeiner Form auf uns wirken kann.

Das Universum ist so groß, dass man es sich unmöglich als Ganzes vorstellen kann. Einige Lichtstrahlen brauchen 17 Milliarden Jahre, um aus seinen entferntesten Teilen zu uns zu gelangen. In unserem gigantischen Universum gibt es Abermilliarden von Galaxien mit jeweils wiederum Milliarden von Sternen.

Die Astronomen glauben, dass unser Universum in einer gigantischen Explosion vor 17 Milliarden Jahren entstand. Dieser »Urknall« fand am Beginn der Zeiten statt. Alle Materie des Universums bestand ursprünglich aus Wasserstoff und Helium, die beim Urknall freigesetzt wurden.

Was jenseits des Universums liegt und ob es vor dem Urknall ein anderes Universum gab, wissen wir einfach nicht. Die Wissenschaft gibt uns nur Auskunft über das Universum, in dem wir leben.

Weiter sehen, besser sehen

Die wichtigsten Werkzeuge der Astronomie sind die Teleskope. Mit ihrer Hilfe kann ein Astronom auch schwächer leuchtende Objekte aufspüren. Astronomische Teleskope können darauf ausgelegt sein, Röntgenstrahlen oder Radiowellen, infrarotes oder ultraviolettes Licht aus dem Raum aufzufangen. All diese Strahlungen sind für unser Auge unsichtbar, für Astronomen jedoch sehr nützlich, um ein vollständiges Bild des Universums zu gewinnen.

Vor dem 17. Jahrhundert mussten die Astronomen ohne Teleskope zurechtkommen. Das wichtigste Ziel der antiken und mittelalterlichen Astronomie bestand darin, den Planeten auf ihrem Weg über den Himmel zu folgen, um so ihre zukünftigen Positionen vorauszusagen. Es gab nur ganz einfache Instrumente, um die Positionen am Himmel zu bestimmen.

Galileo Galilei (1564–1642) war zwar nicht der Erfinder des Teleskops, aber doch wahr-

▷ Galileo Galilei machte die ersten astronomischen Beobachtungen mit Hilfe eines Teleskops.

△ Diese den ganzen sichtbaren Himmel abbildende Aufnahme der Milchstraße wurde von einem 3200 m hohen Berg in Arizona aus aufgenommen. Interessant ist die dunkle Staubspur, die sich durch die zentrale Ebene der Milchstraße zieht.

scheinlich der Erste, der ein Fernrohr in der Astronomie benutzte und seine Beobachtungen aufzeichnete. Im Juli 1609 begann er mit seinen Forschungen. Zu seinen wichtigsten Entdeckungen gehören vier Jupitermonde, die wie ein kleines Sonnensystem aussehen, und die Erkenntnis, dass zahllose Millionen von Sternen das schwache Licht der Milchstraße bilden. Er revolutionierte die Astronomie, indem er bewies, dass die Sonne der Mittelpunkt unseres Sonnensystems ist, und indem er die unendliche Größe des sternenübersäten Universums entdeckte.

Lichtjahre

Man kann die Entfernung zwischen zwei Städten in Kilometern angeben oder aber sagen, dass sie etwa »zwei Fahrtstunden« beträgt. Von New York nach London muss man 5490 km zurücklegen, aber die meisten Flugreisenden sprechen von »sieben Flugstunden«. Im Weltraum sind die Entfernungen riesig. Astronomen geben sie oft mit der Zeit an, die das Licht braucht, um eine bestimmte Strecke zurückzulegen.

Die Schallgeschwindigkeit beträgt in der Luft 1200 Kilometer pro *Stunde*, und einige Flugzeuge können schneller fliegen als der Schall. Die Lichtgeschwindigkeit beträgt fast 300 000 km pro *Sekunde*. Nichts bewegt sich schneller als das Licht. Ein Raumfahrzeug würde für den Weg zwischen Erde und Sonne 17 Jahre brauchen, wenn es mit Schallgeschwindigkeit fliegen würde. Das Licht der Sonne braucht für dieselbe Entfernung nur acht Minuten. Diese Entfernung von 150 Millionen km sind »acht Minuten Flugzeit« für einen Sonnenstrahl.

In einem Jahr legt das Licht fast 10 Billionen Kilometer zurück. Die genaue Entfernung wird als ein »Lichtjahr« bezeichnet. Du kannst sie errechnen: Berechne die Sekunden eines Jahres, multipliziere das Ergebnis mit 300 000.

Die Beobachtung

Astronomen benutzen Teleskope und Raumsonden, um alles außerhalb der Erde zu erforschen. Licht und andere Strahlungen liefern ihnen Informationen über viele Eigenschaften von Sternen und Galaxien. Mit etwas Übung kann man mit bloßem Auge oder einem Fernglas viele verschiedene astronomische Objekte erkennen.

Planeten und Sterne sind weit entfernt, und deshalb ist ihr Licht sehr schwach, wenn es uns erreicht. Wir müssen deshalb so viel wie möglich davon »sammeln«.

Ein astronomisches Teleskop sammelt das schwache Licht eines entfernten Planeten, Sterns oder einer Galaxie und bündelt es auf dem Auge des Beobachters. Der Lichtsammler ist entweder eine Linse (das »Objektiv«) an der Spitze (Refraktor) oder ein gekrümmter Spiegel am hinteren Ende eines Rohres (Reflektor).

Die Stärke eines astronomischen Teleskops und seine Leistung bei der Darstellung kleiner Einzelheiten hängen vom Durchmesser seiner Hauptlinse oder seines Hauptspiegels ab, die immer weitaus größer sind als die Pupille unseres Auges. Auf diese größere »Sammelfläche« fällt mehr Licht, das dann zum Beobachter gelenkt wird. Ein billiges Fernglas lässt zehntausende Sterne erkennen. Mit einem kleinen Teleskop sieht man plötzlich Millionen von ihnen.

Auch die Methode, mit der ein Teleskop Licht wahrnimmt, ist wichtig. Je empfindlicher der Detektor auf einfallendes Licht reagiert, desto schwächer strahlende Objekte kann das Teleskop erkennen.

Um ein Bild direkt durch ein Teleskop zu betrachten, braucht man ein Okular, das normalerweise aus zwei oder mehr kleinen Linsen in einem eigenen kleinen Rohr besteht. Man kann die Okulare eines Teleskops austauschen, um die Größe der Himmelsfläche, die man auf einen Blick überschaut, zu verändern. Für die meisten optischen Beobachtungen ist die Vergrößerung nicht besonders wichtig. Oft entsteht durch eine zu starke Vergrößerung ein verschwommenes, unscharfes Bild.

Die meisten Astronomen benutzen Filme, Fotoplatten oder elektronische Hilfsmittel. Für die elektronische Auswertung braucht man einen Computer, der das Bild auf dem Monitor darstellt und die Daten als Zahlen speichert. Das entstandene Foto oder Computerbild kann man später jederzeit vergrößern.

Linsenteleskope

Galilei benutzte in seinen Fernrohren Linsen, um das Licht aufzufangen und es zu einem Bild zu bündeln, das er mit dem Auge wahrnehmen konnte. Bei dieser Art von Teleskop, Refraktor genannt, erzeugt die Linse an der Spitze – das Objektiv – ein Bild in der Nähe des unteren Endes der Teleskopröhre.

Der größte Refraktor der Welt im Yerkes-Observatorium in Wisconsin, USA, hat eine Linse mit einem Durchmesser von einem Meter. Refraktoren werden jedoch in der professionellen Astronomie kaum noch benutzt. Astronomen wollen so viel Licht wie möglich sammeln, und wirklich große Teleskope lassen sich sehr viel einfacher mit Hilfe von Spiegeln bauen. Eine Linse von mehr als einem Meter Durchmesser wäre zu dick und zu schwer für ein Teleskop. Viele Amateure dagegen benutzen gern kleinere Refraktoren.

Spiegelteleskope

James Gregory (1638–1675) machte 1663 zum ersten Mal den Vorschlag, einen Spiegel statt einer Linse in ein Teleskop einzusetzen. Ein konkaver Spiegel kann ebenso wie eine Linse Licht sammeln und bündeln. Das Hauptbild entsteht vor dem Spiegel (am so genannten Primärfokus), sodass ein Spiegelteleskop mindestens einen weiteren Spiegel braucht.

▷ Ein Fernglas besteht aus zwei nebeneinander angeordneten Miniatur-Refraktoren. Kleine Prismen in jedem Rohr reflektieren das Licht zusätzlich, sodass die Rohre nicht so lang sein müssen und das Bild nicht auf dem Kopf steht. Ferngläser sind ideal für Anfänger in der Astronomie.

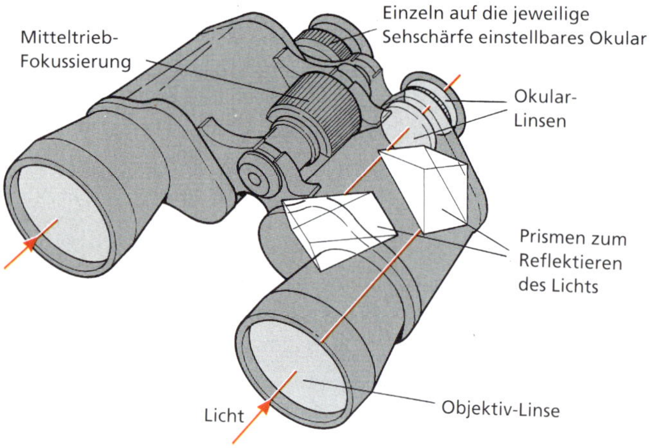

◁ Die Sternwarte auf La Palma, Kanarische Inseln, die größte in Europa. Man sieht die Kuppel des William-Herschel-Teleskops (links) und ein in einem Turm untergebrachtes Sonnenteleskop (rechts).

◁ Das 4,2 m große William-Herschel-Teleskop auf La Palma ist mit vielen wissenschaftlichen Instrumenten ausgestattet, mit deren Hilfe man das Licht von Sternen und Galaxien erforschen kann.

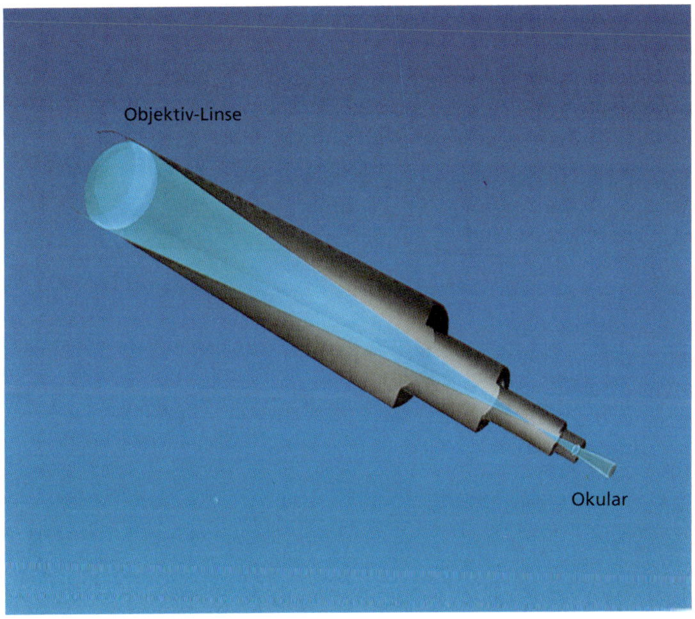

◁ Ein Refraktorteleskop braucht eine Objektivlinse, die das Bild erzeugt, und ein Okular, das es vergrößert.

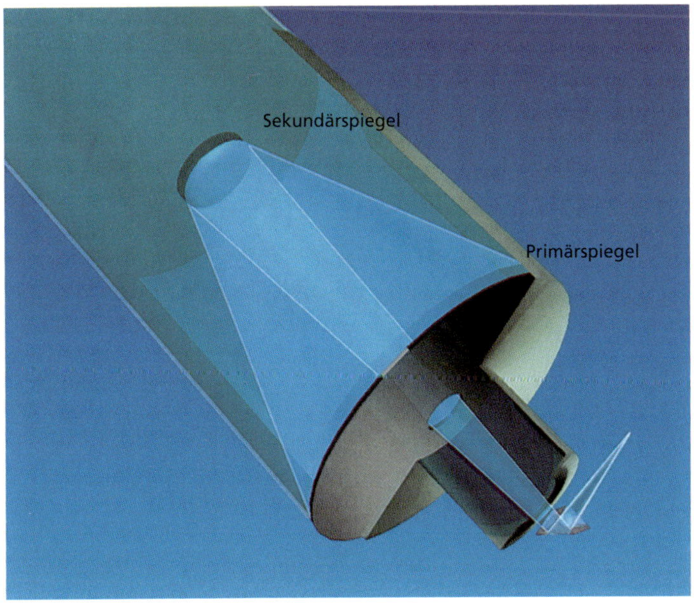

◁ Dieses Spiegelteleskop verfügt über einen konkaven Haupt- oder Primärspiegel, der das Bild erzeugt. Ein Sekundärspiegel, ebenfalls gekrümmt, reflektiert das Licht auf das Okular. Das Okular kann durch eine Fotokamera ersetzt werden.

In kleinen Fernrohren wird das Licht oft durch einen kleinen flachen Spiegel in der Seitenwand des Rohres umgelenkt. Sie werden nach Sir Isaac Newton (1642–1727), der 1668 das erste funktionierende Spiegelfernrohr baute, Newton-Teleskope genannt. Wissenschaftliche und einige Arten von Amateurteleskopen haben dagegen einen kleinen gekrümmten Spiegel weiter vorn im Rohr, der das Licht durch ein Loch in der Mitte des Hauptspiegels wieder hinunterlenkt. In sehr großen Teleskopen sind auch verschiedene andere raffinierte Anordnungen möglich. Spiegelteleskope brauchen nicht unbedingt geschlossene Röhren. Die größeren bestehen gewöhnlich nur aus einem Metallrahmen, der die Spiegel und Instrumente trägt. Die größten Spiegelteleskope der Welt, die beiden Keck-Teleskope, stehen auf Hawaii. Ihre Hauptspiegel bestehen aus 36 von Computern gesteuerten Segmenten.

Bildgebende Verfahren

Professionelle Astronomen und auch viele Amateure wollen ihre Beobachtungen genau aufzeichnen und benutzen deshalb Fotoplatten oder spezielle elektronische Geräte. Diese Lichtdetektoren haben noch einen weiteren Vorteil. Die Bilder lichtschwacher Objekte können über einen Zeitraum von vielen Minuten oder sogar Stunden hinweg aufgenommen werden, wenn das Teleskop den Bewegungen der Sterne sehr genau folgt. Fast alle Fotos, die man in Büchern (auch in diesem) findet, sind Langzeitaufnahmen aus großen Teleskopen. Die meisten Details dieser Aufnahmen kann man bei einem direkten Blick durchs Teleskop nicht erkennen.

Heute benutzen die meisten Forscher elektronische Lichtdetektoren, die selbst einzelne Lichtenergieimpulse (die so genannten Photonen) registrieren. Für manche Zwecke sind immer noch Fotoplatten im Einsatz, doch elektronische Detektoren sind sehr viel empfindlicher als fotografische. Sie verwenden lichtempfindliche Materialien, die einen winzigen elektrischen Strom erzeugen, wenn Photonen auf sie fallen. Diese Detektorentypen können die Helligkeit eines Sterns messen.

Charge-coupled devices (CCDs) sehen aus wie ein Schachbrett aus Lichtdetektoren. Sie erzeugen ein Bild, indem sie aufzeichnen, auf welches Quadrat des »Feldes« Photonen auftreffen. Diese Quadrate werden als Bildelemente oder kurz als »Pixel« bezeichnet, und man erkennt ihre Struktur auf sehr stark vergrößerten astronomischen Bildern. Eine CCD-Kamera ist etwa 50-mal so lichtempfindlich wie ein normaler Fotoapparat.

Farbgebung

Welche Farbe haben die Sterne und Planeten wirklich? Für uns sind die »wirklichen« Farben die, die wir sehen. Aber Augen sind nur eine Form des Lichtdetektors, und nicht alle Menschen sehen dieselben Farben. Fotos und elektronische Lichtdetektoren können Farben genauer aufzeichnen.

Ein Bild, das als Abfolge von Pixeln im Computer abgespeichert ist, kann auf dem Bildschirm oder Ausdruck in allen möglichen Farben dargestellt werden. Wenn es nicht die natürlichen sind, nennt man sie »Falschfarben«. Falschfarben können die Kontraste eines Bildes verstärken. Bilder, die zeigen, wie ein Objekt aussehen würde, wenn man die für unser Auge unsichtbaren Strahlungen, etwa infrarotes Licht, Röntgenstrahlen oder Radiowellen, darstellte, müssen immer in Falschfarben umgesetzt werden.

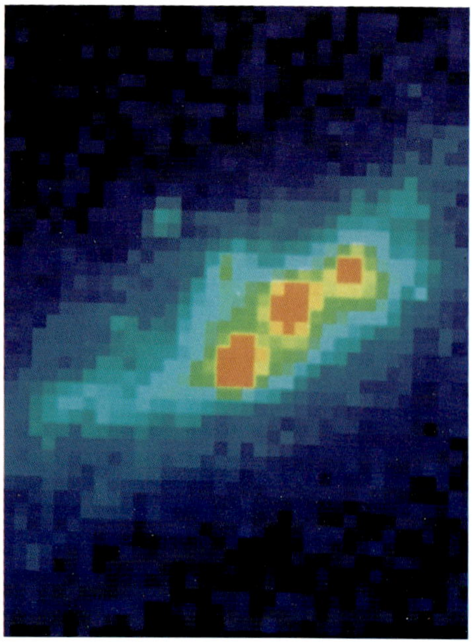

△ Dieses Bild einer Galaxie wurde von einer CCD-Kamera aufgenommen. Man sieht die einzelnen Quadrate, die Pixel, aus denen es sich zusammensetzt.

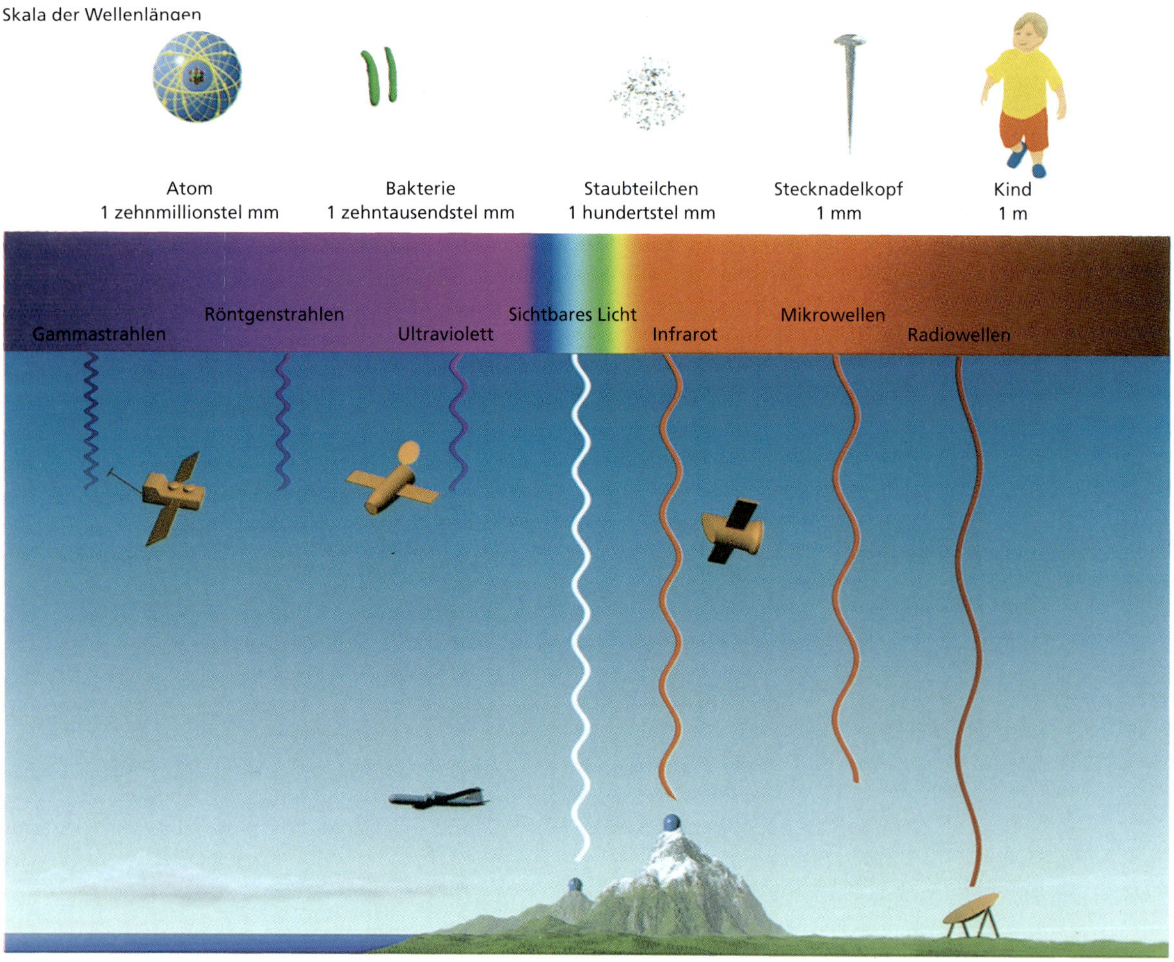

◁ Das elektromagnetische Spektrum, von den energiearmen Radiowellen bis zu den energiereichen Gammastrahlen. Das sichtbare Licht ist nur eine Form von Strahlung. Infrarote Strahlung wird auch als Wärmestrahlung bezeichnet. Radiowellen und Licht können durch Teleskope auf Bodenniveau erforscht werden. Um andere Formen von Strahlung zu untersuchen, müssen die Teleskope auf hohen Bergen stehen oder auf Satelliten ins Weltall geschossen werden.

Jenseits des Regenbogens

Licht ist eine Form der Energie, die wir als elektromagnetische Strahlung bezeichnen. Es kann sich durch den leeren Raum fortbewegen und erreicht uns in einzelnen Wellenbündeln, den Photonen. Die Wellen des sichtbaren Lichts haben weniger als einen millionstel Millimeter Länge. Wenn das Licht in ein Farbenspektrum gefächert wird, etwa in einem Regenbogen oder mit Hilfe eines Glasprismas, kann man verschiedene Wellenlängen erkennen. Die Wellenlänge des violetten Lichtes ist nur etwa halb so groß wie die des roten Lichtes.

Aber Licht ist nicht die einzige Form elektromagnetischer Strahlung. Das elektromagnetische Spektrum erstreckt sich auch jenseits der Regenbogenfarben – jenseits des Rot gibt es Infrarot, Mikrowellen und Radiowellen mit viel längeren, jenseits des Violett Ultraviolett, Röntgenstrahlen und Gammastrahlen mit viel kürzeren Wellenlängen.

Astronomen erforschen das gesamte elektromagnetische Spektrum. Nicht jede Art von Strahlung gelangt allerdings durch die Luft auf die Erde. Gammastrahlen, Röntgenstrahlen und ultraviolette Strahlung müssen daher von Satelliten aus beobachtet werden, die die Erde oberhalb der Atmosphäre umkreisen.

Wenn Astronomen feststellen, dass von einem Objekt, etwa einem Stern oder einer glühenden Gaswolke, eine sehr große Strahlung einer bestimmten Wellenlänge ausgeht, können sie daraus auf die Dichte und Temperatur des Objekts, seine Bewegung und seine chemische Zusammensetzung schließen. Die Auffächerung der elektromagnetischen Strahlung nach Wellenlängen und die Auswertung der Ergebnisse heißt Spektroskopie – die Betrachtung des Spektrums.

◁ Zwei Ansichten des Saturns in sichtbarem Licht (oben) und in Falschfarben (unten). Das erste Bild wird durch das Sonnenlicht erhellt, das die von Wolken überzogene Oberfläche des Planeten und die Ringe zurückwerfen. Im zweiten wurden die Farben benutzt, um die Strahlungsstärke von Radiowellen mit einer Wellenlänge von 2 cm darzustellen.

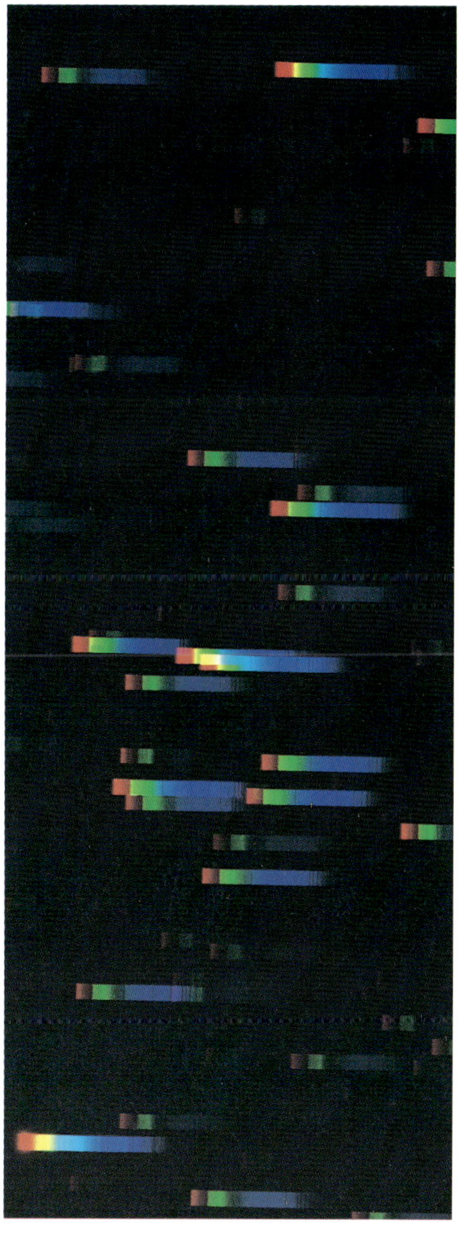

▷ Die Regenbogenfarben (oder Spektren) von Sternen verraten den Astronomen, woraus die Sterne bestehen und wie heiß sie sind.

Die ersten Schritte als Astronom

Du willst die Sterne und Planeten genauer beobachten – welches Teleskop solltest du also kaufen und wen solltest du um Hilfe bitten? Jeder erfahrene Amateur wird dir bestätigen, dass die billigen Teleskope, die du in normalen Läden findest, meist eine furchtbare Enttäuschung sind. Denk daran, dass die Vergrößerung nicht wichtig ist! Du brauchst sehr gute Linsen und Spiegel und einen stabilen Dreifuß. Am besten gehst du in ein Geschäft, das sich auf astronomische Teleskope spezialisiert hat.

Das Zweitbeste ist, ein gutes Fernglas zu kaufen. Und selbst wenn du weder ein Teleskop noch ein Fernglas hast, macht es Spaß, den Himmel mit Hilfe von Sternkarten zu erkunden.

In vielen Städten gibt es Astronomische Vereinigungen, deren Mitglieder sicher gern bereit sind, Anfänger zu beraten.

Radioastronomie

Die Anfänge der Radioastronomie liegen in den Vierzigerjahren unseres Jahrhunderts, nachdem man durch Zufall die ersten kosmischen Radiosignale aufgefangen hatte. Viele Objekte, von der Sonne bis hin zu den einzelnen Galaxien und dem Universum als Ganzem, strahlen Radiowellen aus. Glücklicherweise durchdringen Radiowellen die Atmosphäre, und so können große Radioteleskope auf Bodenniveau Tag und Nacht bei jedem Wetter arbeiten, denn für Radiosignale sind auch Wolken kein Hindernis.

Ein Radioteleskop arbeitet eigentlich genau wie ein optisches Teleskop: Es sammelt Strahlung, bündelt sie auf einem Detektor, der auf eine bestimmte Wellenlänge eingestellt ist, und verwandelt sie dann in eine Umrisskarte oder ein Falschfarben-Bild, die die Stärke der Radiosignale dieser Wellenlänge zeigen. Weil Radiowellen so häufig für die Kommunikation benutzt werden, sind einige Radiobänder speziell für Radioastronomen reserviert.

Die bekannteste Form des Radioteleskops benutzt eine große Parabolantenne, um Radiowellen zu sammeln. Diese flache Schüssel funktioniert genau wie der gekrümmte Spiegel bei einem optischen Spiegelteleskop, und je größer sie ist, desto schwächere Signale kann sie auffangen.

Weil Radiowellen sehr viel länger sind als Lichtwellen, muss ein Radioteleskop ebenfalls proportional größer sein als ein optisches Teleskop, wenn man damit ähnlich genaue Ergebnisse erzielen will. Dazu würde man Parabolantennen mit einem Durchmesser von mehreren Kilometern brauchen,

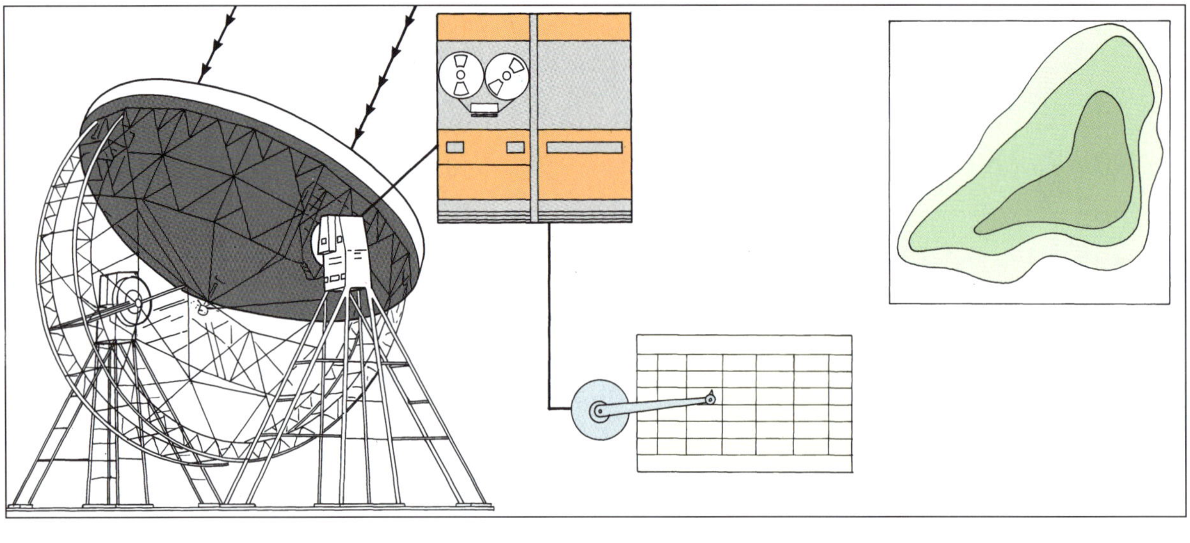

◁ Die Parabolantenne eines Radioteleskops bündelt die Radiowellen auf einem Detektor, von dem aus das Signal verschiedene Instrumente zur Verstärkung und Aufzeichnung passiert und schließlich ein Gerät erreicht, das die Ergebnisse in grafischer Form darstellt. So kann die Karte einer Himmelsregion erstellt werden.

▷ Das Lovell-Radioteleskop in Jodrell Bank, Großbritannien.

was natürlich unmöglich ist. Radioastronomen lösen das Problem, indem sie mehrere kleinere Schüsseln zusammenschalten und deren gleichzeitige Beobachtungsergebnisse in einen Computer eingeben. Aber es gibt auch Verbindungen zwischen Antennen in verschiedenen Ländern oder sogar verschiedenen Kontinenten!

Weltraumteleskope

Die Atmosphäre der Erde ist für uns lebenswichtig. Sie liefert den Sauerstoff, den wir atmen, hält die Oberfläche warm genug, um Leben zu ermöglichen, und filtert die schädliche ultraviolette Strahlung der Sonne aus. Astronomen jedoch müssen Weltraumteleskope hoch über der schützenden Luftschicht einsetzen, um das Spektrum jenseits der Radio- und Lichtwellen und eines begrenzten Bereichs der Infrarotstrahlung aufzufangen. Die Luft ist schuld daran, dass wir die Sterne nicht als scharf umrissene, immer gleich helle Lichtpunkte sehen, sondern als schimmernde Kreise. Weil die Sterne wegen der sich bewegenden Luft funkeln, kann man nur schwer wirklich scharfe astronomische Bilder von der Erde aus machen, obwohl einige raffinierte Methoden entwickelt worden sind, um dieses Problem zu lösen. Und dann sind da noch die Wolken. Ein anderes immer größer werdendes Problem ist die Lichtverschmutzung. Stadt- und Straßenlichter lassen die ganze Atmosphäre schwach glühen. Dieses Hintergrundlicht beeinträchtigt astronomische Beobachtungen sehr stark.

Ein Teil der Antwort auf diese Probleme sind größere Sternwarten auf einsam gelegenen Berggipfeln. Es gibt sogar ein Observatorium in einem sehr hoch fliegenden Flugzeug, aber für manche Beobachtungen braucht man einfach Weltraumteleskope. Eines der bekanntesten ist das Hubble-Weltraumteleskop, das gemeinsam von den USA und einem Zusammenschluss europäischer Staaten betrieben wird. Es hat einen Hauptspiegel von 2,4 m Durchmesser und wurde für Beobachtungen im Bereich des ultravioletten wie auch des sichtbaren Lichts entwickelt. Es startete 1990 und soll etwa 15 Jahre lang arbeiten. Ende 1993 tauschten Astronauten verschiedene Teile des Teleskops aus, die beschädigt oder fehlerhaft waren.

Viele andere Weltraumteleskope haben seit den Sechzigerjahren erfolgreich gearbeitet, und weitere sind geplant. Jedes wird speziell entwickelt, um bestimmte Teile des Spektrums zu untersuchen, und arbeitet normalerweise ein paar Monate oder Jahre lang. Diese automatisierten Teleskope reagieren auf die Funkbefehle von Astronomen, die in Kontrollstationen auf der Erde arbeiten.

Raumsonden

Andere Sterne und Galaxien sind so weit entfernt, dass wir heute nicht hoffen können, sie mit Raumsonden zu erreichen, aber um unser Sonnensystem zu erkunden, sind Sonden durchaus einsetzbar. Nicht alle Missionen verliefen erfolgreich, aber an allen Planeten (mit Ausnahme des Pluto), dem Mond, dem Halleyschen Kometen und einigen Asteroiden sind Raumsonden in nächster Nähe vorbeigeflogen, haben sie umkreist oder sind auf ihrer Oberfläche gelandet.

Nahaufnahmen der Planeten und ihrer Monde werden via Funk von den Fernsehkameras an Bord der Sonden zur Erde gesandt, ebenso wie andere Messergebnisse.

Orbiter in Umlaufbahnen um den Mars und den Mond konnten im Laufe mehrerer Monate deren ganze Oberfläche kartieren. Die Magellan-Sonde umkreist die Venus und hat ebenfalls den ganzen Planeten kartografisch aufgenommen, allerdings mit Radar. Die Venus ist völlig von einer dunklen Wolke umschlossen, sodass man ihre Oberfläche nie sehen kann. Die Radarwellen werden von der Oberfläche zurückgeworfen und ergeben so ein genaues Bild.

Der Mond ist der einzige Ort außerhalb der Erde, der je von Menschen besucht wurde. Zwischen 1969 und 1972 landeten dort sechs Raumschiffe des Apollo-Programms der USA. Die Astronauten brachten Mondgestein mit, das von Geologen untersucht wurde. Weitere Gesteinsproben sammelte ein sowjetisches Raumschiff im Jahr 1976. Unbemannte Raumfahrzeuge sind erfolgreich auf Venus und Mars gelandet.

Aus der Sicht der Astronomen, die sich besonders mit den Planeten unseres Sonnensystems beschäftigen, waren die Raumsonden Voyager 1 und 2, die die Vereinigten Staaten im Jahr 1977 starteten, besonders erfolgreich. Beide reisten zum Jupiter und zum Saturn und übermittelten unglaublich schöne Bilder dieser Riesenplaneten und einiger ihrer Monde. Voyager 2 flog 1986 auch am Uranus und 1989 am Neptun vorbei und funkte faszinierende Bilder zur Erde.

◁ Das Hubble-Weltraumteleskop, das 1993 repariert wurde.

Die Bausteine des Universums

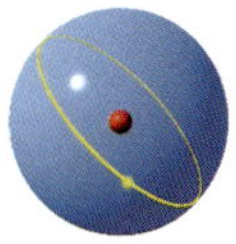

Alles im Universum – Galaxien, Sterne, Planeten, die Lebewesen der Erde – ist aus einer begrenzten Zahl chemischer Elemente zusammengesetzt. Der kleinste Teil eines chemischen Elements ist das Atom, das wiederum aus subatomaren Teilchen, den Protonen, Neutronen und Elektronen, besteht. Gruppen von Atomen verbinden sich zu Molekülen und bilden so die große Vielfalt von Stoffen, wie wir sie kennen.

Astronomen wollen wissen, wie Galaxien aufgebaut sind, warum Sterne leuchten und woraus Planeten bestehen. Um diese und viele andere Fragen zu beantworten, müssen wir verstehen, was genau Materie eigentlich ist. Der Planet Erde und auch unsere eigenen Körper bestehen aus den gleichen Grundelementen wie die entferntesten Galaxien. Das ist sehr wichtig für die Astronomie.

Angenommen, wir haben ein extrem starkes Mikroskop. Was geschieht, wenn wir damit zum Beispiel ein Stück Eisen aus der Nähe betrachten? Trotz der starken Vergrößerung verändert sich zunächst nicht viel. Kleine Stücke Eisen sehen fast wie der ganze Brocken aus. Mit einer millionenfachen Vergrößerung jedoch sieht man plötzlich Bälle, die einander berühren. Die stärksten Mikroskope der Welt sind gerade noch in der Lage, diese kleinsten Teile des Eisens zu zeigen.

Um 400 v. Chr. lehrte der griechische Naturphilosoph Demokrit, dass alle Materie sich aus winzigen unteilbaren Partikeln zusammensetze, die er nach dem griechischen Wort für »unteilbar« Atome nannte. Er konnte seine Theorie nicht beweisen, aber wir wissen heute, dass er im Prinzip Recht hatte – nur dass auch die Atome noch in kleinere Partikel aufgespalten werden können.

Im Inneren eines Atoms

Mehrere Millionen Atome in einer Reihe wären nur einen Millimeter lang. Und jedes Atom hat in seinem Inneren einen Kern, der noch tausendmal kleiner ist. Hätte der Kern die Größe eines Stecknadelkopfes, dann hätte das ganze Atom einen Durchmesser von 10 Metern.

Ein Atomkern besteht aus Protonen und Neutronen, die von starken nuklearen Kräften zusammengehalten werden. Protonen weisen eine winzige positive elektrische Ladung auf, Neutronen dagegen sind nicht geladen. Beide haben etwa die gleiche Masse.

Eine Wolke von Elektronen formt die Atomhülle, die den Kern umgibt. Jedes Elektron hat eine negative elektrische Ladung, die ebenso stark ist wie die positive des Protons. Die Anziehungskraft zwischen der positiven Ladung des Kerns und der negativen Ladung der Elektronen hält die einzelnen Partikel auf ihrem Platz. Elektronen sind viel leichter als Protonen und Neutronen, sodass man beinahe 2000 Elektronen braucht, um die Masse eines Protons zu erreichen. Das heißt, dass beinahe die gesamte Masse eines Atoms in seinem Kern konzentriert ist – und dass es zu einem großen Teil aus leerem Raum besteht.

Ein normales Atom hat ebenso viele Elektronen wie Protonen, sodass die elektrische Ladung insgesamt Null ergibt. Wenn allerdings ein Atom heiß wird oder mit einem anderen Teilchen kollidiert, können eines oder mehrere seiner Elektronen herausgesprengt werden und das Atom mit einer positiven Ladung verlassen. Dies ist bei Atomen in Sternen und im interstellaren Raum häufig der Fall.

Atome und Elemente

Das einfachste aller Atome hat nur ein Proton als Kern und ein Elektron als Hülle. Es bildet den Wasserstoff, das leichteste chemische Element. Im Universum gibt es weitaus mehr Wasserstoff als irgendetwas anderes.

Die verschiedenen Elemente haben unterschiedlich viele Protonen in ihrem Kern. Kohlenstoff hat zum Beispiel 6 Protonen, Eisen 26 und Blei 82. Um den Atomkern zu stabilisieren, werden zusätzlich noch Neut-

△ Ein Atom des Elements Beryllium trägt in seinem Kern vier Protonen mit positiver elektrischer Ladung und fünf ungeladene Neutronen. Vier negativ geladene Elektronen in der Hülle bewirken, dass die Gesamtladung des Atoms insgesamt wieder Null ist. Die Größe des Kerns ist hier stark übertrieben dargestellt. Im Vergleich zum Umfang der Atomhülle wäre er eigentlich nur ein winziger Punkt.

ronen gebraucht (mit Ausnahme des Sonderfalls Wasserstoff). Kohlenstoff hat 6 Neutronen, Eisen 30 und Blei 126. Blei ist so schwer, weil es eine so große Zahl von Neutronen und Protonen in jedem seiner Atome aufweist. Jedes Element wird mit einer Abkürzung aus einem oder zwei Buchstaben bezeichnet, etwa H für Wasserstoff, He für Helium und C für Kohlenstoff. Insgesamt gibt es 90 verschiedene natürliche chemische Elemente auf unserem Planeten.

Einige extrem schwere Kerne sind nicht stabil, obwohl sie sehr viele Neutronen enthalten. Sie geben Teilchen ab, um sich selbst in leichtere, stabile Elemente zu verwandeln. Solche Elemente werden als radioaktiv bezeichnet. Uran und Radon sind zwei radioaktive Elemente, die auf der Erde natürlich vorkommen. Alle Elemente mit 84 oder mehr Protonen sind radioaktiv.

Moleküle

Aber die Welt besteht nicht nur aus einfachen Elementen. Es gibt eine unendliche Vielfalt von Stoffen, weil sich die Atome verschiedener Elemente zu Molekülen verbinden können.

Die einfachsten Moleküle bestehen aus zwei oder drei Atomen, die einige ihrer Elektronen miteinander teilen. Wassermoleküle zum Beispiel enthalten ein Sauerstoff- und zwei Wasserstoffatome, das Gas Kohlendioxid besteht aus einem Kohlenstoff- und zwei Sauerstoffatomen. Andererseits können Moleküle aus mehreren hundert oder tausend Atomen bestehen. Sehr große, komplex gebaute Moleküle sind der Ursprung allen Lebens.

Moleküle werden bei hohen Temperaturen leicht auseinander gerissen, deshalb findet man sie nur auf den kältesten Sternen. In den eisigen Tiefen des Weltalls haben Astronomen jedoch riesige Wolken entdeckt, die zahlreiche verschiedene Moleküle enthalten.

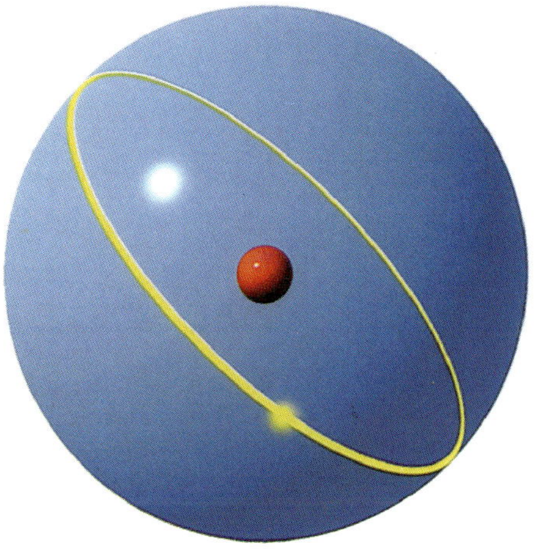

◁ Ein Atom des einfachsten chemischen Elements, des Wasserstoffs, verfügt über ein einziges Proton als Kern und ein Elektron als Hülle. Es ist das einzige Element ohne Neutronen im Kern.

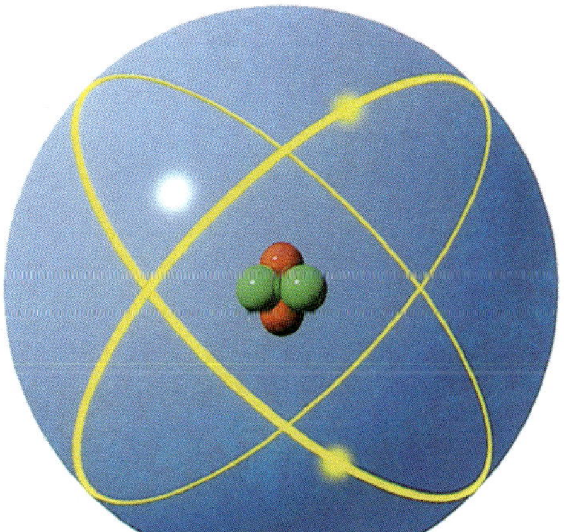

▷ Atome des zweitleichtesten Elements, des Heliums, haben zwei Protonen und zwei Neutronen in ihrem Kern, um den wiederum zwei Elektronen kreisen.

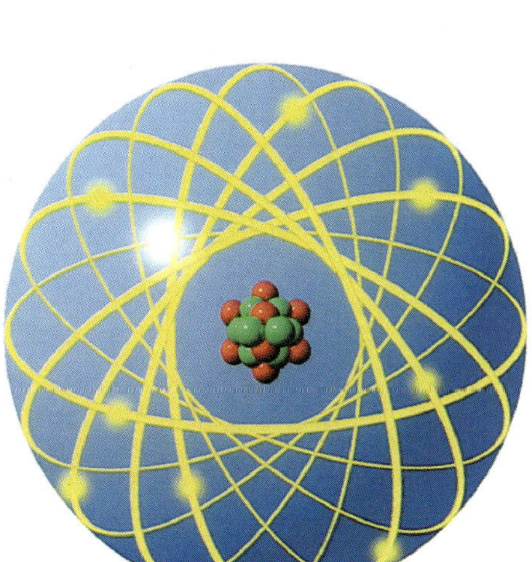

◁ Im Kern eines Sauerstoffatoms befinden sich acht Protonen und acht Neutronen. Eine Hülle von acht Elektronen umgibt sie.

Einige der bekannteren chemischen Elemente

Name	*Symbol*	*Protonen*	*Neutronen*
Wasserstoff	H	1	0
Helium	He	2	2
Kohlenstoff	C	6	6
Stickstoff	N	7	7
Sauerstoff	O	8	8
Neon	Ne	10	10
Natrium	Na	11	12
Magnesium	Ma	12	12
Aluminium	Al	13	14
Silicium	Si	14	14
Phosphor	P	15	16
Schwefel	S	16	16
Chlor	Cl	17	18
Kalium	K	19	20
Calcium	Ca	20	20
Eisen	Fe	26	30
Nickel	Ni	28	30
Kupfer	Cu	29	34
Arsen	As	33	42
Krypton	Kr	36	48
Silber	Ag	47	60
Zinn	Sn	50	70
Wolfram	W	74	110
Platin	Pt	78	117
Gold	Au	79	118
Quecksilber	Hg	80	122
Blei	Pb	82	126
Radon	Rn	86	136
Uran	U	92	146

Unser Platz im Universum

Die Erde ist der von der Sonne aus gesehen dritte Planet und umkreist sie in einer Durchschnittsentfernung von etwa 150 Millionen Kilometern. Die Sonne ihrerseits ist etwa 25.000 Lichtjahre vom Zentrum unserer Galaxis, der Milchstraße, entfernt. Und um die nächste größere Galaxie, die Andromeda-Galaxie, zu erreichen, bräuchte man zwei Millionen Lichtjahre.

Licht braucht einen Tag, um das Sonnensystem zu durchqueren

Licht braucht 100 000 Jahre, um die Milchstraße zu durchqueren.

Im Auto, im Zug oder im Flugzeug weiß man, wann man sich bewegt. Wenn man dagegen ruhig auf dem Boden steht, wie kann man dann wissen, ob man sich wirklich bewegt? Bis vor ein paar hundert Jahren glaubten selbst die Naturforscher, dass die Erde ruhig und fest im Mittelpunkt des Universums liege. Heute wissen wir, dass diese Vorstellung falsch ist.

Unser Planet Erde umkreist die Sonne mit der enormen Geschwindigkeit von 30 km pro Sekunde. Darüber hinaus bewegt sie sich jeden Tag einmal um die eigene Achse, und die Sonne samt ihrer Planetenfamilie dreht sich um den Mittelpunkt der Milchstraße. Doch davon konnten die Astronomen vor 2000 Jahren noch nichts ahnen.

Griechische Philosophen

Der griechische Philosoph Platon (427–347 v. Chr.) lehrte, dass alle Himmelskörper sich mit einer konstanten Geschwindigkeit auf Kreisbahnen bewegen. Aristoteles (384–322 v. Chr.), sein berühmtester Schüler, war sich ziemlich sicher, dass die Erde der Mittelpunkt aller Dinge sein müsse. Die Sonne, der Mond und die Planeten, so glaubte er, folgten kreisförmigen Bahnen. Einige Jahrzehnte später entwickelte Aristarchos von Samos (um 310–230 v. Chr.) die Vorstellung, dass die Sonne der Mittelpunkt des Planetensystems sei, doch weil es damals kaum Beweise gab, um diese Theorie zu belegen, konnte sie sich nicht durchsetzen.

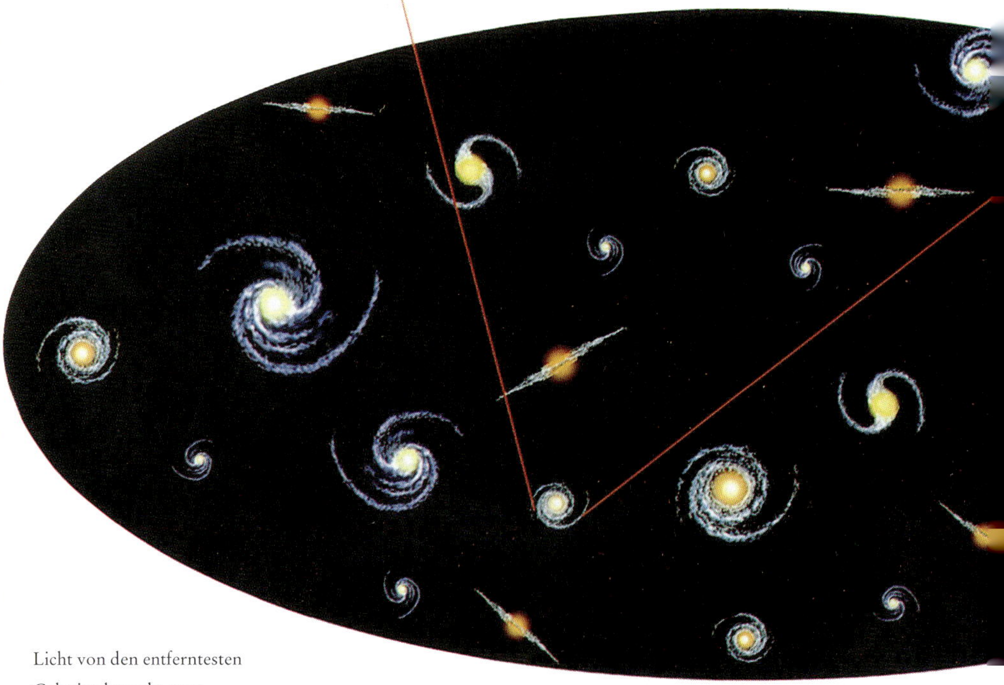

Licht von den entferntesten Galaxien braucht etwa 10 Milliarden Jahre, um uns zu erreichen.

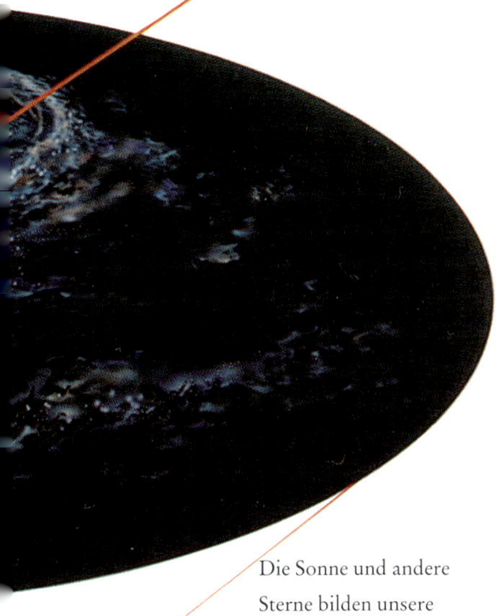

Die Sonne und andere Sterne bilden unsere Galaxis, die Milchstraße.

Alle Galaxien zusammen bilden das Universum.

Claudius Ptolemäus, der im ägyptischen Alexandria arbeitete, verbreitete die Vorstellungen vom um die Erde kreisenden Universum in einem zwischen 127 und 151 n. Chr. erschienenen Buch, und bis ins 16. Jahrhundert hinein wagte es niemand, dieses ptolemäische Modell ernsthaft in Frage zu stellen.
Für die griechischen Philosophen war der Kreis die vollkommene und damit einzig mögliche Form für eine Umlaufbahn. Es kam ihnen nie in den Sinn, dass auch andere, elliptische Formen möglich sein könnten. Daher taten sie sich schwer damit, die beobachteten Planetenbewegungen zu erklären. Um die scheinbar ungleichmäßigen Bahnen der Planeten am Himmel zu beschreiben, musste Ptolemäus annehmen, dass sie sich ihrerseits in kleinen Kreisen bewegten, deren Mittelpunkte sich wiederum um die Erde drehten. Das ist genauso kompliziert, wie es klingt! Dennoch war die Vorstellung der kreisförmigen Umlaufbahnen ebenso allseits akzeptierter Standard wie die von der Erde als Mittelpunkt des Universums.

Die Sonne im Zentrum

Nikolaus Kopernikus (1473–1543) entwickelte ein ganz neues Weltbild. Er glaubte (zu Recht), dass die Sonne der Mittelpunkt des Planetensystems sei und dass der Mond um die Erde kreise. Dennoch hatte er große Probleme, die Bahnen der Planeten vorauszuberechnen, weil er an der griechischen Idee der Kreisbahnen festhielt.
Der nächste Durchbruch gelang Johannes Kepler (1571–1630), der feststellte, dass die Planeten keine vollendeten Kreise, sondern Ellipsen (gleichmäßige Ovale) beschreiben. Das von Kopernikus entworfene und von Kepler verbesserte Modell veränderte unsere Vorstellung vom Universum und von den

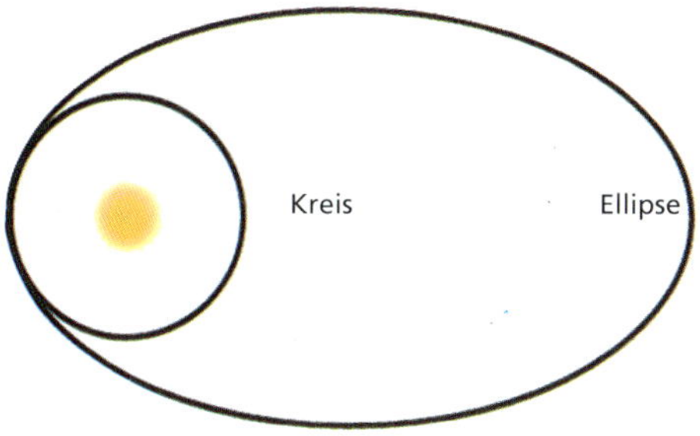

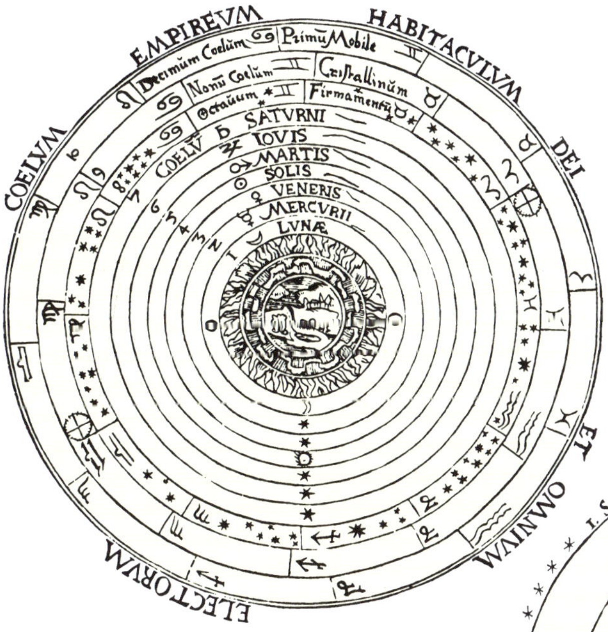

◁ Das mittelalterliche Universum mit der Erde im Mittelpunkt, dargestellt in einem Buch aus dem 16. Jahrhundert. Mit Hilfe des ptolemäischen Modells konnte man die Positionen der Planeten nicht genau vorherbestimmen.

▷ Das kopernikanische Modell des Universums mit der Sonne (»sol«) im Mittelpunkt des Sonnensystems. Kopernikus veröffentlichte seine Erkenntnisse im Jahr 1543.

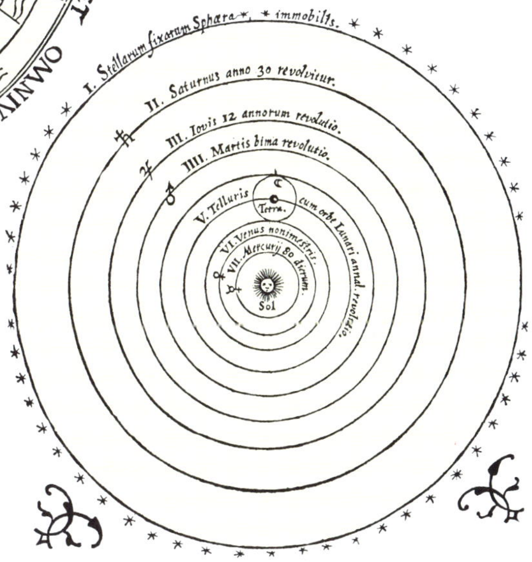

Naturwissenschaften. Schon Kepler sprach von einer Kraft, die zwischen der Sonne und den Planeten wirke. Sir Isaac Newton erklärte die Bewegungen der Planeten schließlich durch seine Lehre von der Schwerkraft oder Gravitation.
Heute können wir sicher sagen, dass die Erde ein Planet in einer Familie von neun größeren Planeten ist. Viele von ihnen haben Monde, die sie umkreisen. Die Umlaufbahnen der Planeten liegen beinahe auf einer Ebene, fast wie Ringe auf einem Tisch, sodass das Sonnensystem einer großen, dünnen Scheibe ähnelt.

Die astronomische Einheit

Die Durchschnittsentfernung zwischen Erde und Sonne beträgt genau 149 597 870 km. Statt immer mit diesen Millionen Kilometern zu arbeiten, sprechen Astronomen von einer Astronomischen Einheit (AE). Der Jupiter ist 5,2 AE, der Saturn 9,54 AE und der Pluto fast 40 AE von der Sonne entfernt.

Die nächsten Sterne

Die griechischen Philosophen waren der Meinung, dass sich die Sternbilder im Laufe eines Jahres verändern müssten, wenn die Erde um die Sonne kreise, so wie sich auch die Landschaft verändert, wenn man sich in ihr bewegt. Sie nahmen jedoch keine Veränderungen wahr, weil die Sterne zu weit entfernt sind. Die Entfernung zum nächsten Stern (außer der Sonne) beträgt 270 000 AE oder 4,2 Lichtjahre. Astronomen kennen etwa 2000 Sterne im Umkreis von 50 Lichtjahren. Beinahe alle leuchten nur sehr schwach.

Die Milchstraße und die Andromeda-Galaxie

Wenn man den Himmel mit einem Teleskop absucht, kommen auch sehr viele schwächer leuchtende Sterne ins Blickfeld. Besonders auf einem Streifen am Himmel findet man unendliche Mengen solcher Sterne. Das ist die Milchstraße.
Im Sternbild Andromeda gibt es einen kleinen nebligen Fleck, den man in einer dunklen Nacht gerade noch mit dem bloßen Auge erkennen kann. Auch ein kleines Teleskop zeigt nur einen ovalen Fleck, Aufnahmen größerer Teleskope dagegen offenbaren eine großartige Spiralgalaxie. M31, die Andromeda-Galaxie, ist eine riesige Familie mit

WICHTIGE ENTFERNUNGEN

Erde – Mond: 384 000 km
Erde – Sonne: 150 Millionen km
Sonne – nächster Stern: 4,2 Lichtjahre
Sonne – Mittelpunkt unserer Galaxis: 25 000 Lichtjahre
Sonne – Andromeda-Galaxie: 2 Millionen Lichtjahre

◁ Die große Spiralgalaxie M31 im Sternbild Andromeda liegt unserer Milchstraße am nächsten (etwa 2 Millionen Lichtjahre entfernt) und sieht ihr sehr ähnlich. Im Zentrum oder Kern bilden Unmengen von Sternen eine Verdickung, den so genannten *Bulge*. Außerdem sind zwei Satellitengalaxien zu sehen.

Milliarden von Sternen. Obwohl sie von der Erde ausgesehen leicht geneigt ist, kann man erkennen, dass sie wie eine Scheibe mit einer strahlenden Verdickung in der Mitte, dem so genannten *Bulge*, geformt ist. Die von der Scheibe ausgehenden Spiralarme enthalten nicht nur Sterne, sondern auch glühende Gaswolken und Straßen aus schwarzem Staub, die weitere Sterne verdecken. Die Unmenge von Sternen in der Mitte bilden den hellen *Bulge*.

Es gibt gute Gründe anzunehmen, dass unsere Galaxis vielen anderen Galaxien ähnelt. Wahrscheinlich sieht sie aus wie eine kleinere Ausgabe der Andromeda-Galaxie. Wenn wir in Richtung der Scheibe unserer eigenen Galaxis ins All schauen, sehen wir mehr Sterne, als wenn wir über die Scheibe hinweg- oder unter ihr entlangschauen, denn die große Mehrzahl der Sterne konzentriert sich auf dieser Ebene. Die Milchstraße ist der Blick von innen auf die Scheibe unserer eigenen Galaxis.

Andere Galaxien

Die Andromeda-Galaxie ist, abgesehen von unserer Galaxis, die einzige Spiralgalaxie, die man ohne Teleskop erkennen kann, aber es gibt noch Unmengen schwächer leuchtender Galaxien. Wir können sie aus den verschiedensten Neigungswinkeln betrachten und bekommen so eine gute Vorstellung von ihrem Aussehen. Alle Sterne des Universums sind Galaxien zugeordnet, es gibt keine Sterne zwischen den Galaxien. Auch unsere Sonne ist ein Stern wie alle anderen und gehört zu einer Galaxie. Wir bezeichnen unsere Galaxie (die Milchstraße) als Galaxis. Alle sichtbaren Sterne des Nachthimmels gehören zu unserer Galaxis.

◁ Sternwolken nahe am Mittelpunkt der Milchstraße. Abermillionen von Sternen konzentrieren sich dort, und die durchschnittliche Entfernung zwischen ihnen ist sehr viel geringer als in der Nachbarschaft der Sonne.

△ Galaxien des Fornax-Haufens: spiralförmige und elliptische Sternsysteme, die etwa 60 Millionen Lichtjahre von uns entfernt sind.

ERDE UND SONNE

Die Erde dreht sich täglich einmal um eine Achse, die in ihrem Winkel zur Umlaufbahn der Erde um die Sonne geneigt ist. In einem Jahr reisen wir einmal um die Sonne und durchlaufen den Kreis der Jahreszeiten. Auch der Nachthimmel mit seinen Sternen wandelt sich im Jahreslauf.

Im Altertum glaubte man, dass die Sonne um die Erde wandere und der Abend anbreche, wenn die Sonne auf ihrer Reise hinter dem Horizont verschwinde. Gemälde in ägyptischen Gräbern zeigen die Sonne, wie sie von einem Wagen über den Himmel gezogen wird. Heute wissen wir, dass die Erde einerseits um die Sonne kreist und sich andererseits einmal in 24 Stunden um sich selbst dreht. Auf der jeweils der Sonne zugewandten Seite der Erde ist Tag, auf der anderen Nacht. Unsere Jahreszeiten mit ihren unterschiedlich langen Tagen entstehen, weil die Achse der Erde nicht im rechten Winkel zu ihrer Umlaufbahn um die Sonne steht, sondern um etwa 23,5° geneigt ist.

Die Nordhalbkugel der Erde hat Sommer, wenn der Nordpol der Sonne zugeneigt ist. In der Zeit um den 20. März herum steht die Sonne mittags genau über dem Äquator. Dann wandert sie immer mehr nach Norden. Am 21. Juni steht sie direkt über dem Wendekreis des Krebses. Das ist die Sommersonnenwende der Nordhalbkugel, der längste Tag des Jahres. Jenseits des nördlichen Polarkreises geht die Sonne einige Tage lang gar nicht unter. Nach dem 21. Juni wandert die Sonne allmählich wieder Richtung Süden, bis sie etwa am 23. September wieder über dem Äquator steht. Während des Sommers auf der Nordhalbkugel ist der Südpol weiter von der Sonne entfernt und die Südhälfte der Erde hat Winter. Am 21. Dezember, der Sommersonnenwende der Südhalbkugel, steht die Sonne am weitesten im Süden, auf dem Wendekreis des Steinbocks. In der Zeit um den 21. März und den 23. September, wenn die Sonne über dem Äquator steht, hat die ganze Welt 12 Stunden Tageslicht und 12 Stunden Nacht. Diese Zeit der »Tagundnachtgleiche« wird auch Äquinoktium genannt.

Schaltjahre

Im Allgemeinen sagt man, dass sich die Erde in einem Jahr einmal um die Sonne dreht, aber eigentlich ist es nicht ganz genau ein Jahr mit 365 Tagen. Die exakte Länge eines Jahres, etwa von einer Wintersonnenwende zur nächsten, beträgt 365,24219 Tage. Wenn wir nicht alle vier Jahre ein Schaltjahr dazwischenschieben würden, wären die Jahreszeiten bald nicht mehr im Einklang mit den Monaten. Um das natürliche Jahr noch genauer an unseren Kalender anzupassen, sind die Jahre mit 00 am Ende, also z.B. 1900, keine Schaltjahre, außer wenn sie sich durch 400 teilen lassen. Also wird das Jahr 2000 ein Schaltjahr sein, nicht jedoch das Jahr 2100. Dieses System wurde im Jahr 1582 eingeführt, um den von Julius Cäsar eingesetzten Kalender zu verbessern.

Der nächtliche Weg der Sterne

Der Aufgang der Sonne morgens und ihr Untergang abends sind Teile der alltäglichen Wahrnehmung. Aber was ist mit den Sternen? Hier auf der Erde können wir die Sterne am Tag nicht sehen, weil die Atmo-

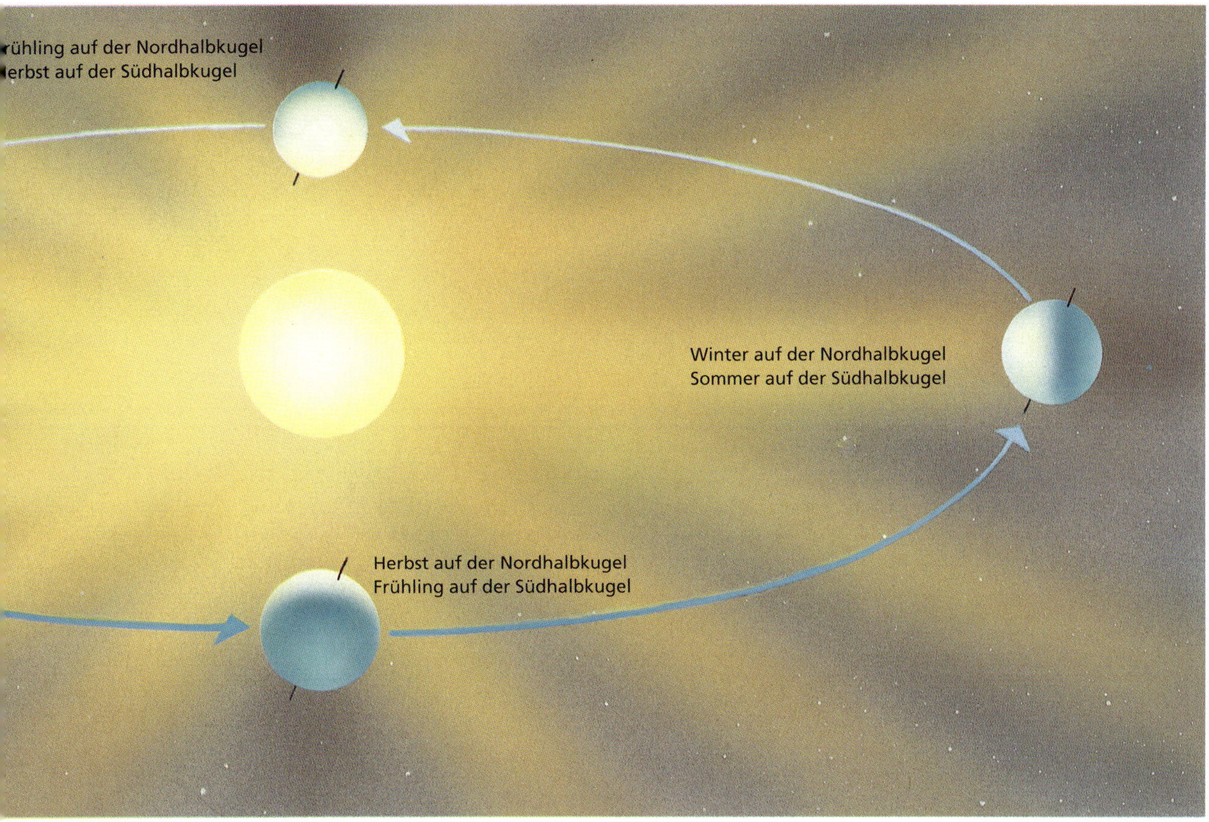

◁ Die Erdachse bildet keinen rechten Winkel mit ihrer Umlaufbahn um die Sonne, sondern ist um 23,5° geneigt. Ohne diese Neigung gäbe es keine Jahreszeiten, und die Tage wären überall auf der Erde immer 12 Stunden lang. Durch die Neigung sind die der Sonne zugeneigten Teile der Erde länger der Sonneneinstrahlung ausgesetzt, und deshalb ist in diesen Gebieten Sommer. Am Äquator ist der Tag immer 12 Stunden lang, und in den Tropen gibt es keine größeren jahreszeitlichen Veränderungen.

◁ Eine Langzeitaufnahme über eine ganze Nacht hinweg zeigt die Bewegungen der Sterne um den Himmelssüdpol, während sich die Erde dreht. Teleskope müssen genau geführt werden, um den Sternen zu folgen, weil diese sonst auch auf astronomischen Aufnahmen zu solchen Linien verschwimmen würden.

sphäre das Sonnenlicht stark streut und den Himmel hell und blau erscheinen lässt. Doch auch die Sterne gehen auf und unter. Nach Einbruch der Dunkelheit wird durch die Erddrehung eine konstante Folge von Sternbildern sichtbar. Neue Sterne tauchen im Osten auf, während andere im Westen hinter den Horizont versinken. Manche Sterne gehen nie unter, sondern ziehen Kreise um den Himmelspol. Das sind die so genannten Zirkumpolarsterne oder -sternbilder.

Man kann selbst feststellen, dass die Sterne über den Nachthimmel hinwegziehen. Wenn man den Himmel nur ein paar Minuten lang beobachtet, bemerkt man keine Bewegungen. Am einfachsten ist es, wenn man sich einen besonders hellen Stern aussucht und sich seine Position im Verhältnis zu einem Dachfirst oder einem Baum von einem bestimmten Beobachtungspunkt aus merkt. Nach ein oder zwei Stunden wird man feststellen, dass er seine Position innerhalb dieser Zeitspanne deutlich geändert hat.

Der Himmel im Wechsel der Jahreszeiten

Obwohl man immer nur eine Hälfte des Himmels sehen kann, entdeckt man immer neue und andere Sterne, die über dem Horizont auftauchen. Aber der Himmel ändert sich nicht nur Stunde für Stunde, sondern auch im Laufe der Jahreszeiten. Um das zu verstehen, müssen wir uns genauer mit dem Weg der Erde um die Sonne beschäftigen.

Stell dir vor, es ist Mitternacht und du beobachtest die Sterne. Natürlich bist du auf der sonnenabgewandten Hälfte der Erde. Sechs Monate später hat die Erde die Sonne halb umkreist und ihre Nachtseite weist genau in die entgegengesetzte Himmelsrichtung. Die mitternächtlichen Beobachtungen enthüllen dir also je nach Jahreszeit ganz verschiedene Teile des Sternenhimmels.

Im Verlauf von mehreren Monaten verändern sich die jeweils zu einer bestimmten Zeit sichtbaren Sternenmuster mit den Jahreszeiten. Such dir einen hellen Stern aus, den du jederzeit leicht wieder finden kannst. Überprüfe seine Position in klaren Nächten jeweils zur selben Zeit von deinem üblichen Beobachtungsposten aus über mehrere Wochen hinweg.

Sternzeit

Jede Nacht geht jeder einzelne Stern etwa vier Minuten früher auf als in der vorherigen Nacht.

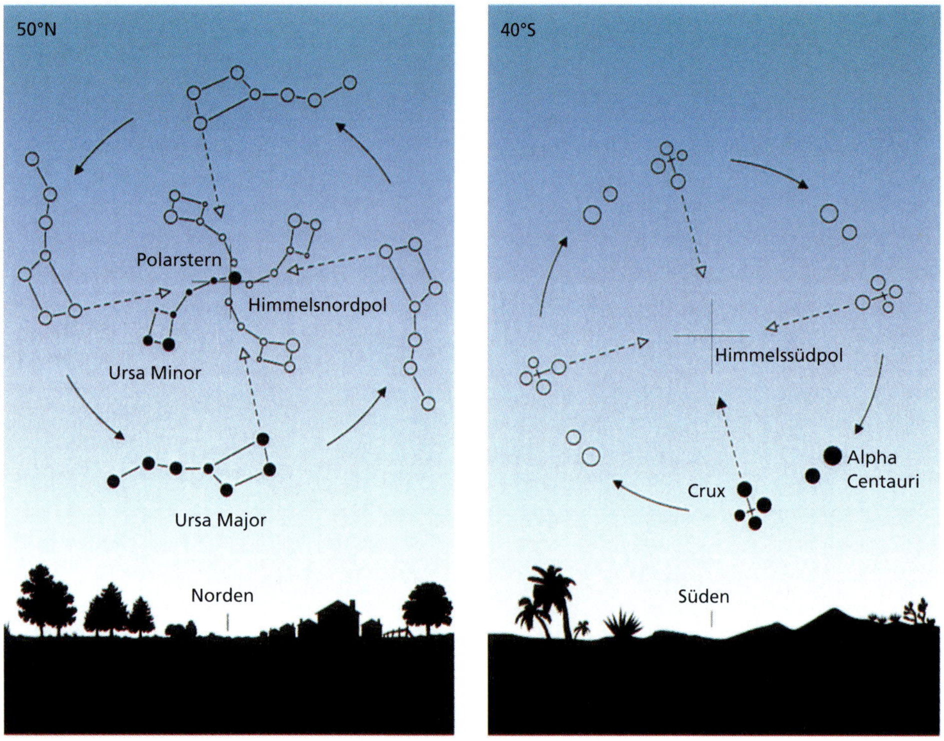

◁ Sternbilder, die das ganze Jahr hindurch auf der Nordhalbkugel (ganz links) und auf der Südhalbkugel (links) zu sehen sind.

Winkelmessung

Die Größe von Objekten und der Abstand zwischen ihnen, wie wir ihn am Himmel wahrnehmen, werden in Grad gemessen. Die Hälfte des Himmels, die wir jeweils sehen, entspricht 180°. Im Winkelmaß ausgedrückt haben Sonne und Mond beide je etwa einen Durchmesser von 0,5°. Fast alle Objekte sind so weit entfernt, dass ihre Winkelgrößen in Bogensekunden angegeben werden müssen. Ein Grad besteht aus 3600 Bogensekunden. Ein optisches Teleskop kann unter besten Bedingungen Details bis hin zu einer halben Bogensekunde wiedergeben.

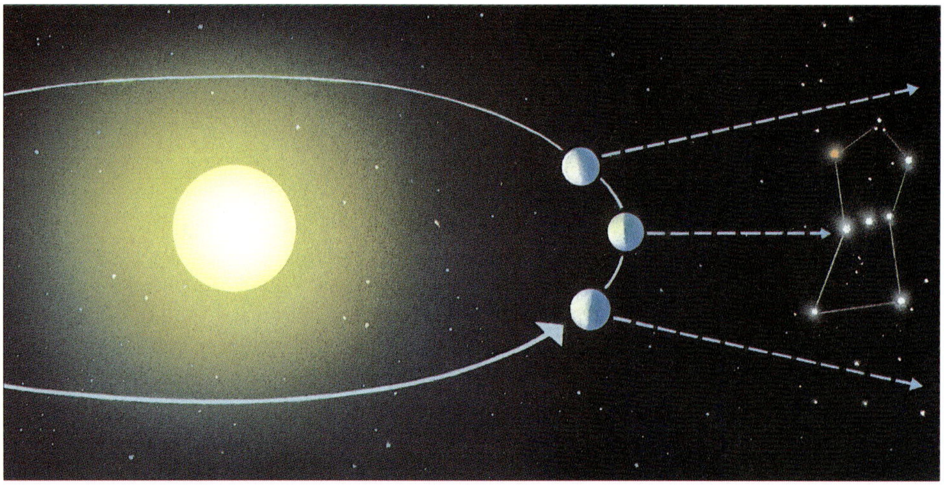

△ Während die Erde die Sonne umkreist, ändert sich der Blick in den Nachthimmel von einer festen Position aus allmählich.

Während sich die Erde im Raum dreht, dauert es nur 23 Stunden und 56 Minuten, bis ein Stern wieder die gleiche Position am Himmel einnimmt. Dieser etwas verkürzte Tag heißt Sterntag. In Sternwarten laufen die Uhren nach der Sternzeit und verlieren pro Tag vier Minuten im Vergleich zu normalen Uhren. Die Astronomen arbeiten gern mit der Sternzeit, weil jeder Stern nach der Sternuhr jeweils zur selben Zeit aufgeht.

Die Sonne braucht etwas länger, um wieder die gleiche Position am Himmel einzunehmen – volle 24 Stunden. Die Erde muss sich pro Tag nämlich nicht 360°, sondern ein bisschen weiter, 361° weit, drehen, bis die Sonne wieder ihre Position am Himmel erreicht, weil die Erde im Laufe des Tages auch auf ihrer Umlaufbahn um die Sonne ein bisschen vorgerückt ist.

Überall Sterne: die Himmelssphäre

Selbst die uns am nächsten liegenden Sterne sind sehr viel weiter weg als die Sonne, der Mond und die Planeten. Deshalb verändern sich die Bilder, zu denen sie sich am Himmel zusammensetzen, kaum, während die Erde die Sonne umkreist. Der Sternenhimmel ist wie eine weit entfernte ständige »Kulisse«, die die Erde und das ganze Sonnensystem umgibt. Etwas von der Erde entfernt im Raum sind in jeder Richtung Sterne am tiefschwarzen Himmel zu sehen.

Bevor die Astronomen entdeckten, dass die Sterne überall in der Milchstraße in jeweils unterschiedlicher Entfernung verstreut sind, glaubten viele alte Kulturen, wie etwa die Griechen, dass die Erde der Mittelpunkt des Universums sei. Sie stellten sich vor, die Sterne wären an der Innenseite einer gigantischen Kugel um das Sonnensystem befestigt, denn genau so sieht es für den Betrachter aus. Wenn es nur um die Himmelspositionen der Sterne und nicht um ihre wirkliche Position im All geht, ist diese Vorstellung so nützlich, dass Astronomen auch heute noch das Konzept der »Himmelssphäre« benutzen.

Obwohl die Himmelssphäre sich komplett um die Erde dreht, sieht man jeweils nur eine Hälfte dieser Kugel, weil die Erde den weiteren Blick versperrt. Nur Astronauten im Weltraum können auch die Sterne unter sich sehen.

Die Erde dreht sich um eine Achse durch Nord- und Südpol, der Äquator ist ein gedachter Kreis um die Erde in der

Mitte zwischen diesen beiden Polen. Die Himmelssphäre scheint sich aus unserer Perspektive ebenfalls um einen Nord- und Südpol zu drehen, und auch hier kann man sich zwischen den Polen einen so genannten Himmelsäquator vorstellen. Die Himmelspole und der Himmelsäquator liegen genau über den Polen und dem Äquator der Erde.

Rektaszension und Deklination

Durch Angabe des Längen- und Breitengrads können wir jeden Ort auf der Erde genau bestimmen. Die Breite wird nach Graden nördlich und südlich des Äquators gemessen, die Länge nach Graden östlich und westlich eines gedachten Kreises durch den Süd- und Nordpol, der auch durch Greenwich, London, verläuft.

Um festzulegen, wo am Himmel sich ein Stern befindet, wird ein Gitter über die Himmelssphäre gelegt, das den Längen- und Breitengraden auf der Erde ähnelt. Das Gegenstück zur Breite ist die Deklination, die in Graden vom Himmelsäquator aus gemessen wird.

Das Gegenstück zur Länge ist die Rektaszension. Sie wird von dem Punkt aus gemessen, an dem die Sonne zur Zeit der März-Tagundnachtgleiche den Sonnenäquator überquert. Weil sich der Himmel einmal täglich um sich selbst dreht, wird die Rektaszension oft in Stunden, Minuten und Sekunden statt in Grad gemessen. Eine Stunde entspricht 15 Grad.

Die Ekliptik

Weil die Erdachse geneigt ist, folgt die Sonne am Himmel nicht dem Himmelsäquator. Der Kreis, den sie beschreibt, bildet vielmehr einen Winkel von 23,5° zum Himmelsäquator und wird Ekliptik genannt.

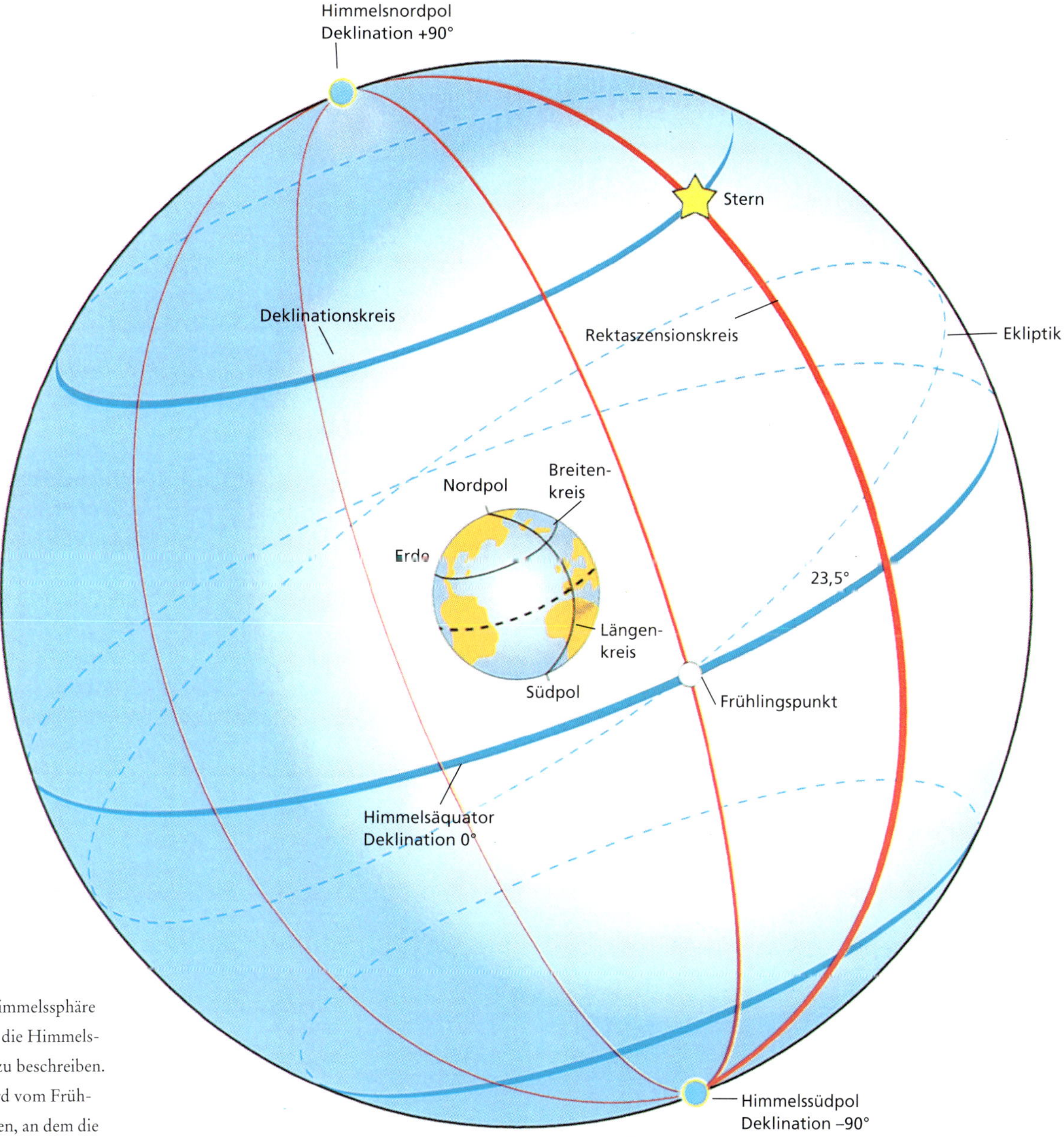

▷ Das Konzept der Himmelssphäre hilft den Astronomen, die Himmelspositionen der Sterne zu beschreiben. Die Rektaszension wird vom Frühlingspunkt aus gemessen, an dem die Sonne den Äquator im März schneidet.

ERDE UND MOND

Jeden Monat umrundet der Mond die Erde einmal, und man kann einen vollständigen Kreislauf der Mondphasen beobachten. Die Form des Mondes verändert sich von der Erde aus gesehen von Nacht zu Nacht, von der Sichel über den Vollmond wieder zur Sichel. Der Mond verursacht auch die Gezeiten, die sich mit ihm in einem monatlichen Kreislauf bewegen.

Der Mond ist der Begleiter der Erde im Weltraum. Einmal im Monat vollendet er seine Reise um die Erde. Er reflektiert das Sonnenlicht, und deshalb ist seine der Sonne zugewandte Hälfte immer hell erleuchtet, während die andere im Dunkeln liegt. Wie viel von seiner sonnenbeschienenen Halbkugel wir sehen, hängt davon ab, wo der Mond in seiner Umlaufbahn um die Erde gerade steht. Während seiner Kreisbewegung ändert sich die für uns sichtbare Form ständig, sie durchläuft verschiedene »Phasen«. Der ganze Mondzyklus wiederholt sich alle 29,53 Tage.

Um zu verstehen, warum wir die verschiedenen Phasen sehen, stell dir zunächst den Neumond vor: Jetzt steht der Mond zwischen uns und der Sonne. Seine helle Seite ist von uns abgewandt, sodass wir ihn nicht sehen können. Jetzt stell dir den Vollmond vor: Wenn der Mond auf der Seite der Erde steht, die der Sonne entgegengesetzt ist, sehen wir seine ganze beschienene Hälfte.

Manchmal, wenn der Mond uns als sehr dünne Sichel erscheint, ist auch der Rest seiner Scheibe schwach sichtbar. Das ist das Sonnenlicht, das zunächst von der Erde und dann vom Mond reflektiert wird, deshalb heißt es auch »Erdschein«.

Wann ist der Mond zu sehen?

Oft kann man den Mond bei klarem Himmel auch tagsüber sehen. Der Mond geht jeden Tag später auf. Kurz nach Neumond geht er nach der Sonne auf, eine Woche später, bei Halbmond, mittags und bei Vollmond erst bei Sonnenuntergang.

Erntemond

Auf der Nordhalbkugel ist der der Tagundnachtgleiche am 23. September nächstliegende Vollmond im Volksmund als Erntemond bekannt. Einige Nächte lang geht der Mond fast immer zur gleichen Zeit gerade zu Sonnenuntergang auf. Früher nutzten die Bauern dieses Mondlicht, um ihre Ernte einzubringen, und so kam es zu seinem Namen.

Die Gezeiten

Die Gezeiten sind jedem an der Küste vertraut. Zweimal täglich steigt und sinkt der Pegel des Meeres, in einigen Gegenden um mehrere Meter. Jeden Tag kommt die Flut 50 Minuten später. Was bringt das Meer dazu, so hin- und herzuschwappen? Die Antwort überrascht zunächst: der Mond.

▷ Genau zwischen Neumond und Vollmond können wir gerade die Hälfte der angestrahlten Seite des Mondes sehen – einen Halbkreis. Weil wir zu dieser Zeit nur ein Viertel der gesamten Mondoberfläche sehen, nennt man die Halbmond-Phasen auch erstes und drittes Viertel.

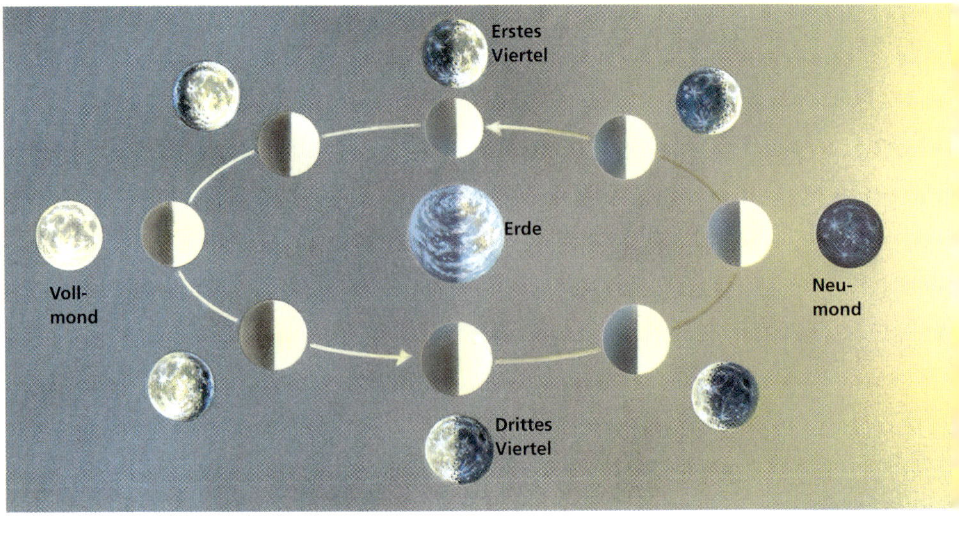

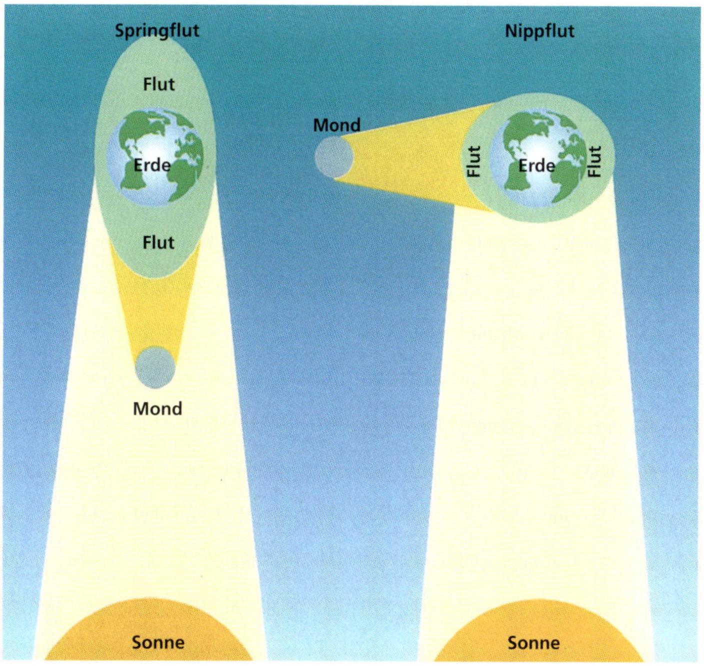

△ Die Mondsichel mit Erdschein (ganz links) sowie Erde und Mond auf einem Bild der Raumsonde Galileo (links)

△ Die Gezeiten entstehen durch die Anziehungskraft der Sonne und des Mondes auf die Weltmeere. Die Anziehungskraft des Mondes ist auf der ihm zugewandten Seite der Erde besonders stark. Der Mittelpunkt der Erde und die mondabgewandte Seite werden schwächer angezogen. Der Mond versucht also quasi, die Erde in die Länge zu ziehen.

Der Mond umkreist die Erde, weil die beiden Himmelskörper sich gegenseitig anziehen. Das Wasser der Meere wird von der Schwerkraft des Mondes in eine leicht zitronenähnliche Form gezogen. Der feste Erdball bleibt in der Mitte. Das Ergebnis ist ein Wasserhügel auf der Seite der Erde, die zum Mond hin ausgerichtet ist, und ein zweiter Hügel auf der gegenüberliegenden Seite. Während sich die Erde dreht, unterliegen die Küsten zweimal innerhalb von 24 Stunden und 50 Minuten dem Wechsel von Ebbe und Flut. Es sind mehr als 24 Stunden, weil der Mond selbst sich ebenso auf seiner Umlaufbahn bewegt. In Buchten und Flussmündungen ist das Auf und Ab der Gezeiten meist besonders stark zu spüren, weil das Meerwasser dort in schmale Trichter gedrückt und wieder hinausgezogen wird.

Springfluten und Nippfluten

Wie der Mond trägt auch die Sonne zur Tidenhöhe bei. Wenn Sonne und Mond in einer Linie stehen, sodass ihre Anziehungskraft in derselben Richtung wirkt und sich gegenseitig verstärkt, entstehen höhere Flutpegel als sonst, die so genannten Springfluten. Wenn Sonne und Mond im rechten Winkel zueinander stehen, schwächen sie ihre Anziehungskraft gegenseitig ab, sodass die Flutpegel niedriger sind als im Durchschnitt. Diese Nippfluten treten auf, wenn der Mond im ersten oder letzten Viertel steht. Spring- und Nippfluten entstehen ein wenig später, als man auf Grund der Mondstellung annehmen könnte, weil das Wasser bei seiner Bewegung über die Erdoberfläche einen gewissen Reibungswiderstand überwinden muss.
Selbst die Erde wird von den Gezeitenkräften des Mondes um bis zu etwa 30 cm in die Länge gezogen. Die Erde ihrerseits zieht den Mond um etwa 40 cm aus seiner eigentlichen Form.
Im Prinzip könnte man die Energie der Gezeitenströmung durch den Bau von Staudämmen mit elektrischen Generatoren an großen Flussmündungen nutzen. Sechs Prozent der in England verbrauchten Energie könnten durch eine Staumauer quer über die Mündung des Flusses Severn in Südengland gewonnen werden. Technische und Umweltprobleme sind jedoch so groß, dass die Gezeitenenergie nicht nutzbar gemacht werden kann.

Längere Tage

Die Gezeiten verursachen eine Reibung zwischen der Erdoberfläche und den Weltmeeren und verlangsamen damit die Erddrehung. Unsere Tage werden ganz allmählich immer länger, um etwa zwei Tausendstelsekunden pro Jahrhundert. Beweisen lässt sich dies mit Hilfe bestimmter Korallen, die jeden Tag eine feine Kalkschicht ablagern. Das Wachstum schwankt im Laufe eines Jahres, und so entsteht ein Muster wie bei den Jahresringen eines Baumes. Durch das Studium 400 Millionen Jahre alter fossilierter Korallen haben Geologen festgestellt, dass das Jahr damals über 400 Tage mit jeweils 22 Stunden hatte. Und noch ältere Fossilien zeigen, dass der Tag vor 2 Milliarden Jahren nur 10 Stunden lang war.
Weit in der Zukunft wird ein Tag einen ganzen Monat lang dauern. Der Mond stünde dann von uns aus gesehen immer an derselben Stelle, weil die Erddrehung exakt mit der Bewegung des Mondes in seiner Umlaufbahn übereinstimmen würde. Schon heute wendet der Mond der Erde auf Grund der Gezeitenkräfte immer dieselbe Seite zu. Auch der Mond wird in seiner Umlaufbahn immer schneller und entfernt sich dadurch etwa 4 cm pro Jahr von der Erde.

Sonnen- und Mondfinsternisse

Sonne, Mond und Erde vollführen einen komplizierten Tanz im Weltall. Manchmal stehen alle drei fast auf einer Linie, und das Versteckspiel kann beginnen.

Die Sonne ist 400-mal größer als der Mond, aber sie ist auch etwa 400-mal so weit entfernt. Deshalb erscheinen uns Sonne und Mond am Himmel als etwa gleich groß und der Mond kann die Sonne völlig verdunkeln, wenn er genau zwischen Sonne und Erde kreuzt. Wenn Erde, Mond und Sonne exakt auf einer Linie liegen, entsteht eine totale Sonnenfinsternis.

Jeden Monat bei Neumond tritt der Mond zwischen die Sonne und die Erde, aber die genaue Aufreihung, die für eine Finsternis nötig ist, ist nicht so häufig, und selbst wenn sie auftritt, kann man die totale Sonnenfinsternis nur jeweils in einer begrenzten Region der Erde sehen. Diese so genannte Totalitätszone, auf die der Kernschatten des Mondes fällt, ist lang und schmal. Sie ist nie mehr als 268 km breit, kann sich aber über tausende von Kilometern erstrecken. Eine totale Sonnenfinsternis kann von einem Ort aus höchstens knapp acht Minuten lang beobachtet werden.

Die totale Finsternis beginnt, wenn der Mond sich allmählich über die Sonnenscheibe schiebt. Es sieht beinahe so aus, als ob ein Stück von der Sonne abgebissen wird. Allmählich ist ein immer größerer Teil der Sonne verdeckt, bis nur noch eine schmale Sichel übrig bleibt.

Außerhalb des Kernschatten-Gebiets sieht man in sehr viel größeren Teilen der Erde eine partielle Sonnenfinsternis, bei der immer ein Teil der Sonne unbedeckt bleibt.

Manchmal schiebt sich der Mond direkt vor die Sonne, aber ein strahlender Ring bleibt um die dunkle Scheibe des Mondes herum sichtbar. Die Entfernungen zwischen der

▽ Eine großartige Sonnenfinsternis am 18. März 1988. Bei einer totalen Sonnenfinsternis verdunkelt sich der Himmel, und die Lufttemperatur sinkt. Manche Blumen schließen die Blüten, und Vögel suchen sich einen Schlafplatz. Um die dunkle Mondscheibe herum ist der schwach leuchtende äußere Rand der Sonne, die Korona, zu sehen, die sonst vom intensiven Licht der Sonne überlagert wird. Oft sieht man auch rosafarbene flammenähnliche Protuberanzen, die aus der Oberfläche der Sonne hervorschießen. Helle Sterne sind am jetzt dunklen Himmel zu sehen.

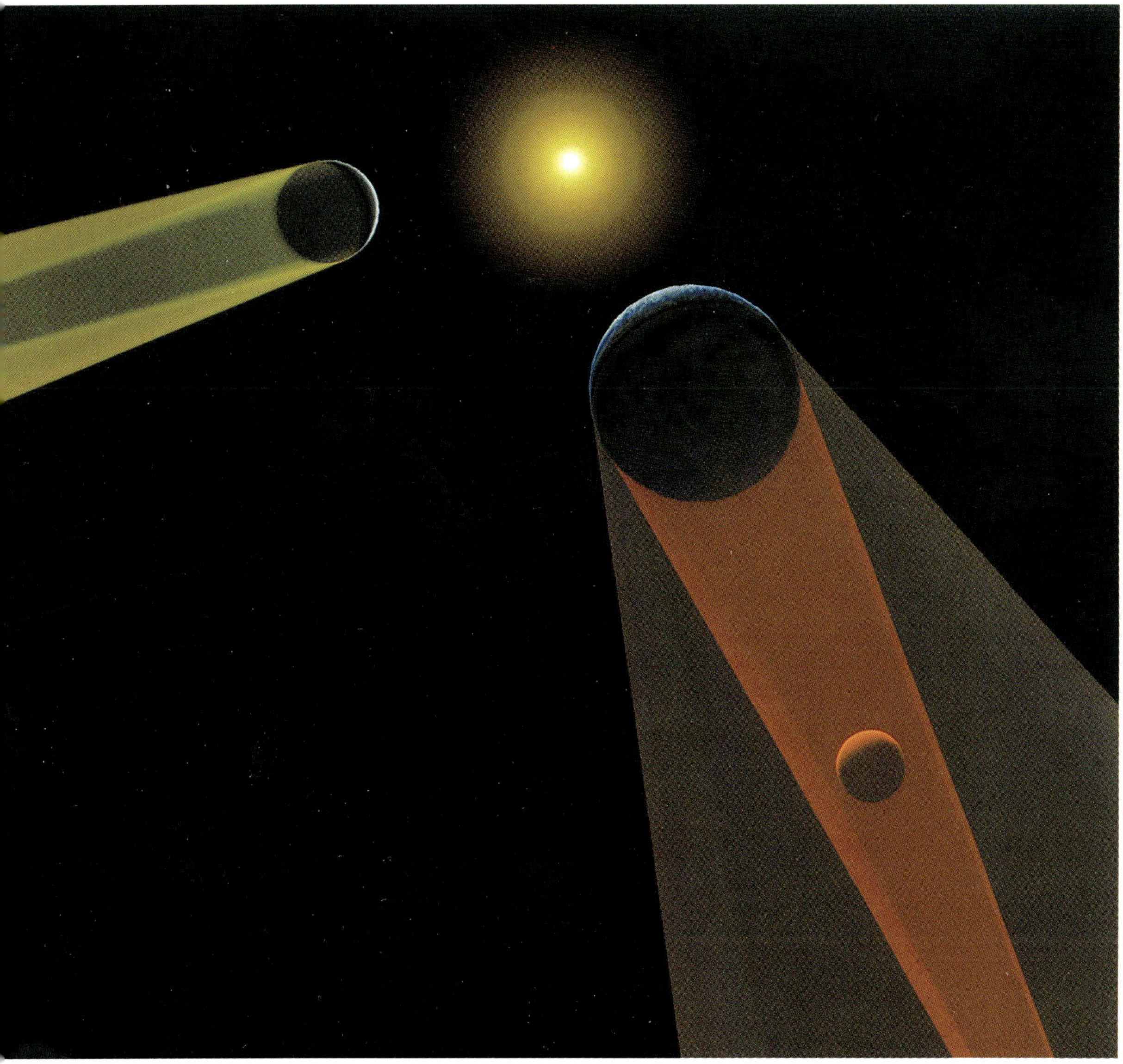

◁ Wenn der Mondschatten auf die Erde fällt (links), entsteht eine Sonnenfinsternis, wenn der Mond durch den Schatten der Erde wandert (rechts), eine Mondfinsternis.

SONNENFINSTERNISSE 1996–2006

Datum	*Ort*	*Typ und Dauer*
9. März 1997	Arktis, Russland	Total, 2 min 50 sek
26. Februar 1998	Pazifischer und Atlantischer Ozean	Total, 3 min 56 sek
22 August 1998	Indischer und Pazifischer Ozean	Ringförmig
16. Februar 1999	Indischer und Pazifischer Ozean, Australien	Ringförmig
11. August 1999	Atlantischer Ozean, Europa, Indien	Total, 2 min 23 sek
21. Juni 2001	Zentralafrika	Total, 4 min 57 sek
14. Dezember 2001	Pazifischer Ozean, Mittelamerika	Ringförmig
10. Juni 2002	Pazifischer Ozean	Ringförmig
4. Dezember 2002	Südafrika, Westaustralien	Total, 2 min 4 sek
31. Mai 2003	Arktis	Ringförmig
23. November 2003	Antarktis	Total, 1 min 57 sek
8. April 2005	Panama, Kolumbien, Venezuela	Ringförmig/total 42 sek
3. Oktober 2005	Portugal, Spanien, Nord- und Ostafrika	Ringförmig
29. März 2006	Atlantischer Ozean, Afrika, Russland	Total, 4 min 7 sek
22. September 2006	Atlantischer Ozean, südlicher Indischer Ozean	Ringförmig

Erde und der Sonne und zwischen der Erde und dem Mond schwanken ein wenig. Wenn der Mond gerade etwas weiter von der Erde entfernt ist, wirkt er kleiner, und wenn die Erde gerade etwas näher an der Sonne steht, wirkt sie größer. Bei einer eigentlich totalen Sonnenfinsternis ist der Mond dann aus unserer Sicht nicht groß genug, um die Sonne ganz abzudecken, und es entsteht eine ringförmige Sonnenfinsternis. Der Himmel bleibt hell, und man kann die Korona der Sonne nicht sehen.

Mondfinsternisse

Die Erde wirft einen langen Schatten durch den Weltraum und deckt in diesem Bereich das Licht der Sonne ab. Wenn der Mond in den Erdschatten eintritt, entsteht eine Mondfinsternis. Vom Mond aus würde man in dieser Zeit die Erde vor der Sonne ent-

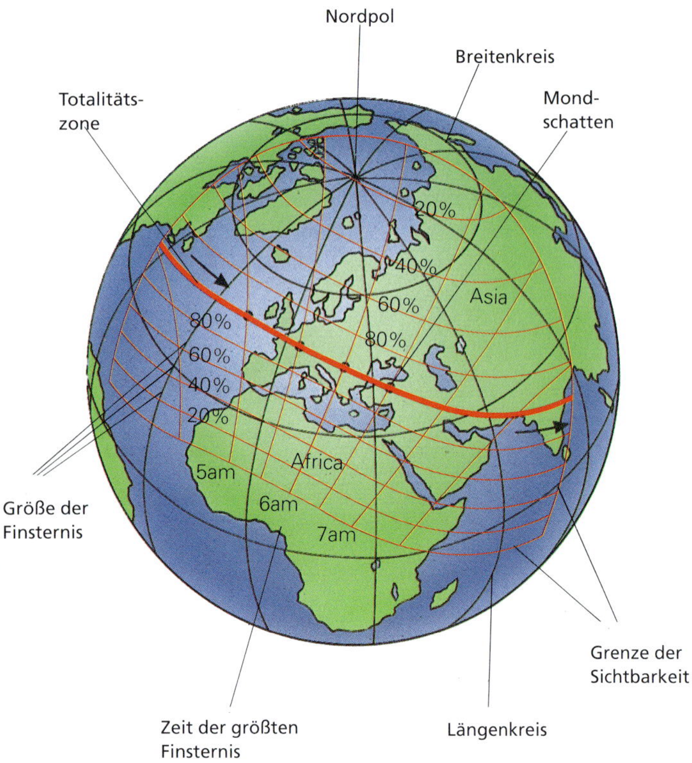

▷ Eine Mondfinsternis, bei der der Mond kupferrot leuchtet. Der Mond liegt während einer Mondfinsternis niemals ganz im Dunkeln, weil etwas Sonnenlicht durch die Erdatmosphäre abgelenkt wird und ihn schwach erleuchtet.

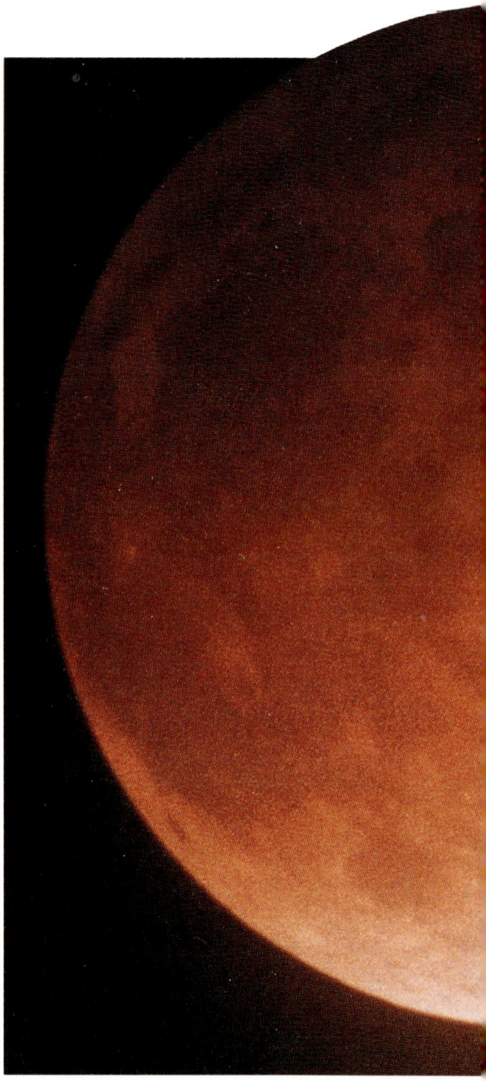

◁ Der Ablauf der Sonnenfinsternis vom 11. August 1999. Dargestellt sind die Gebiete, in denen eine totale bzw. partielle Finsternis zu sehen sein wird. Die totale Finsternis wird nur zweieinhalb Minuten dauern und im größten Teil Europas um die Mittagszeit herum wahrnehmbar sein.

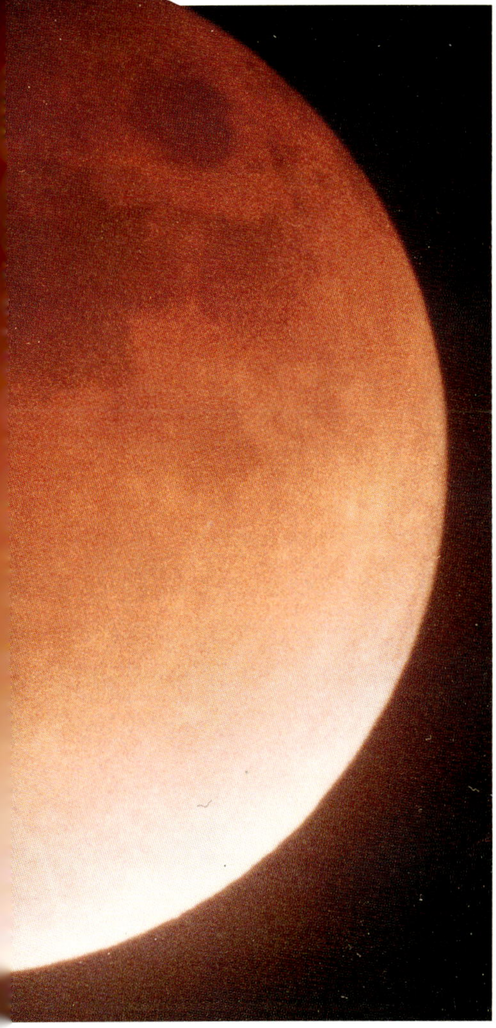

TOTALE MONDFINSTERNISSE 1995–2007

Datum	*Dauer*
16. September 1997	1 st 3 min
21. Januar 2000	1 st 18 min
16. Juli 2000	1 st 48 min
9. Januar 2001	1 st 2 min
16. Mai 2003	53 min
9. November 2003	26 min
4. Mai 2004	1 st 17 min
28. Oktober 2004	1 st 22 min
3. März 2007	1 st 15 min
28. August 2007	1 st 31 min

langziehen sehen. Oft leuchtet der Mond noch schwach rötlich, denn er wird von etwas rotem Sonnenlicht beleuchtet, das durch die Erdatmosphäre abgelenkt und gestreut wird. Eine totale Mondfinsternis kann bis zu 1 Stunde und 48 Minuten dauern. Mondfinsternisse können überall auf der Erde gesehen werden, wo der Mond gerade am Himmel steht.

Finsternisse in früheren Zeiten

Die Philosophen im antiken Griechenland waren davon überzeugt, dass die Erde eine Kugel ist, weil sie bemerkten, dass der Rand des Erdschattens auf dem Mond immer kreisförmig ist. Darüber hinaus maßen sie, wie lange die Finsternis dauerte (der genaue Wert ist 3,66-mal größer) und kamen zu dem Ergebnis, dass die Erde dreimal größer sei als der Mond.

Archäologische Funde deuten darauf hin, dass viele alte Kulturen Finsternisse vorauszuberechnen versuchten. Durch Beobachtung des Himmels in Stonehenge in Südengland konnten die Menschen der späten Steinzeit vor 4000 Jahren vielleicht schon einige Finsternisse vorhersagen. Sicherlich konnten sie die Sommer- und die Wintersonnenwende festlegen.

Die Astronomen der Maya in Mittelamerika konnten vor 1000 Jahren Finsternisse vorhersagen, indem sie ihre langjährigen Beobachtungen auf immer wiederkehrende Muster hin untersuchten. Alle 54 Jahre und 34 Tage wiederholt sich etwa die gleiche Abfolge von Finsternissen.

Wie oft können wir Finsternisse sehen?

Obwohl der Mond einmal im Monat die Erde umkreist, gibt es nicht jeden Monat eine Finsternis, weil die Umlaufbahn des Mondes im Verhältnis zu der der Erde geneigt ist. Im Höchstfall können sieben Finsternisse in einem Jahr gezählt werden, von denen zwei oder drei Mondfinsternisse sein müssen.

Sonnenfinsternisse können nur bei Neumond auftreten, Mondfinsternisse dagegen nur bei Vollmond.

Du kannst davon ausgehen, in deinem Leben etwa 40 Mondfinsternisse zu sehen (ein klarer Himmel vorausgesetzt). Sonnenfinsternisse sind seltener, weil die Totalitätszone so schmal ist. Die meisten Menschen werden wahrscheinlich kaum je eine totale Sonnenfinsternis zu Gesicht bekommen, wenn sie nicht zur richtigen Zeit in ein Kernschattengebiet reisen.

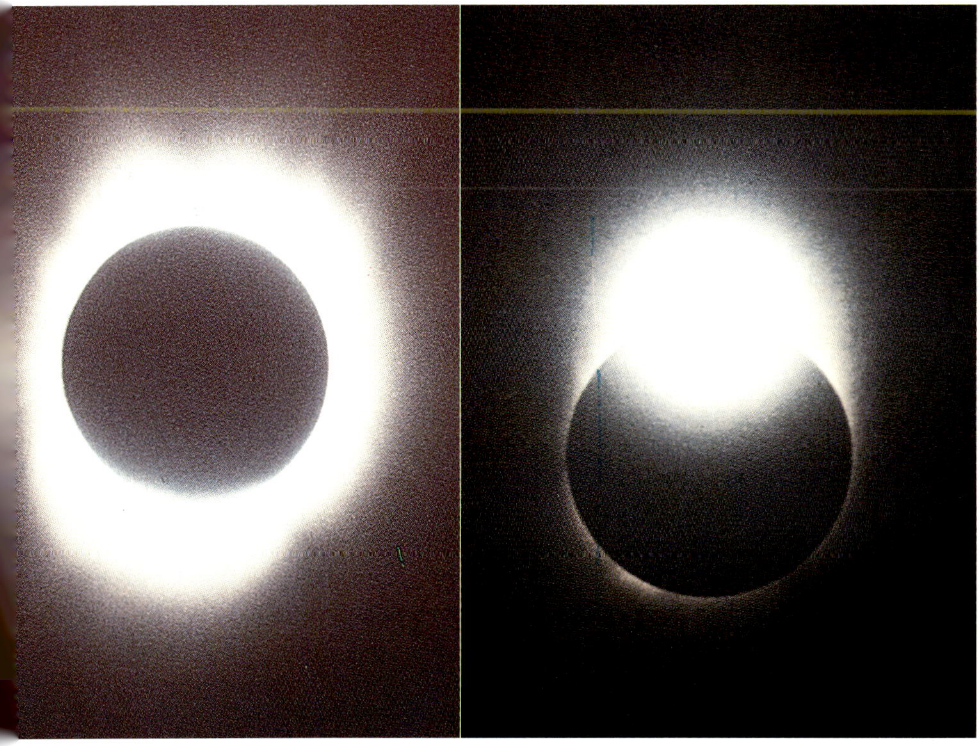

◁ Diese Bilder zeigen den Ablauf einer totalen Sonnenfinsternis. Erst die partiellen Phasen, dann ist die äußere Atmosphäre der Sonne, die Korona, kurz zu sehen. Das fünfte Foto zeigt den Diamantring-Effekt, der entsteht, wenn das Sonnenlicht durch ein Tal am Rand der Mondoberfläche fällt.

STERNBILDER

Verschiedene Völker des Altertums ordneten den Sternenhimmel zu klaren Mustern, den so genannten Sternbildern, und brachten diese mit ihren traditionellen Göttern und Mythen in Verbindung. Auch moderne Sternkarten benutzen diese mythischen Himmelsbilder als Grundlage.

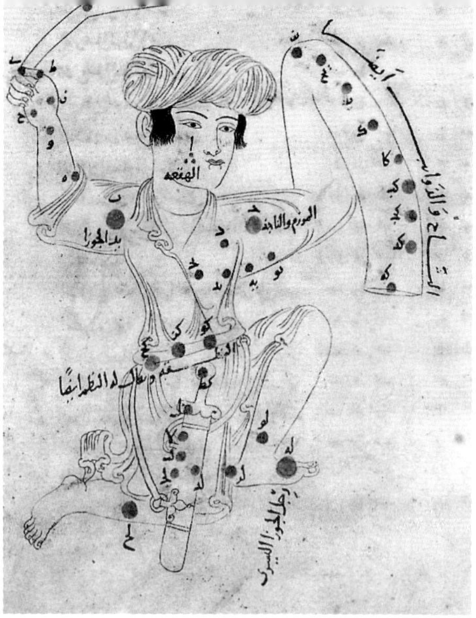

△ Das Sternbild Orion (der Jäger), gemalt von Al-Sûfi, einem islamischen Astronomen des 10. Jahrhunderts. Drei Sterne bilden den Gürtel des Orion.

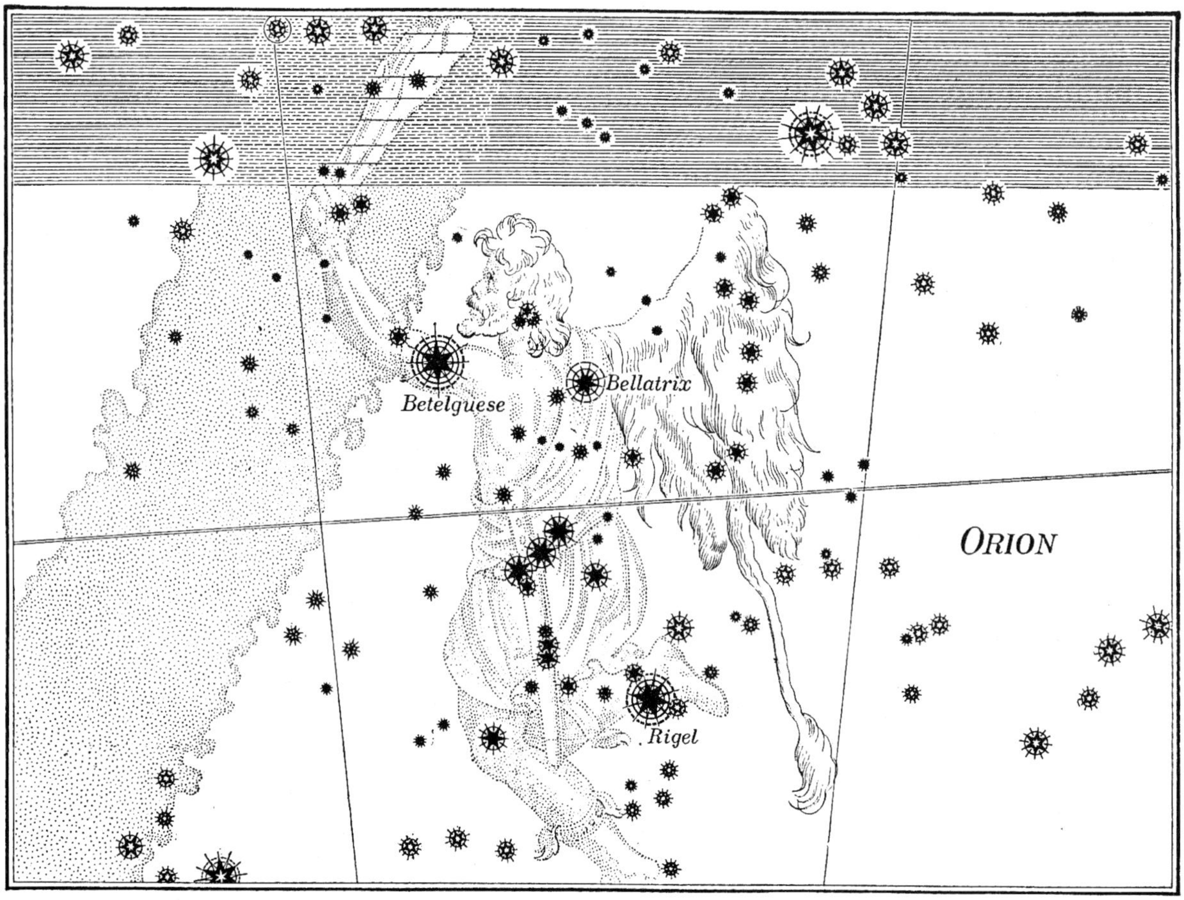

◁ Eine Karte des Orion-Sternbilds aus dem 18. Jahrhundert, kopiert nach einem Stich Albrecht Dürers.

Jeder, der den Nachthimmel betrachtet, beginnt bald die helleren Sterne zu einfachen Mustern wie Quadraten, Dreiecken, Linien, Kreuzen oder Bögen zu verbinden. Man braucht nicht viel Fantasie, um die Umrisse einiger Dinge zu sehen: einen Vogel im Flug, den Reif einer Krone, den langen gekrümmten Schwanz eines Skorpions.

Das System der Sternbilder wurde sicher auch erfunden und immer weiterentwickelt, weil es keinen einfacheren Weg gibt, um zumindest die helleren Sterne zu identifizieren. Alle Astronomen, auch die Profis, benutzen es noch heute.

Die Sternbilder sind nützlich, um die Positionen der Sterne auf der Himmelssphäre wieder zu erkennen, allerdings muss man sich darüber klar sein, dass Sterne, die einander so nahe scheinen, in Wirklichkeit durch riesige Entfernungen im Raum voneinander getrennt sein können. Die Muster, die wir sehen, ergeben sich rein zufällig. So sind zum Beispiel die drei hellsten Sterne im Kreuz des Südens 360, 420 und 88 Lichtjahre von der Erde entfernt.

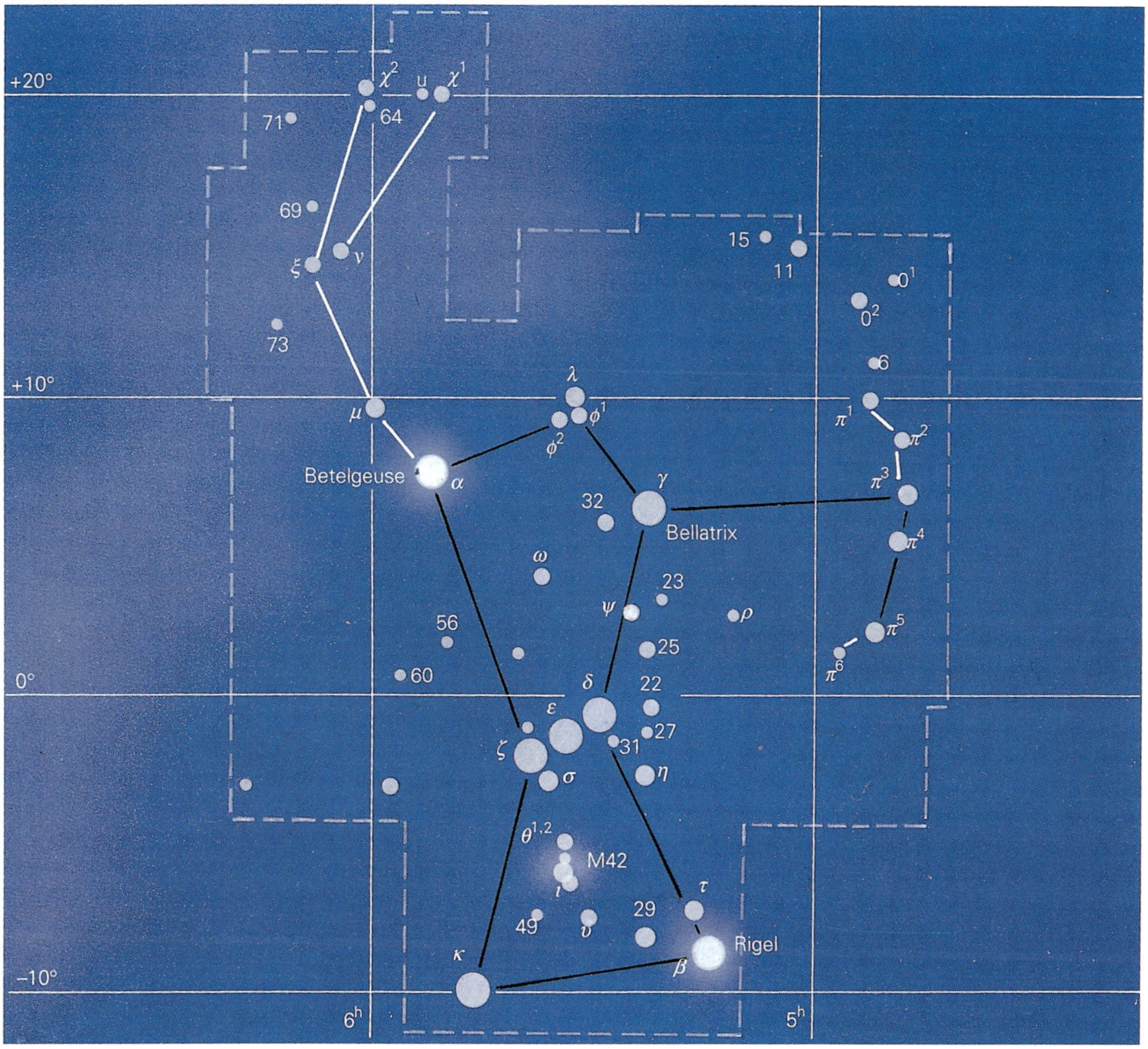

◁ Eine moderne Darstellung des Orion mit den Grenzen des Sternbilds (gestrichelte Linien) und den hellen Sternen Betelgeuse, Bellatrix und Rigel sowie dem Orion-Nebel (M42) im Schwertgehänge.

Moderne Sternbilder

Als man nach der Erfindung des Teleskops immer mehr schwach leuchtende Sterne entdeckte, waren die Astronomen nicht sicher, wie sie sie in die hellen Sternenmuster einfügen sollten. Manche Sterne wurden verschiedenen Sternbildern zugeordnet. 1933 schließlich beschlossen die Astronomen weltweit, den ganzen Himmel in 88 Gebiete einzuteilen, die auf den traditionellen Sternbildern basieren. Diese Gebiete meinen die Astronomen heute, wenn sie von Sternbildern sprechen.

Von den 88 Bildern, die heute offiziell anerkannt sind, hatte Ptolemäus im 2. Jahrhundert bereits 48 aufgelistet, und viele waren wahrscheinlich schon lange zuvor bekannt. Die meisten Namen sind mit den Geschichten der griechischen Mythologie verknüpft. Herkules, Orion, Perseus, Andromeda und Pegasus sind nur ein paar Beispiele dafür. Heute tragen die Sternbilder offiziell alle lateinische Namen.

Die altgriechischen Philosophen und ihre Vorgänger lebten im Mittelmeerraum und im Nahen Osten. Einige Teile des südlichen Himmels konnten sie von dort aus nicht beobachten. Erst als die Entdecker sich südwärts wagten, gaben europäische Astronomen auch den Sternbildern in diesem Himmelsteil Namen. Sie sind also alle erst seit etwa 1600 dazugekommen. Viele wurden von dem Deutschen Johann Bayer (1572–1625) erfunden, weitere 14 von Nicolas de Lacaille (1713–1762), einem französischen Astronomen. Statt der antiken Mythologie bevorzugte Lacaille technisches Gerät und benannte Sternbilder unter anderem nach dem chemischen Ofen (Fornax), dem Fernrohr (Telescopium), dem Mikroskop (Microscopium) und der Uhr (Horologium)!

Das Erkennen der Sternbilder

Wenn du überhaupt keine Sternbilder kennst, hast du am Anfang vielleicht Schwierigkeiten, aber sobald du eines oder zwei gefunden hast, kannst du einfach immer zum Nachbarbild springen und so dein Wissen erweitern. Auch eine einfache Sternkarte, die zum Datum und zur Zeit deiner Beobachtung passt, ist eine große Hilfe. Wie wir gesehen haben, ändert sich der Himmel deutlich von Woche zu Woche wie auch im Laufe einer Nacht. Das kann sehr verwirrend sein, wenn du dich zum ersten Mal auf Sternenjagd begibst. Außerdem ist auch noch der Breitengrad, auf dem du dich befindest, wichtig. Die einfachen Karten am Ende dieses Buches (Seite 150–153) sollen dir helfen, die auffälligsten Sternbilder zu finden, die von deinem Beobachtungsstandpunkt aus zu verschiedenen Jahreszeiten sichtbar sind.

Einige Sternenmuster haben ihre eigenen traditionellen Namen, auch wenn sie offiziell keine eigenen Sternbilder darstellen. Sie werden Sterngruppen genannt. Am bekanntesten ist vielleicht der Große Wagen im Sternbild Ursa Major (Großer Bär).

Der Tierkreis

Die Namen von 12 Sternbildern sind wahrscheinlich bekannter als die meisten anderen, weil diese den so genannten Tierkreis bilden. Er heißt so, weil beinahe alle diese Sternbilder nach Tieren oder mythischen Wesen benannt sind. Die Waage bildet die einzige Ausnahme. In der Astronomie ist der Tierkreis oder Zodiakus wichtig, weil der jährliche Weg der Sonne über den Himmel, die Ekliptik, ebenso in diesem Band liegt wie die Bewegungen des Mondes und der Planeten.

Wenn du die Sterne auch tagsüber sehen könntest, würdest du selbst immer wissen, in welchem Sternbild die Sonne gerade steht. In der Praxis ist dies nur während der wenigen Minuten einer totalen Sonnenfinsternis möglich.

Ebenso wie die Sternbilder bewegt sich auch die Sonne aus unserer Perspektive und beschreibt im Laufe eines Jahres einen Kreis über den Himmel. Die Sternbilder auf dem Tierkreis haben, wie sie heute festgelegt

△ Dieses Foto des Orion zeigt deutlich die Sterne Betelgeuse (oben links) und Rigel (unten rechts) sowie die drei Sterne des Gürtels und den Orion-Nebel im Schwertgehänge. Den Umriss des Nebels kann man sehr klar mit dem Fernglas erkennen.

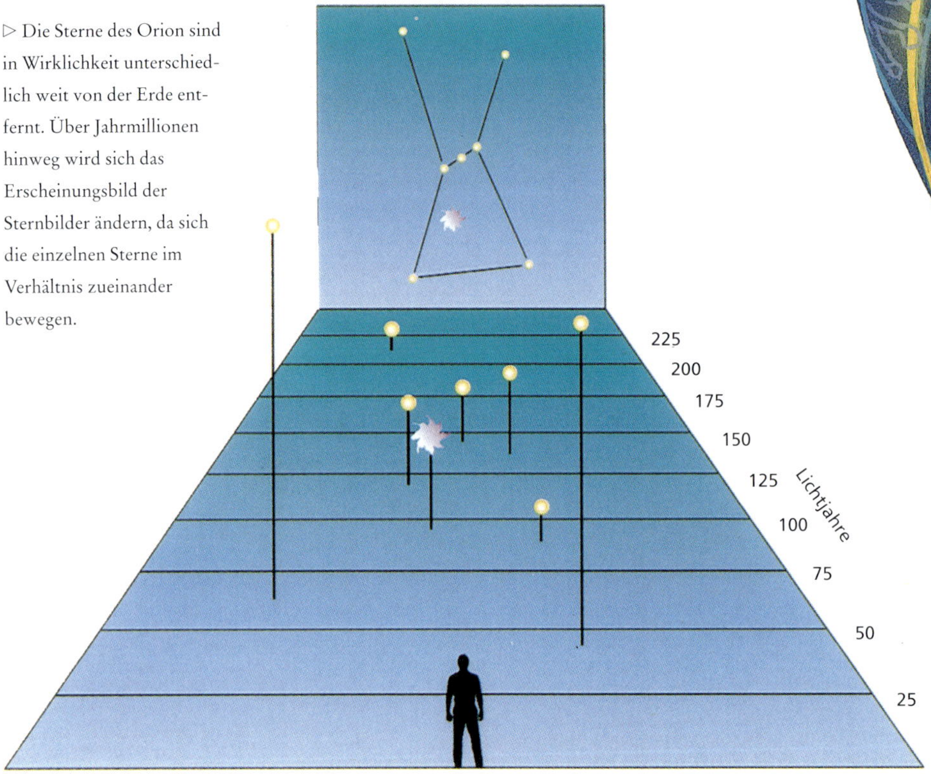

▷ Die Sterne des Orion sind in Wirklichkeit unterschiedlich weit von der Erde entfernt. Über Jahrmillionen hinweg wird sich das Erscheinungsbild der Sternbilder ändern, da sich die einzelnen Sterne im Verhältnis zueinander bewegen.

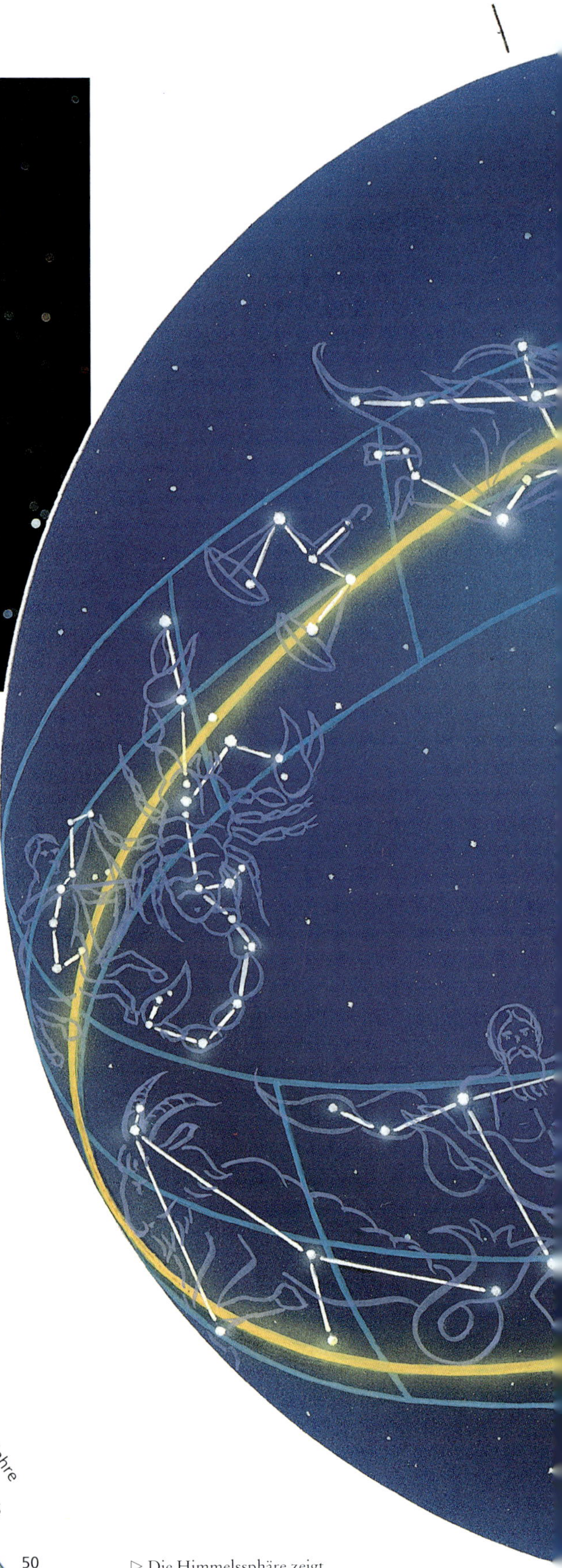

▷ Die Himmelssphäre zeigt die Erde im Mittelpunkt des gedachten Zodiakalbandes und den Weg der Sonne durch den Tierkreis.

sind, nicht alle die gleiche Größe, sodass die Sonne unterschiedlich lange in den einzelnen Sternbildern steht. Außerdem verschiebt sich die Ekliptik allmählich um den Himmel, und die Sonne durchläuft heute ein dreizehntes Sternbild, den Ophiuchus (Schlangenträger).

Astronomie und Astrologie

Im Gegensatz zur tatsächlichen astronomischen Situation teilen die Astrologen den Tierkreis in 12 gleiche Teile, die »Häuser«, die die Namen der 12 traditionellen Tierkreiszeichen tragen, aber nicht mehr mit ihnen zusammenfallen. Dein astrologisches »Sternzeichen« wird dadurch bestimmt, in welchem Haus die Sonne zum Zeitpunkt deiner Geburt stand. Im allgemeinen stimmt es nicht mit ihrer tatsächlichen Position überein.

Die Astrologie entstand wahrscheinlich, als die Menschen erstmals erkannten, dass die Sonne und der Mond eine direkte Auswirkung auf die Gezeiten, das Wetter und die Jahreszeiten haben. Davon ausgehend, war es nur natürlich anzunehmen, dass auch die Planeten einen gewissen Einfluss besitzen. Es gibt viele Hinweise auf die Macht der Sterne in den Werken großer Dichter wie etwa Vergil (70–19 v. Chr.), Chaucer (1340–1400) und Shakespeare (1564–1616).

1226 beendete der mongolische Eroberer Dschingis Khan seine Kriege, als Astrologen ihn davor warnten, dass der Jupiter demnächst am Saturn vorbeiziehen werde. Das galt als schlechtes Omen für den Feldzug. Der große Astronom Johannes Kepler erstellte zu Beginn seiner Laufbahn Horoskope, um seinen Freunden die Zukunft vorauszusagen. Seine spätere Arbeit, mit der er die physikalischen Kräfte hinter den Planetenbewegungen aufzeigte, stellte die wissenschaftliche Basis des astrologischen Aberglaubens in Frage.

Heute gibt es zwischen Astronomie und Astrologie keine Verbindungen mehr. Allerdings haben wir dem Glauben, dass die Sterne das Schicksal der Menschen beeinflussen, viele nützliche astronomische Beobachtungen der vergangenen Jahrhunderte zu verdanken.

Umlaufbahnen im Sonnensystem

△ Sir Isaac Newton (1642–1727)

Die Sonne hat eine Familie von neun größeren Planeten, dazu kommen viele kleinere Himmelskörper wie Asteroiden und Kometen. Zusammengehalten wird diese Familie durch die Schwerkraft, während jeder Planet auf einer elliptischen Umlaufbahn um die Sonne kreist. Die Erkundung der Planeten mit Hilfe von Raumsonden ist eine wichtige wissenschaftliche Leistung unseres Jahrhunderts.

Die Astronomen des alten Griechenland hatten eine sehr komplizierte Vorstellung vom Sonnensystem, weil sie glaubten, dass die Erde im Mittelpunkt stehen und die Umlaufbahnen vollkommene Kreise sein müssten. Dennoch konnten sie die zukünftigen Positionen der Planeten einigermaßen genau vorausberechnen. Nikolaus Kopernikus stellte die Sonne in die Mitte des Sonnensystems, aber er hatte Probleme mit der Berechnung der Planetenpositionen, weil er an der Idee der Kreisbahnen festhielt. Johannes Kepler schließlich stellte drei Gesetze auf, um die Planetenbewegungen zu erklären:

1 Jeder Planet bewegt sich auf einer Ellipsen-, nicht auf einer Kreisbahn. Die Sonne steht nicht im Zentrum dieser Bahn, sondern in einem der Brennpunkte. Je flacher die Ellipse ist, desto weiter ist der Brennpunkt vom Zentrum entfernt. Das bedeutet, dass die Entfernung zwischen dem Planeten auf seiner Umlaufbahn und der Sonne schwankt.

2 Ein Planet bewegt sich am schnellsten, wenn er der Sonne am nächsten ist, und am langsamsten, wenn er am weitesten von ihr entfernt ist.

3 Die Zeit, die ein Planet braucht, um die Sonne zu umrunden, hängt von seiner Entfernung von der Sonne ab.

Kepler glaubte, dass irgendeine von der Sonne ausgehende Kraft, die mit der Entfernung

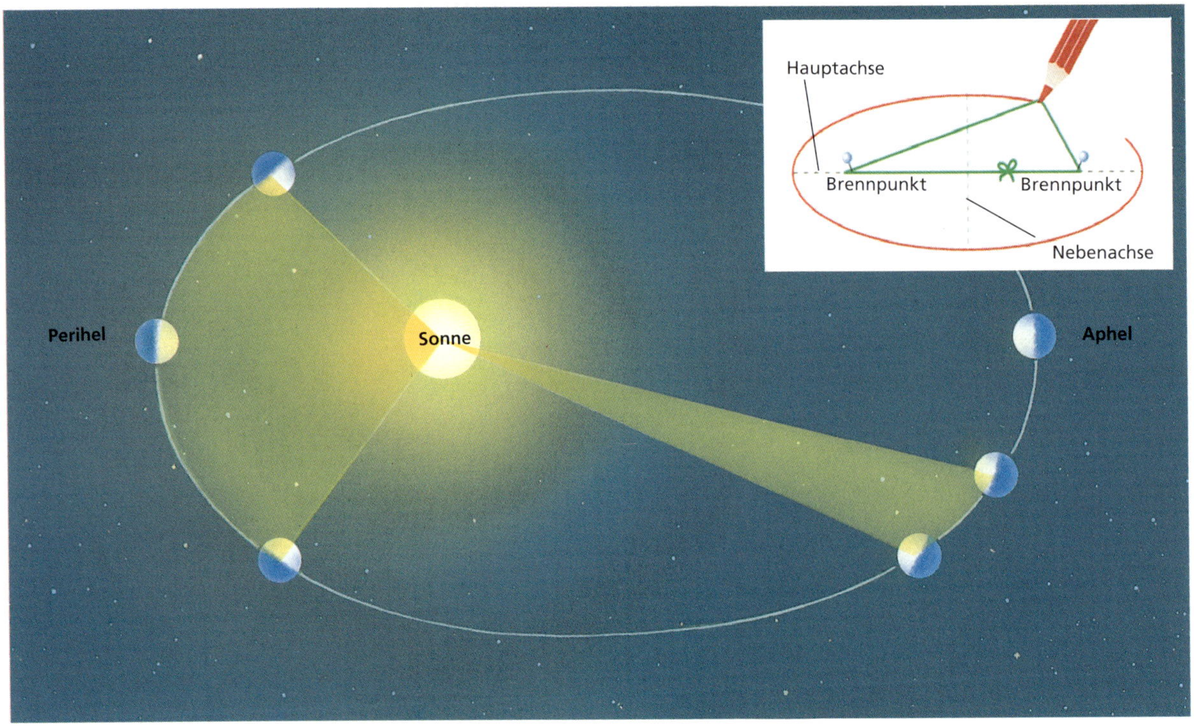

◁ Du kannst mit Hilfe eines Bleistiftes, einer Fadenschlinge und zweier Stecknadeln eine Ellipse zeichnen. Halte den Faden gespannt, während du in der Schlinge entlangfährst.

◁ Illustrationen zum 1. und 2. keplerschen Gesetz. Jeder Planet bewegt sich auf einer elliptischen Umlaufbahn mit der Sonne in einem Brennpunkt. Die Geschwindigkeit eines Planeten schwankt, sodass eine gedachte Linie von dem Planeten zur Sonne in gleichen Zeitabständen gleiche Flächen bestreicht. Das Perihel ist der Punkt der größten Annäherung an die Sonne, das Aphel der entfernteste Punkt der Umlaufbahn.

schwächer würde, die Planeten bewegen müsse. Zwar konnte er diese Kraft nicht genau beschreiben, doch gelang es den Astronomen mit Hilfe der keplerschen Gesetze zur Planetenbewegung immerhin, die Positionen der Planeten etwa zehnmal genauer vorauszuberechnen als zuvor.

Isaac Newton und die Schwerkraft

Sir Isaac Newton schließlich fand eine geniale Erklärung für die Himmelsbewegungen: das Gesetz der Schwerkraft oder der Gravitation. Der Legende nach entwickelte er diese Idee blitzartig, während er unter einem Apfelbaum saß und einen Apfel zu Boden fallen sah – unter dem Einfluss der Schwerkraft. Tatsächlich jedoch war seine Theorie das Ergebnis sorgfältiger langjähriger Forschungen. Er studierte sich bewegende Objekte, um ihr Verhalten zu verstehen.

Newton erkannte, dass eine ständige Kraft auf die Planeten wirken muss, die sie davon abhält, im All zu verschwinden. Das brachte ihn auf sein Gravitationsgesetz, das besagt, dass jede Masse jede andere Masse anzieht. Je größer die Masse eines Körpers ist, desto stärker ist seine Anziehungskraft, und je weiter sich der Körper entfernt, desto schwächer wird sie.

Newton begann an einer Gravitationstheorie zu arbeiten, weil er glaubte, dass dieselbe Kraft, die einen fallenden Apfel zum Boden hinzieht, auch den Mond in seiner Umlaufbahn um die Erde halten könne. Vor dreihundert Jahren wirkte diese Idee ziemlich verrückt. Die meisten Gebildeten glaubten, dass die physikalischen Gesetze, die auf der Erde wirken, nicht auf die Himmelsbewegungen anwendbar seien. Newtons Gravitationstheorie war das erste Gesetz, das Beobachtungen auf der Erde wie am Himmel erklären konnte. Es gilt für alles, was eine Masse hat: Äpfel, Menschen, Monde und Planeten.

Etwa 20 Jahre lang arbeitete Newton daran, die Umlaufbahn des Mondes mathematisch zu beschreiben, und schließlich war seine Theorie ein großer Erfolg. Die Bewegungen des Mondes galten als sehr kompliziert, und Newton konnte sie jetzt mit bewundernswerter Genauigkeit vorausberechnen.

◁ Ein vom McDonald-Observatorium, Texas, ausgehender Laserstrahl wird benutzt, um die Entfernung zum Mond zu messen. Die Zeit, die ein Laserimpuls benötigt, um zum Mond und wieder zurück zu kommen, kann mit großer Genauigkeit gemessen werden.

Gravitation und Umlaufbahnen

Newtons Theorie erklärte, warum Planeten und Monde sich auf elliptischen Bahnen bewegen. Sein Freund Edmund Halley (1656–1742) benutzte sie, um die Wiederkehr des Kometen zu berechnen, der heute nach ihm benannt ist.

Das Gravitationsgesetz erlaubt es auch, ausgehend von ihrer Umlaufbahn, die Massen von Sternen und Planeten zu bestimmen. Gravitation hält auch die Sterne der Milchstraße in einer großen Galaxis zusammen.

Entfernungen im Sonnensystem

Newtons Gravitationsgesetz erlaubt den Astronomen, die Entfernungen zwischen den Planeten zu berechnen, vorausgesetzt, dass eine Entfernung sehr genau gemessen werden kann. Deshalb benutzt man Radarwellen, um etwa die Entfernung zwischen Erde und Venus oder Merkur zu messen und damit eine solche Rechnung zu ermöglichen.

Bei der Radarmessung wird die Zeit, die eine Radiowelle braucht, um zu einem Planeten und zurück zu gelangen, mit sehr großer Genauigkeit aufgezeichnet. Auch Radiosignale von Raumsonden, die zu den Planeten gereist sind, geben uns Aufschluss über die jeweiligen Entfernungen. Die Viking-Sonde landete 1976 auf dem Mars und schickte Radiosignale zur Erde, mit deren Hilfe die Entfernung zum Mars auf einige Meter genau berechnet werden konnte.

Während der Apollo-Missionen (1969–1972) ließen die Astronauten Reflektoren auf dem Mond zurück, wie man sie von Fahrrädern oder Autos her kennt. Indem sie einen Laserstrahl auf den Reflektor richteten und die Zeit maßen, die das Licht für den Weg zum Mond und zurück brauchte, berechneten Astronomen die Entfernung zwischen Erde und Mond auf den Meter genau. Mit Hilfe dieser wenigen genau gemessenen Strecken kann man die Entfernungen zu allen Planeten und ihren Monden und in einem zweiten Schritt unter Anwendung der Gravitationsgesetze auch deren Massen berechnen.

Satellitenbahnen

Satelliten zur Erdbeobachtung werden oft in Umlaufbahnen von einigen hundert Kilometern Höhe über dem Nord- und dem

△ Satelliten auf einer polaren Umlaufbahn bewegen sich über den Nord- und den Südpol hinweg. Auf einer geneigten Umlaufbahn kreuzt der Satellit den Äquator in einem bestimmten Winkel. Die geosynchronen Umlaufbahnen liegen genau über dem Äquator.

Südpol geschossen. Die Erde dreht sich unter dieser Bahn hinweg, und so überfliegt der Satellit bei jeder Erdumrundung einen neuen Streifen von Norden nach Süden. Mit der Zeit wird so die ganze Erde bildlich erfasst.

Ebenso ist es üblich, einen Satelliten auf eine Kreisbahn in 36 000 km Höhe über dem Äquator zu schließen. Er steht immer über dem gleichen Punkt auf der Erde, weil er mit der Erdrotation Schritt hält. Kleine Raketen an Bord der TV-Satelliten halten sie genau über dem gewünschten Punkt auf der Erde.

Interplanetarische Reisen

Raumfahrzeuge haben auf ihrem Weg zu den Planeten enorme Entfernungen zurückzulegen. Eine Reise zum Mars ist 450 Millionen Kilometer lang, obwohl der Mars alle zwei Jahre in weniger als 100 Millionen Kilometer Abstand an der Erde vorbeifliegt. Die Wissenschaftler teilen die Reise in drei Abschnitte ein: Zunächst muss das Raumfahrzeug das Gravitationsfeld der Erde verlassen, was eine Mindestgeschwindigkeit von 11 km pro Sekunde erfordert. Dann wird es auf eine elliptische Umlaufbahn um die Sonne gelenkt, auf der es sich dem Zielplaneten allein schon durch den Einfluss der Gravitation der Sonne annähert. Durch die Wahl der richtigen Umlaufbahn kann ein Raumfahrzeug entweder auf die Planeten ausgerichtet werden, die der Sonne näher sind als die Erde, oder auf die, die weiter entfernt liegen. Dadurch spart man sehr viel Treibstoff, aber man braucht eine Menge Zeit, Monate im Fall des Mars, Jahre im Fall der äußeren Planeten.

Wenn das Raumfahrzeug in die Nähe des Zielplaneten kommt, werden die Bordraketen für den letzten Wegabschnitt gezündet, und sobald es die gewünschte Höhe über dem Planeten erreicht hat, bremsen andere Raketen es ab und lenken es in eine Umlaufbahn.

Für Missionen zu den Planeten jenseits des Mars benutzen die Wissenschaftler manchmal die Schwerkraft eines Planeten, um dem Raumfahrzeug zusätzlichen Schub zu geben. Es wird absichtlich in die Nähe eines anderen Planeten geschickt, um dann mit höherer Geschwindigkeit auf sein Ziel zu geschleudert zu werden. Die Galileo-Mission setzte diesen Trick ein, um eine Sonde zum Jupiter zu schicken: Zunächst wurde sie zur Venus gesandt, um einen Schwerkraftanschub zu bekommen, und dann schnellte sie an der Erde vorbei und wurde dabei noch einmal beschleunigt. Zwar verlängerte sich die Reisezeit so um einige Jahre, aber man konnte eine kleinere Startrakete benutzen.

▷ Bei der spektakulären Voyager-2-Mission der Siebzigerjahre steuerten Wissenschaftler die Voyager ohne jeden Einsatz von Schubraketen am Jupiter, Saturn, Uranus und Neptun vorbei. Das Gravitationsfeld des einen Planeten wurde benutzt, um die Voyager zu ihrem nächsten Ziel voranzutreiben.

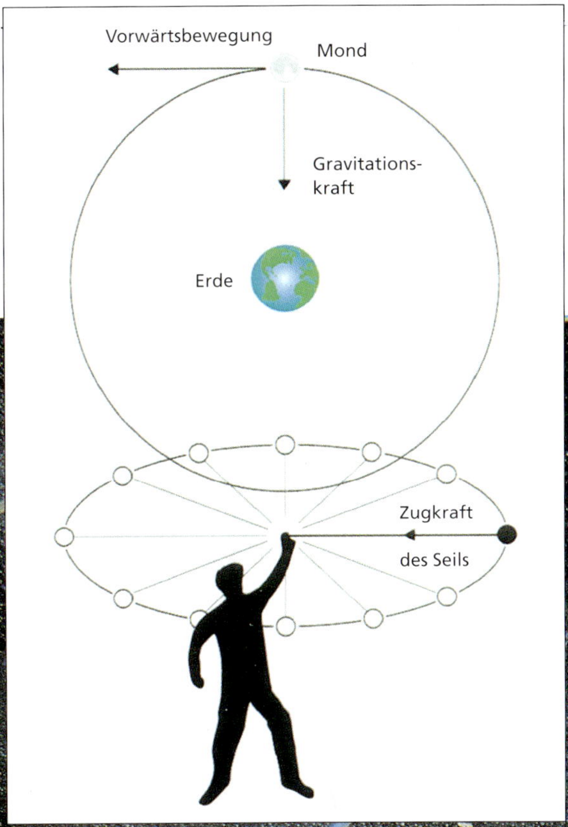

◁ Die Gravitation hält einen Planeten in seiner Umlaufbahn, wie ein Seil einen Ball in einer Kreisbahn hält, wenn er herumgeschleudert wird. Ohne die Schwerkraft würden die Planeten einfach im All verschwinden.

Entfernungen

Der nächste Stern (abgesehen von der Sonne) ist eine Viertelmillion Mal weiter von der Erde entfernt als die Sonne – über 4 Lichtjahre. Die weitesten Galaxien liegen Milliarden von Lichtjahren weit weg.

Die Sterne sind viel weiter entfernt als die Planeten. Sonst würden sich die Muster, die sie am Himmel bilden, während der sechs Monate, die die Erde braucht, um von einer Seite der Sonne auf die andere zu kommen, ganz deutlich verändern. Um das zu verstehen, stell dir bitte vor, dass du mit dem Auto oder dem Zug durch eine offene Landschaft fährst. Während du dich bewegst, ändert sich die Szenerie. Bäume nahe an der Straße oder den Gleisen ziehen sehr schnell vorbei, weiter entfernte Bäume dagegen bleiben viel länger in deinem Blickfeld.

Tatsächlich ändern nahe Sterne ihre Position im Laufe von sechs Monaten verglichen mit weiter entfernt liegenden etwas. Aber die Veränderung ist so winzig, dass man sie mit bloßem Auge nicht erkennen kann. Dieser Effekt wird Parallaxe genannt.

Die Entfernungen der Sterne werden mit Hilfe der Parallaxe gemessen. Stell dir vor, dass der Bleistift im Bild oben ein nahe gelegener Stern sei. Deine Umgebung sind die entfernter liegenden Sterne, und deine beiden Augen sind zwei verschiedene Beobachtungspunkte auf der Umlaufbahn der Erde um die Sonne. Durch Messungen im Abstand von sechs Monaten erhalten Astronomen Beobachtungsergebnisse von 300 Millionen Kilometern voneinander entfernten Punkten aus. Selbst dann ist die Veränderung in der Position eines Sterns noch winzig. Wenn es einen nur ein Lichtjahr entfernten Stern gäbe, würde die Winkelveränderung sechs Bogensekunden betragen (vgl. S. 28 zum Begriff der Bogensekunde). Das ist etwa so, als sähe man eine kleine Münze, die sich in einer Entfernung von 10 km um 1 cm bewegt. Aber selbst der nächste Stern

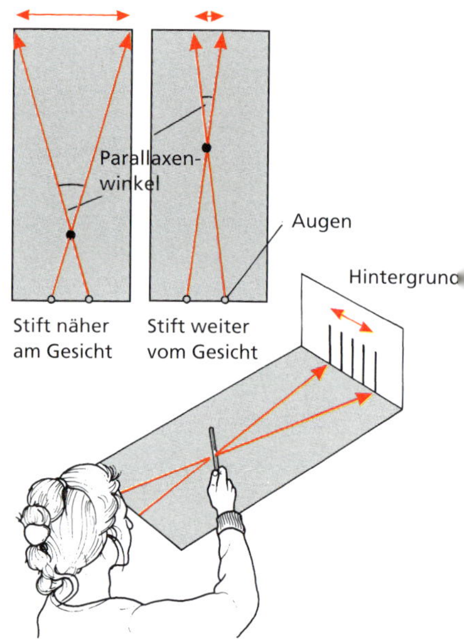

△ Um die Parallaxe eines Bleistifts, der auf Armeslänge gehalten wird, zu beobachten, schließe abwechselnd mal das eine, mal das andere Auge. Der Bleistift scheint im Verhältnis zum Hintergrund hin und her zu springen. Der Positionswechsel ist die Parallaxe des Bleistifts und kann als Winkel gemessen werden. Je weiter du den Bleistift weghältst, desto kleiner ist der Parallaxenwinkel.

▽ Entfernungen naher Sterne kann man messen, indem man ihren Positionswechsel (oder ihre Parallaxe) von entgegengesetzten Seiten der Erdbahn aus misst.

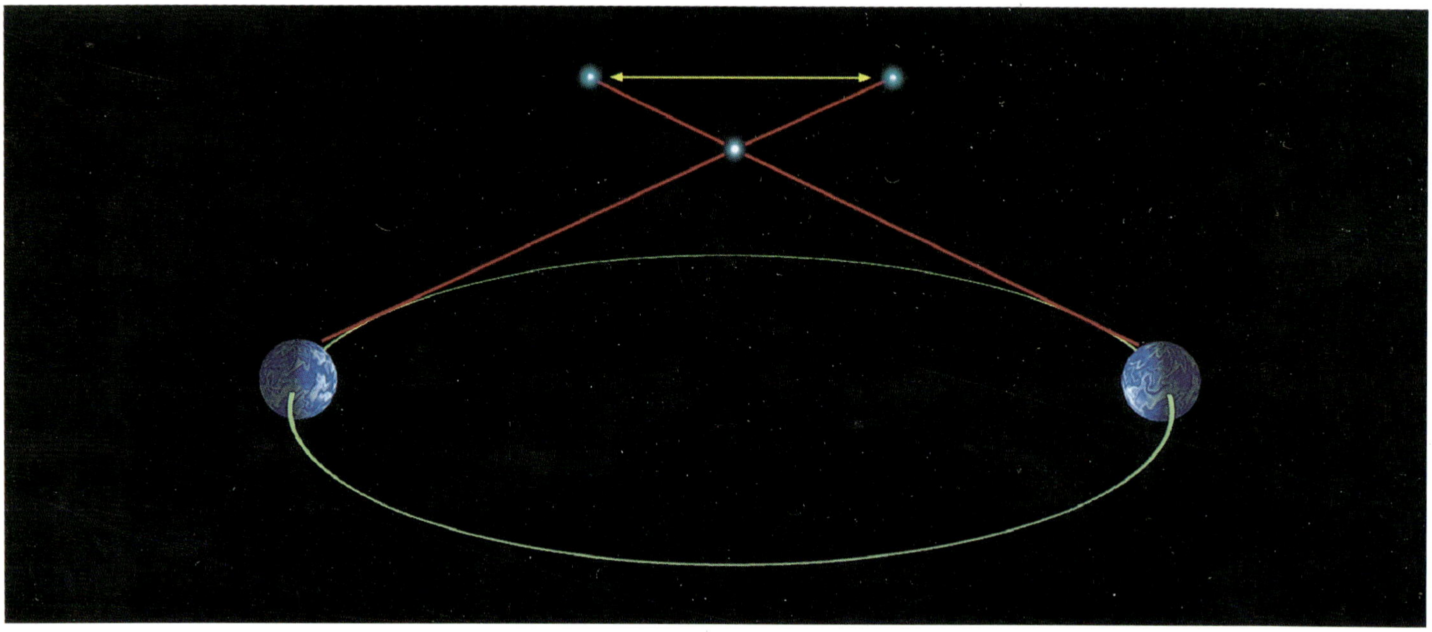

liegt mehr als vier Lichtjahre entfernt, also ist die Veränderung noch geringer. Von Bodenteleskopen aus können Sternentfernungen bis zu etwa 60 Lichtjahren ausgemessen werden. Der Hipparcos-Satellit, der zwischen 1989 und 1993 oberhalb der Erdatmosphäre kreiste, sammelte riesige Datenmengen, mit denen die Positionen von Sternen mit einer Entfernung von bis zu 200 Lichtjahren errechnet werden konnten.

Trittsteine zu den Sternen

Die weitaus meisten bekannten Sterne sind für die Parallaxen-Methode zu weit entfernt. Astronomen haben andere Kniffe gefunden, um Entfernungen zu berechnen. Allgemein üblich ist es, die Helligkeit eines Sterns zu messen und sie mit den gesamten Lichtmenge zu vergleichen, die er ausstrahlt. Die Helligkeit, die bei uns ankommt, ist abhängig von der Entfernung des Sterns und von seiner Lichtstärke. Wenn man diese zweite Größe auf Grund anderer Eigenschaften des Sterns erschließen kann, ist es möglich, die Entfernung durch den Vergleich von tatsächlicher und scheinbarer Helligkeit zu berechnen.

Die Sternenhelligkeit, die wir messen, ist vor allem von zwei Faktoren abhängig. Je weiter ein Stern von uns entfernt ist, desto schwächer leuchtet er. Wenn alle Sterne die gleiche tatsächliche Helligkeit hätten, wäre es einfach, ihre Entfernung zu errechnen! Doch der Lichtausstoß – das, was Astronomen Lichtstärke nennen – ist sehr verschieden. Rote Sterne sind sehr viel weniger lichtstark als weiße, große lichtstärker als kleine. Glücklicherweise gibt es einige Sterne, deren Helligkeit regelmäßigen Schwankungen unterworfen ist. Sie werden als regelmäßige Veränderliche bezeichnet. Wenn man den Takt, in dem ihr Licht pulsiert, und ihre scheinbare Helligkeit kennt, kann man ihre tatsächliche Helligkeit und damit ihre Entfernung errechnen.

△ Der Whirlpool-Nebel (M51) und seine Begleitgalaxie (NGC 5195). Die Spiralarme der Galaxie M51 enthalten viele junge Sterne. Von beiden Galaxien gehen Gezeitenkräfte aus, die einen der größeren Spiralarme der Galaxie zur kleineren Begleitgalaxie hingezogen haben. Diese Galaxien liegen etwa 30 Millionen Lichtjahre entfernt.

Die Grössenklassen der Sterne

Die Helligkeit von Sternen wird nach Größenklassen gemessen. Die Idee geht auf den griechischen Astronomen Hipparchos (um 120 v. Chr.) zurück. Er unterteilte die Sterne, die man mit bloßem Auge sehen kann, nach ihrer Helligkeit in sechs Gruppen, die hellsten bezeichnete er als Sterne 1. Größe, die schwächsten als Sterne 6. Größe. Er hatte kein Teleskop oder sonstige wissenschaftliche Instrumente, und so war er oft auf reine Schätzungen angewiesen.

Nach 1850 wurde das System der Größenklassen auf eine wissenschaftliche Grundlage gestellt. Es zeigte sich, dass einige besonders helle Himmelsobjekte jenseits der 1. Größe lagen, sodass die 0 und negative Zahlen eingeführt werden mussten. Der Sirius, der hellste Stern überhaupt, ist von der Erde aus gesehen ein Stern –1,46. Größe. Eine Größe über 6 bedeutet, dass ein Objekt nur noch mit einem Teleskop sichtbar ist.

Das Parsec

Die Astronomen haben eine eigene Einheit, um die Parallaxe von Sternen anzugeben. »Parsec« ist die Abkürzung von Parallaxensekunde. Ein Parsec (abgekürzt pc) sind 3,26 Lichtjahre, ein Kiloparsec (kpc) sind 3260 Lichtjahre, und ein Megaparsec (Mpc) sind 3,26 Millionen Lichtjahre.

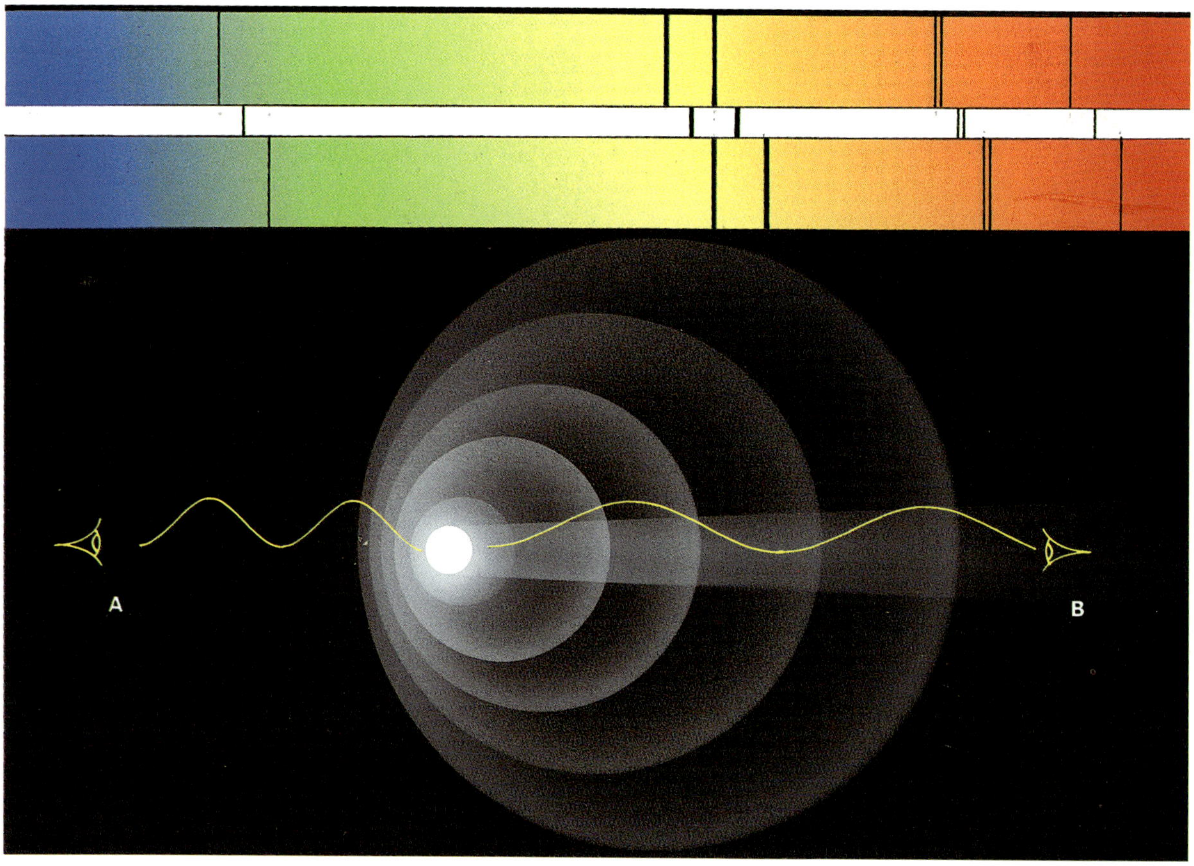

◁ Rotverschiebung und Blauverschiebung. Der weiße Fleck steht für eine Lichtquelle, die sich nach links bewegt. Für den Beobachter **A** auf der linken Seite werden die Lichtwellen zusammengedrückt und haben scheinbar kürzere Wellenlängen als bei einer unbeweglichen Lichtquelle. Das Muster der dunklen Linien im Spektrum verschiebt sich zum Blau hin (oberes Spektrum). Für den Beobachter **B** auf der rechten Seite wirken die Lichtwellen auseinander gezogen und haben scheinbar längere Wellenlängen. Im Spektrum wird eine Rotverschiebung sichtbar (unteres Spektrum).

Veränderliche Sterne

Messungen regelmäßiger Veränderlicher erweitern unser Wissen und unser Vorstellungsvermögen über unsere Milchstraße (100 000 Lichtjahre) und die nächstliegenden Galaxien wie etwa die Andromeda-Galaxie (2 Millionen Lichtjahre) hinaus.
Die so genannten Cepheiden-Veränderlichen spielen dabei eine besondere Rolle, weil sie den Astronomen helfen, Entfernungen jenseits unserer eigenen Galaxis zu berechnen. Die Cepheiden sind extrem lichtstark, sodass sie unter den Sternen der nahe gelegenen Galaxien herausstechen.
Für entferntere Galaxien können die Astronomen Entfernungen berechnen, indem sie die Helligkeit explodierender Sterne messen oder das Licht untersuchen, das uns von ihren größten Sternhaufen aus erreicht. Diese Dinge ähneln sich in den einzelnen Galaxien, sodass jeder Helligkeitsunterschied direkt auf einen Entfernungsunterschied zurückzuführen ist.

Die Rotverschiebung der Galaxien

In den Zwanzigerjahren entdeckte der amerikanische Astronom Edwin Hubble (1889–1953) eine Beziehung zwischen den Entfernungen von Galaxien und der Geschwindigkeit, mit der sie sich durchs All bewegen. Er fotografierte die Spektren (das in die Regenbogenfarben gebrochene Licht) vieler Galaxien. Bei beinahe allen Galaxien, die er untersuchte, waren die Spektrallinien nicht an ihren üblichen Positionen. In vielen Galaxien lagen sie näher am roten Ende des Spektrums, als es normal gewesen wäre. Die Stärke der Verschiebung hin zum Rot unterschied sich von Galaxie zu Galaxie.
Diese Rotverschiebung erklärt sich folgendermaßen: Wenn eine Galaxie sich von uns fortbewegt, vergrößern sich ihre Lichtwellen. Je schneller die Galaxie ist, desto stärker ist die Vergrößerung. Längere Lichtwellen erscheinen uns roter. Etwas Ähnliches passiert, wenn ein Polizeiwagen mit Sirene schnell an uns vorbeifährt. Der Ton der Sirene wird tiefer, wenn sich der Wagen entfernt, weil die Schallwellen größer werden.
Hubble errechnete für jede Galaxie die Geschwindigkeit, die nötig ist, um die gemessene Rotverschiebung zu erzielen. Er fand Galaxien, die sich mit enormer Geschwindigkeit von uns wegbewegen, bis zu einigen Prozent der Lichtgeschwindigkeit. (Keine Galaxie kann sich schneller bewegen als das Licht.) Astronomen messen die Rot-

▽ Edwin Hubbles Untersuchungen ließen erstmals die gigantische Größe des Universums erahnen. Er zeigte, dass alle anderen Galaxien Millionen von Lichtjahren von der Milchstraße entfernt sind.

verschiebung, indem sie die Größe angeben, um die sich die Lichtwellen ausdehnen. Wenn sie ihre Länge verdoppeln, beträgt die Rotverschiebung 1,00. Je größer sie sind, desto größer ist die Rotverschiebung.
Wirklich überraschend war die Entdeckung, dass beinahe alle Galaxien eine Rotverschiebung haben. Nur in der Nähe unserer eigenen Galaxis finden wir ein paar Galaxien mit kleinen Blauverschiebungen, die anzeigen, dass sie sich leicht auf uns zubewegen. Die Galaxienhaufen im Universum bewegen sich von uns und voneinander fort.

Entfernungen zu den Galaxien

Hubble kannte die Entfernungen zu einigen näher liegenden Galaxien durch die Beobachtung ihrer Veränderlichen. Also machte er sich daran, ihre Geschwindigkeit zu errechnen.
1929 veröffentlichte er seine Ergebnisse. In ein Koordinatensystem mit der Geschwindigkeit auf der einen und der Entfernung auf der anderen Achse zeichnete er die Position jeder einzelnen Galaxie ein. Zu seiner Überraschung lagen fast alle Punkte auf einer geraden diagonalen Linie: Die Galaxien bewegen sich schneller, je weiter sie entfernt sind: Das Hubble-Gesetz.
Astronomen können mit Hilfe des Hubble-Gesetzes die Entfernung einer Galaxie festlegen, nachdem sie anhand der Rotverschiebung ihre Geschwindigkeit errechnet haben.

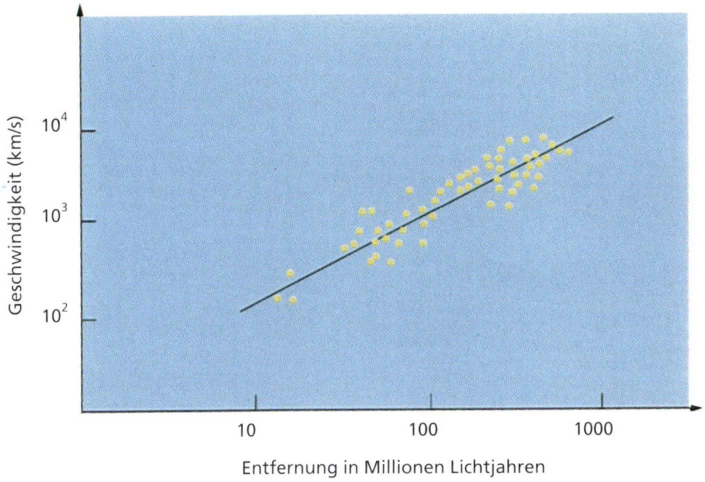

◁ Das Hubble-Gesetz zeigt, in welchem Verhältnis die Entfernung einer Galaxie zu ihrer gemessenen Geschwindigkeit steht. Je größer die Geschwindigkeit, desto weiter ist die Galaxie von uns entfernt.

Wie groß ist das Universum?

In den Dreißigerjahren waren die Astronomen überrascht, als sie merkten, wie weit einige Galaxien entfernt sind. Heute wissen wir, dass die entferntesten feststellbaren Objekte etwa 17 Milliarden Lichtjahre weit weg liegen. Es gibt zwar sehr viele Unsicherheiten, aber ganz sicher begann das Licht von den entferntesten Teilen des Universums seine Reise Milliarden von Jahren, bevor unser Sonnensystem entstand.
Unser Universum hat, soweit wir es beobachten können, seine Grenzen in einer Entfernung von etwa 17 Milliarden Jahren. Dort bewegen sich die Objekte beinahe mit Lichtgeschwindigkeit von uns fort. Wir wissen nicht, ob das Universum über diese Grenzen hinausreicht. Einige Astronomen glauben, dass selbst der riesige Raum, den wir überblicken können, nur ein winziger Punkt eines unvorstellbar großen Universums sei.

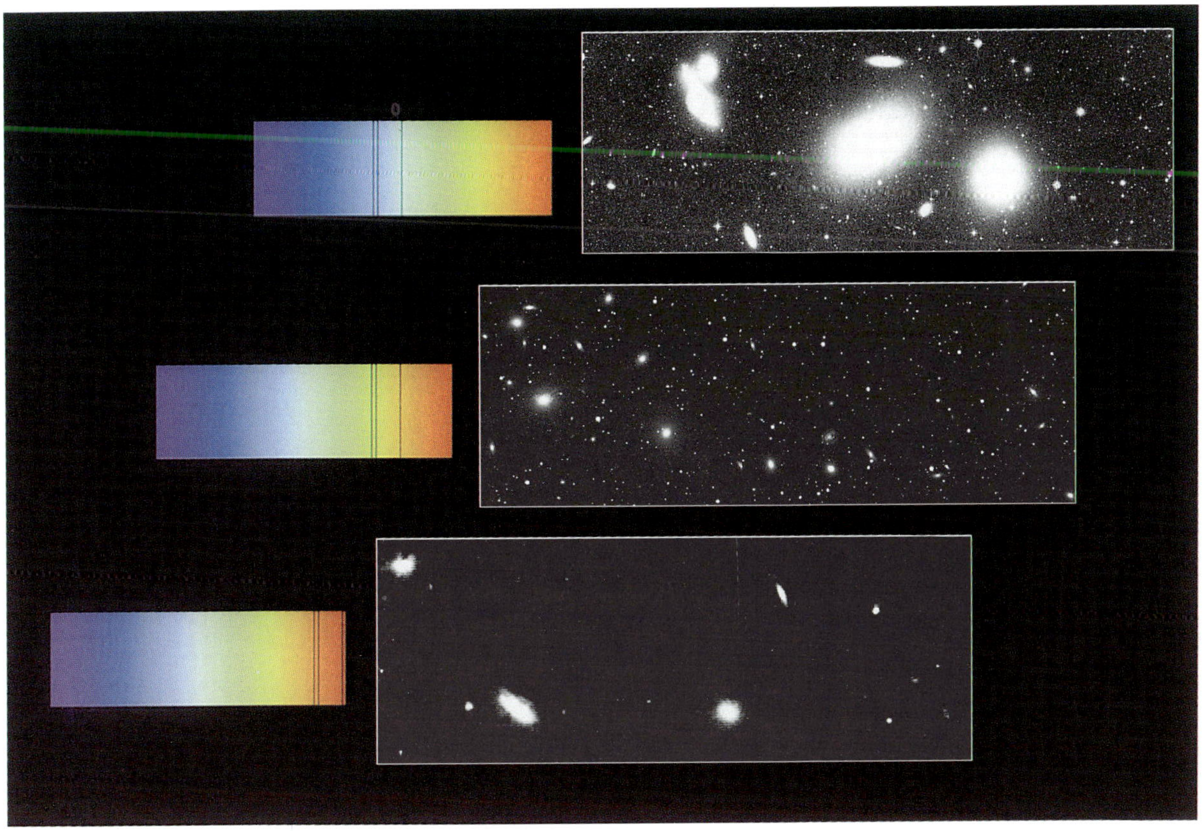

◁ Drei Galaxienhaufen. Virgo (oben) liegt etwa 65 Millionen Lichtjahre entfernt, Perseus (Mitte) 325 Millionen Lichtjahre. Der Galaxienhaufen CL0939+4713 (unten), den das Hubble-Weltraumteleskop fotografierte, ist fast 4 Milliarden Lichtjahre weit weg.

Das Sonnensystem

Wo findet man Vulkane, aus denen geschmolzene Lava strömt? Gab es jemals Wasser auf dem Mars? Welcher Planet fängt Kometen und Asteroiden ein? Das Sonnensystem ist voller Überraschungen: steinige Planeten und Monde voller Krater, Riesenplaneten aus Gas, unerwartet auftauchende Kometen und Steine, die vom Himmel fallen.

Der Merkur

Der Merkur steht der Sonne am nächsten und umkreist sie in nur 88 Tagen. Er ist nach dem Pluto der kleinste Planet. Seine Oberfläche ist heiß genug, um Zinn und Lava schmelzen zu lassen. Es gibt so gut wie keine Atmosphäre, das felsige Terrain ist von Kratern bedeckt.

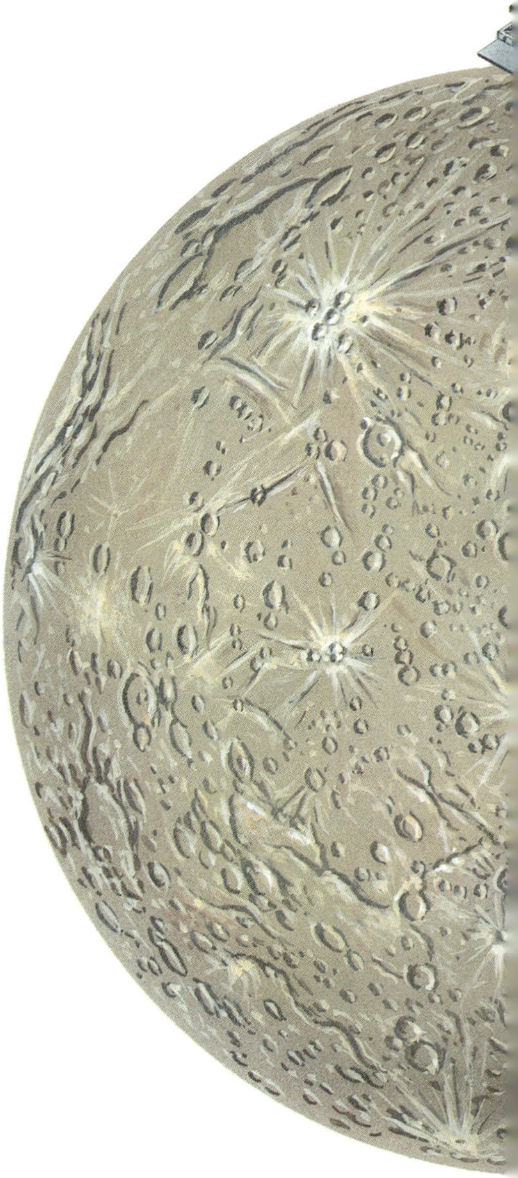

Der Merkur umkreist die Sonne enger als die Erde, deshalb befindet er sich von uns gesehen immer dicht neben der Sonne. In seiner 88-tägigen Umlaufzeit gibt es nur wenige Tage, an denen er weit genug von ihr entfernt steht, um überhaupt sichtbar zu sein. Dann hängt er während der Dämmerung tief am Himmel. Bei völliger Dunkelheit ist er leider nie zu sehen.

Am besten kann man den Merkur im Frühling während der Abend- oder im Herbst während der Morgendämmerung beobachten. Du solltest in einem Astronomieführer oder in den astronomischen Daten einer Zeitung nachschauen, um die geeignetsten Nächte zu erwischen. Mit dem Fernglas kannst du den Merkur besser erkennen, aber du solltest es nur verwenden, wenn die Sonne untergegangen ist. Der Merkur sieht wie ein heller Stern aus. Wenn du ihn einmal durch das Fernglas entdeckt hast, wirst du ihn vielleicht auch mit dem bloßen Auge erkennen können.

Die langen Tage des Merkurs

Der Merkur dreht sich in 59 Tagen einmal um seine Achse. Vor langer Zeit ging das vermutlich etwas schneller, aber die Anziehungskraft der Sonne hat seine Rotation mittlerweile verlangsamt.

◁ Die Rotation des Merkur dauert 59 Tage. Beginne an dem Pfeil, der auf die Sonne zeigt. Folge nun der Umlaufbahn und beobachte, wie sich der Merkur während seiner Reise um die Sonne langsam dreht. Der Pfeil dreht sich einmal, wenn der Merkur zwei Drittel seines Weges hinter sich hat. Es dauert zwei ganze Umdrehungen, bis der Pfeil wieder auf die Sonne zeigt. Das bedeutet, dass ein Tag auf dem Merkur zwei Jahre lang ist.

Während er zweimal um die Sonne kreist, dreht sich der Merkur dreimal um sich selbst, sodass er nach einer Rotation zwei Drittel seiner Umlaufbahn um die Sonne vollendet hat. Wenn du also auf dem Merkur wärst, würdest du erleben, dass zwei Merkur-Jahre oder 176 Erdentage von einem Sonnenaufgang bis zum nächsten vergehen. Die Sonne sähe dabei auch unterschiedlich groß aus, da die Umlaufbahn des Merkurs sehr exzentrisch ist. Während der langen Tage steigt die Temperatur an seinem Äquator bis auf 430°C, heiß genug, um Zinn, Blei und Zink zum Schmelzen zu bringen.

Die Atmosphäre

Der Merkur hat so gut wie keine Atmosphäre. Früher existierten dort wahrscheinlich verschiedene Gase, die jedoch mittlerweile durch die glühende Hitze der Sonne verdampft sind. Allerdings bleiben immer wieder einige Wasserstoff- und Heliumteilchen aus dem Sonnenwind am Planeten hängen. Außerdem dampfen die feuerheißen Steine Natriumatome aus. Deswegen besteht die sehr dünne Atmosphäre hauptsächlich aus Natrium mit Spuren von Helium und Sauerstoff.

Da Luft und Wolken fehlen, ist die Wettervorhersage auf dem Merkur sehr einfach: unerträglich heiß bei Tag und, in den Polargebieten, eisig kalt bei Nacht.

Eine Mondlandschaft

Da der Merkur zu weit entfernt ist, kann man mit dem Teleskop keine Oberflächendetails erkennen. 1974 und 1975 schoss die Raumsonde Mariner 10 über 10 000 Bilder von der Oberfläche und fotografierte dabei etwa den halben Planeten. Auf den besten Fotos lassen sich Krater und Spalten bis zu einem Durchmesser von nur 100 m erkennen. Die Oberfläche ähnelt der des Mondes und besteht fast nur aus Kratern – darunter das Caloris-Becken mit einem Durchmesser von 1300 km. Es entstand vermutlich durch einen Zusammenstoß mit einem großen Asteroiden. Wie auf dem Mond gibt es kleine runde Krater und größere mit einem Berg in der Mitte. Viele davon scheinen durch den Aufprall von Meteoriten und Asteroiden entstanden zu sein.

Vor etwa 5 Milliarden Jahren, kurz nachdem sich die Planeten geformt hatten, flogen überall in den inneren Regionen des Sonnensystems Asteroiden umher, die häufig auf den Planeten aufschlugen. Die Folgen davon können wir noch heute auf dem Mond und dem Merkur sehen. Da diese Himmelskörper nicht wie die Erde über Wasser oder Luft verfügen, sind die Krater nicht erodiert.

Merkur-Daten

Masse: 0,055 Erdmassen, $3{,}3 \times 10^{23}$ kg
Äquatordurchmesser: 0,38 Erddurchmesser, 4870 km
Dichte: 5,43 g/cm^3
Oberflächentemperatur: max. 430°C, min. –180°C
Rotationszeit (Tag): 58,65 Erdentage
Entfernung von der Sonne (Durchschnitt): 0,387 AE, 58 Millionen km
Umlaufzeit um die Sonne (Jahr): 88 Erdentage

◁△ Auf dem Merkur gibt es auf Grund von Kollisionen mit Asteroiden und Meteoriten viele Krater (links) oft mit flachem Boden. Durch den Aufschlag steigt geschmolzene Lava aus dem Inneren empor und bildet einen neuen sehr glatten und ebenen Kraterboden (oben).

Wichtige Entdeckungen

1631	Am 7. November beobachten Astronomen zum ersten Mal, dass der Merkur an der Sonne vorbeizieht. Johannes Kepler hatte dies bereits vorausberechnet.
1965	Die Rotationszeit von 58,65 Tagen wird mit Radar gemessen.
1974–1975	Die Sonde Mariner 10 schießt die ersten Bilder von der Oberfläche.
1985	In der Atmosphäre wird Natrium entdeckt.

DIE VENUS

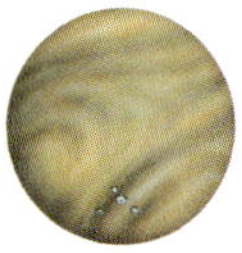

Die Venus ist der Nachbarplanet der Erde. Ihre Oberfläche ist unter einer dichten Atmosphäre mit vielen Wolken versteckt, aber Radarbilder zeigen eine Vielzahl von Kratern, Vulkanen und Bergen. Die Oberflächentemperatur ist heiß genug, um Blei schmelzen zu lassen, und wahrscheinlich gab es auf diesem Planeten einst riesige Ozeane.

Die Venus ist der zweite Planet des Sonnensystems und umkreist die Sonne in 180 Millionen Kilometer Entfernung innerhalb von 225 Tagen. In 243 Erdentagen dreht sie sich einmal um sich selbst, langsamer als alle anderen Planeten. Eigentlich dreht sich die Venus rückwärts, also entgegengesetzt zu ihrer Bewegung im Orbit. Diese langsame Rückwärtsdrehung bedeutet, dass die Sonne von der Venus aus gesehen nur zweimal im Jahr auf- und untergeht. Ein Venustag entspricht somit 117 Erdentagen. Der Planet nähert sich der Erde bis auf 45 Millionen Kilometer, so weit wie kein anderer.

Die Venus ist nur wenig kleiner als die Erde und hat fast dasselbe Gewicht. Deswegen wird sie auch manchmal als Zwilling oder Schwester der Erde bezeichnet. Die beiden Planeten haben jedoch sehr unterschiedliche Oberflächen und Atmosphären. Auf der Erde gibt es Flüsse, Seen, Ozeane und eine Atmosphäre, in der wir atmen können. Die Venus dagegen ist sengend heiß und hat eine dichte, für Menschen giftige Atmosphäre.

Bis zum Zeitalter der Raumfahrt wussten Astronomen nur wenig über die Venus, weil dichte Wolken eine Beobachtung durch Teleskope verhinderten. Mittlerweile haben Sonden diese Atmosphäre, die hauptsächlich aus Kohlendioxid mit Spuren von Stickstoff und Sauerstoff besteht, durchdrungen. Die fahlgelben Wolken enthalten zusätzlich Tröpfchen aus Schwefelsäure, die als Säureregen niedergehen.

Die Beobachtung der Venus

Die Venus ist von der Erde aus besonders gut zu beobachten, denn die dichten Wolken reflektieren das Sonnenlicht und lassen den Planeten aufleuchten. Da die Venus enger um die Sonne kreist als die Erde, steht sie von uns aus gesehen dicht neben ihr. Alle sieben Monate ist sie für einige Wochen der hellste Punkt am westlichen Abendhimmel und wird deshalb auch Abendstern genannt. Dann scheint sie 20-mal heller als der hellste Stern der Nordhalbkugel, der Sirius. Dreieinhalb Monate später geht sie drei Stunden vor der Sonne auf und leuchtet als strahlender Morgenstern am östlichen Himmel.

Du kannst die Venus etwa eine Stunde nach Sonnenuntergang oder vor Sonnenaufgang beobachten. Der größte Winkel zwischen Venus und Sonne ist 47°. Die beiden Positionen auf der Umlaufbahn der Venus, an denen der Winkel so groß wird, nennt man die größte westliche und die größte östliche Elongation. Zwei bis drei Wochen vor diesen Elongationen kannst du die Venus bei klarem Himmel nicht übersehen. Wenn du sie zuerst vor Sonnenaufgang am Morgenhimmel entdeckst, müsstest du sie auch noch sehen können, wenn es hell ist, weil sie so stark leuchtet. Wenn du ein Fernglas oder ein Teleskop benutzt, achte darauf, dass die Sonne nicht aus Versehen in dein Blickfeld kommt.

Wie der Mond hat die Venus Phasen. Während der größten Elongationen sieht sie wie ein winziger Halbmond aus. Wenn sie sich der Erde nähert, siehst du, wie sie jede Nacht etwas größer wird und ihre Form sich zu einer schmalen Sichel hin verändert. Die Oberfläche allerdings wirst du nicht erkennen können, da die Wolkendecke zu dicht ist.

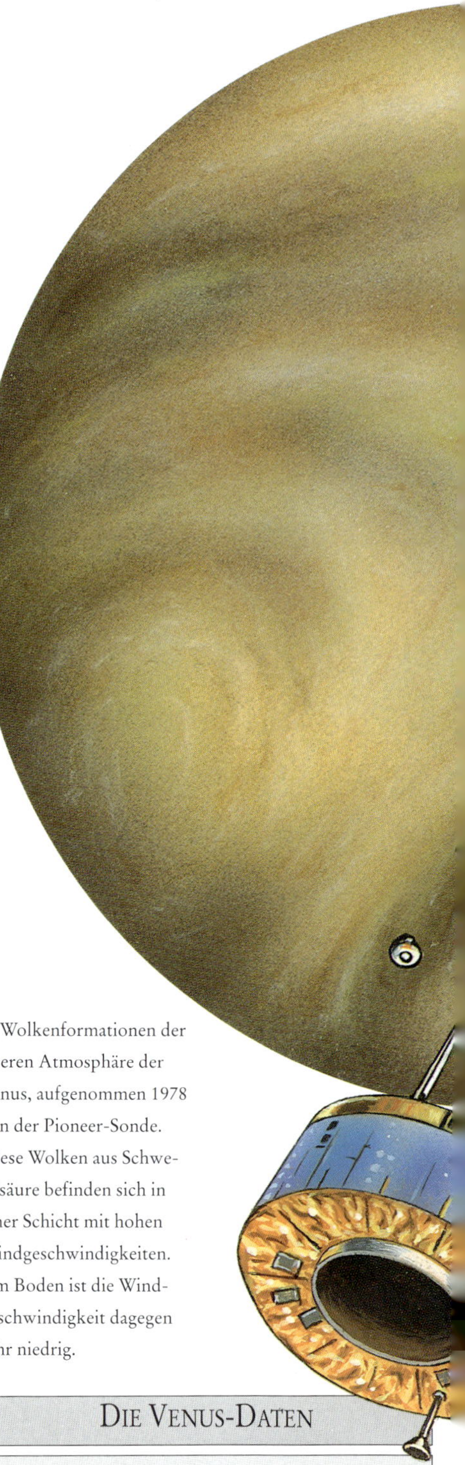

▷ Wolkenformationen der oberen Atmosphäre der Venus, aufgenommen 1978 von der Pioneer-Sonde. Diese Wolken aus Schwefelsäure befinden sich in einer Schicht mit hohen Windgeschwindigkeiten. Am Boden ist die Windgeschwindigkeit dagegen sehr niedrig.

DIE VENUS-DATEN

Masse: 0,815 Erdmassen, $4{,}87 \times 10^{24}$ kg
Äquatordurchmesser: 0,949 Erddurchmesser, 12 100 km
Dichte: 5,25 g/cm^3
Oberflächentemperatur: 480°C (Höchsttemperatur)
Rotationszeit (Tag): 243 Erdentage
Entfernung von der Sonne (Durchschnitt): 0,723 AE, 108 Millionen km
Umlaufzeit (Jahr): 224,7 Erdentage

Der Venusdurchgang

Ganz selten wandert die Venus genau zwischen Erde und Sonne hindurch. Mit Hilfe dieser so genannten Durchgänge versuchte man im 18. Jahrhundert die Größe des Sonnensystems zu bestimmen. Von verschiedenen Orten der Erde aus maß man den Zeitunterschied in Bezug auf Beginn und Ende des Durchgangs und schätzte so die Entfernung zwischen Erde und Venus. Auch während der dritten Entdeckungsreise des Kapitän Cook (1776–1779) wurden Durchgangsmessungen angestellt. Das nächste Mal wird die Venus im Jahr 2004 über die Sonnenscheibe wandern.

Die Venusphasen

Galilei entdeckte im Jahr 1610 als Erster die Venusphasen. Er schloss aus ihrem mondförmigen Umriss, dass die Venus näher an der Sonne stehen muss als die Erde. Seine Beobachtungen der Venus bewiesen, dass die Sonne das Zentrum unseres Sonnensystem ist. Wenn du die Venusphasen etwa einen Monat lang alle paar Tage betrachtest, kannst du herausfinden, ob sie sich uns gerade nähert oder sich von uns entfernt.

Eine heiße Welt

Die Venus ist äußerst heiß und trocken. Die Höchsttemperatur auf ihrer Oberfläche

Strukturnamen

Die Namen der Oberflächenstrukturen auf den Planeten und Monden werden von der Internationalen Astronomischen Union vergeben. Die Magellan-Sonde entdeckte viele Krater, Berge und Ebenen auf der Venus, die einen Namen brauchten. Venus war die römische Göttin der Liebe, und so beschlossen die Wissenschaftler, ihre geologischen Formationen nach berühmten Frauen aus der Geschichte zu benennen.

Einige große Formationen wurden nach Göttinnen aus vielen verschiedenen Kulturen benannt. So stammt beispielsweise der Name Navka Planitia von der arabischen Gottheit des Glücks, Sedna Planitia von einer Göttin der Inuit (Eskimos). Ushas Mons bezieht sich auf die indische Göttin der Morgenröte und Ozza Mons auf eine persische Göttin.

Krater wurden nach Schriftstellerinnen benannt: So gibt es auf der Venus bereits eine Agatha Christie und eine Elizabeth Barrett Browning.

◁ Die Venus steht der Sonne näher als die Erde. Wenn sich die Venus auf der der Erde abgewandten Seite der Sonne befindet, ist ihre ganze Scheibe erleuchtet. Wenn sie jedoch zwischen Erde und Sonne steht, können wir nur einen Teil ihrer beleuchteten Hemisphäre sehen. Darum hat die Venus, während sie in ihrer Umlaufbahn kreist, Phasen wie der Mond.

liegt bei etwa 480°C. Die Atmosphäre enthält 105-mal so viel Gas wie die der Erde, und auch der Druck ist 95-mal höher als auf der Erdoberfläche. Nur speziell konstruierte Raumfahrzeuge können dieser enormen Belastung standhalten. 1970 arbeitete die erste Sonde in der gewaltigen Hitze nur knapp eine Stunde, gerade lange genug, um ein einziges Foto zurückzuschicken. Russische Sonden, die 1982 auf der Venus landeten, übermittelten Farbbilder von der Oberfläche, die zerklüftete Steine zeigten.

Die enorme Temperatur auf der Venus ist auf den Treibhauseffekt zurückzuführen. Die Atmosphäre bildet eine dicke Decke aus Kohlendioxid und schließt die Sonnenhitze ein. Auf der Erde dagegen gibt es nur wenig Kohlendioxid, darum erhöht der natürliche Treibhauseffekt die Temperatur auf der Erde nur um 30°C. Durch die Untersuchung dieser extremen Treibhausbedingungen auf der Venus können wir vielleicht etwas über die Erderwärmung erfahren, die das bei der Verbrennung von fossilen Brennstoffen wie Kohle und Öl freigesetzte Kohlendioxid verursacht.

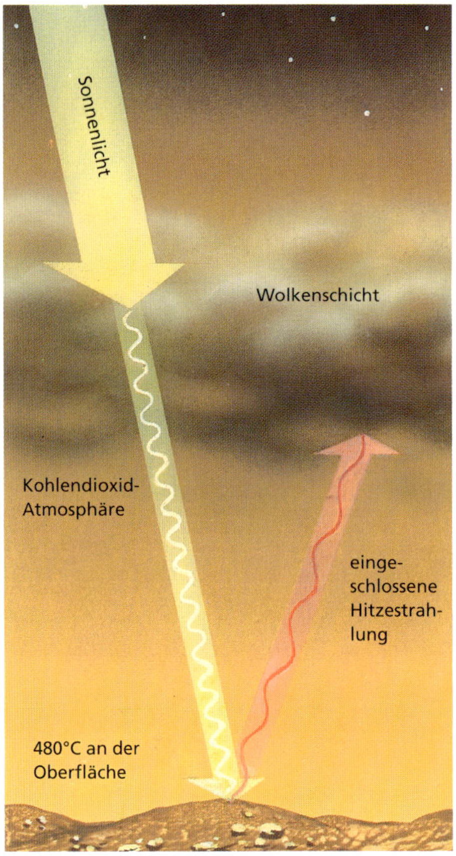

◁ Die Venusatmosphäre enthält viel Kohlendioxid. Dieses Gas lässt die Sonnenstrahlen durch die Atmosphäre der Venus dringen und die Planetenoberfläche erwärmen. Die Hitze, die von den Steinen zurückgestrahlt wird, hat eine größere Wellenlänge als die Sonnenstrahlen und kann deswegen nicht durch die Kohlendioxidschichten wieder entweichen. Das Kohlendioxid wirkt so wie das Glas in einem Gewächshaus: Die Sonnenstrahlen können durch, die Hitzestrahlung jedoch wird eingeschlossen.

Venus und Erde

Als die Erde vor 4,5 Milliarden Jahren entstand, hatte sie eine ebenso dichte Atmosphäre aus Kohlendioxid wie die Venus. Da sie jedoch weiter von der Sonne entfernt und deshalb kühler ist, spülte der Regen das wasserlösliche Kohlendioxid aus der Atmosphäre in die Ozeane. Die Schalen und Knochen von Seetieren wurden zu Stein (etwa Kreide oder Kalkstein), der Kohlenstoff und Sauerstoff band. Auch die Entstehung von Kohle und Erdöl hat Kohlendioxid aus unserer Atmosphäre gezogen.

In der Venusatmosphäre gibt es nicht viel Wasser. Durch den Treibhauseffekt liegt die Temperatur noch in einer Höhe von fast 50 km über dem Siedepunkt. Vielleicht gab es dort in der Vergangenheit einmal Ozeane, mittlerweile allerdings sind sie völlig verdampft.

Die Oberfläche

Astronomen haben Raumsonden und Radiowellen eingesetzt, um die Wolkenschicht der Venus zu durchdringen. Über 20 amerikanische und russische Sonden waren auf der Venus, mehr als auf jedem

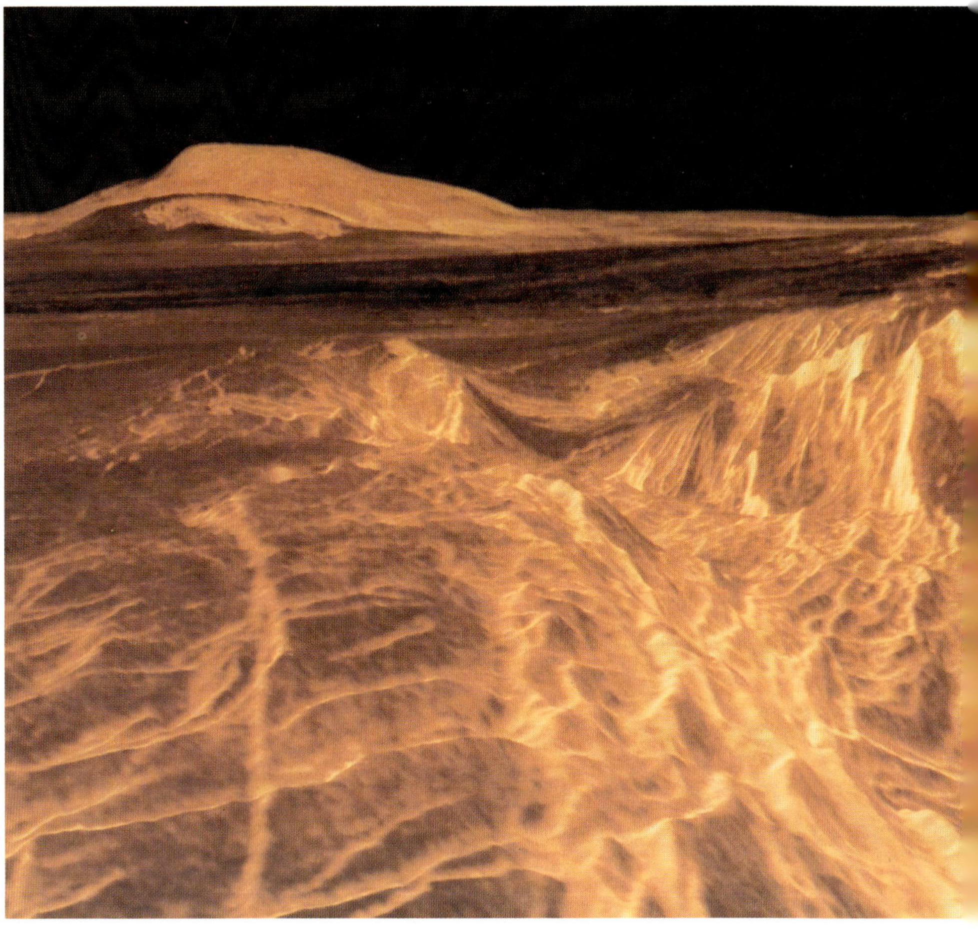

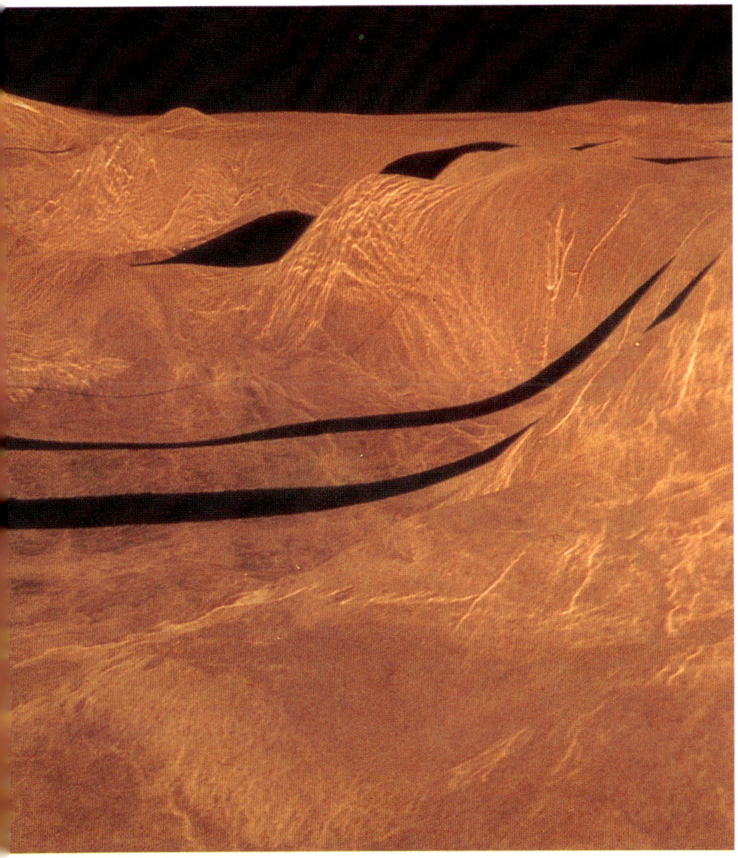

◁ Radardaten der Magellan-Sonde wurden mit Hilfe spezieller Computerprogramme in diesen perspektivischen Blick auf die Danu-Berge umgesetzt. Das Faltengebirge erhebt sich 3 km hoch über einer Ebene und ähnelt in seiner Struktur den Alpen und Anden. Die schwarzen Flecken sind Regionen, die kartografisch nicht erfasst wurden.

◁ Zwei Vulkane auf der Venus: Der Gula Mons (rechts) ist 3 km, der Sif Mons (links) 2 km hoch. Auf der Venus gibt es mehr Vulkane und Lavaströme als auf allen anderen Planeten. Die gesamte Oberfläche ist nach geologischen Maßstäben jung, da die älteren Steine durch die ständigen vulkanischen Aktivitäten bedeckt wurden.

anderen Planeten. Die erste russische Sonde wurde von der Atmosphäre zerquetscht, doch in den Siebziger- und Achtzigerjahren konnten die ersten Fotos geschossen werden. Sie zeigten Unmengen von zerklüfteten, rissigen Steinen und Staubpartikel, die in ihrer chemischen Zusammensetzung dem Vulkangestein auf der Erde ähnelten.

1961 schickten Wissenschaftler Radiostrahlen zur Venus und zurück, um die Rotationsperiode zu messen. Radarkarten, von Radioteleskopen auf der Erde aus erstellt, zeigten, dass es kontinentgroße Landmassen gibt. Etwa drei Viertel des Planeten sind von Hochebenen und einigen großen Bergen bedeckt.

1989 wurde die Magellan-Sonde gestartet und 1990 in eine Umlaufbahn um die Venus manövriert. Mit Hilfe von Radar konnte sie Oberflächendetails bis zu einer Größe von nur 120 m aufnehmen. Computer verwandelten diese Daten in Bilder, die wie Fotos aussehen und Vulkane, viele Bergen und andere Strukturen zeigen.

Einschlagkrater

Die Magellan-Sonde hat wunderbare Bilder von großen Einschlagkratern auf der Venus übermittelt. Diese Krater entstanden, als riesige Meteoriten durch die Atmosphäre stürzten und auf der Oberfläche zerschellten. Andere Meteoriten explodierten in der unteren Atmosphäre und verursachten gigantische Druckwellen, die dunkle, runde Krater erzeugten. Ein Meteorit hat, wenn er in die Atmosphäre eintaucht, eine Geschwindigkeit von 60 000 km pro Stunde. Sobald er auf dem Boden aufprallt, verdampft er zu heißem Gas. Der Oberflächenfels wird zerschmettert, ein Krater entsteht, und manchmal kann dann flüssige Lava, die sich viele Kilometer unter der Oberfläche befindet, entweichen und aus dem Krater strömen.

Vulkane und Lava

Die Venus ist übersät von hunderttausenden von Vulkanen, bis zu 3 km hoch und 500 km im Durchmesser. Die meisten haben jedoch nur einen Durchmesser von 2–3 km und eine Höhe von etwa 100 m. Da es auf der Venus zu heiß für Eis, Regen oder Stürme ist, gibt es kein Wetter, und deshalb haben sich die Vulkane und Krater in den Millionen Jahren seit ihrer Entstehung kaum verändert. Die Aufnahmen der Magellan-Sonde zeigen eine Landschaft, die älter ist als alles, was es auf der Erde gibt, obwohl sie jünger ist als viele andere Planeten und Monde.

Die Venus hat offenbar eine dünne Kruste aus Stein und Fels, unter der sich heiße Lavaströme bewegen. Andauernd strömt Lava aus Löchern und Rissen in der Planetenhülle. Die Vulkane stoßen außerdem Schwefelsäuretröpfchen aus. An einigen Stellen hat sich die dickflüssige, klebrige Lava in Pfützen mit bis zu 25 km Durchmesser gesammelt, anderswo formte sie auf der Oberfläche zunächst Kuppeln, die später einstürzten.

Geologen haben es schwer, die Geschichte unseres Planeten zu erforschen, da Wind und Regen die Berge und Täler durch Erosion ständig verändern. Planetenforscher interessieren sich für die Venus, da die Oberfläche dieses Planeten, der unserer Erde am ähnlichsten ist, einem Fossil gleicht. Die Strukturen, die von der Magellan-Sonde erfasst wurden, sind 100 Millionen Jahre alt, Vulkane und Lavaströme haben sich auf unserem trockenen Nachbarplaneten unverändert erhalten.

▽ Ein Falschfarbenbild des Sapa Mons, eines 400 km breiten und 1,5 km hohen Vulkans. Auf allen Seiten sind Lavaströme hervorgebrochen. Das ist auch typisch für große Vulkane auf der Erde, besonders auf Hawaii.

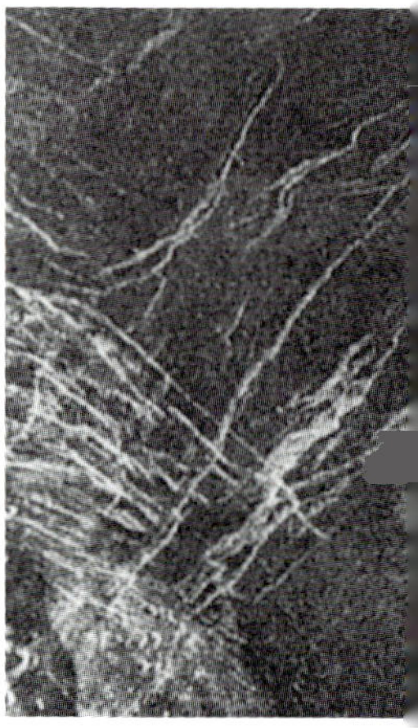

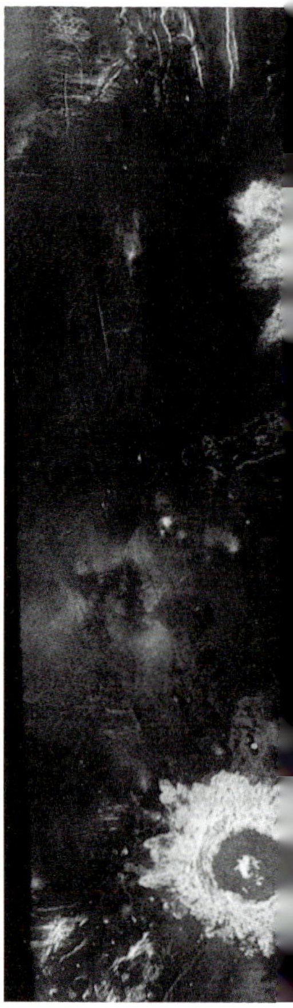

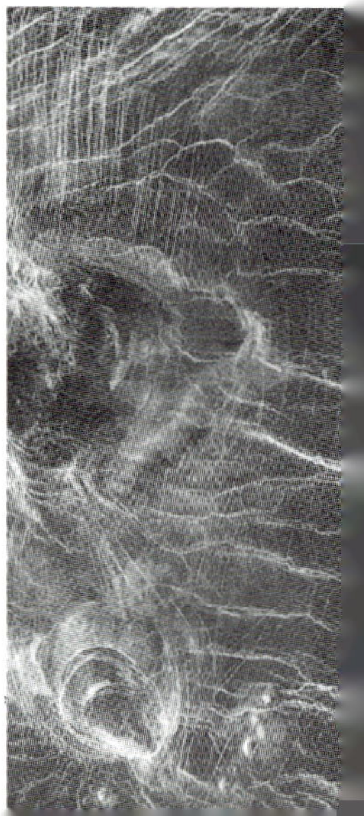

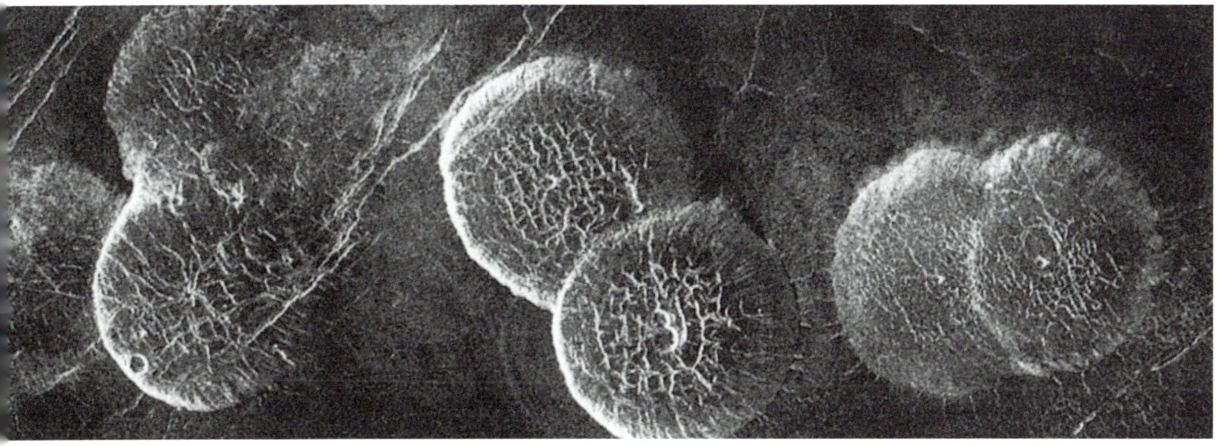

◁ Diese seltsamen Lavapfannkuchen sind sehr dicke Kuppeln mit einem Durchmesser von etwa 25 km. Zähflüssige geschmolzene Steinmasse ist wahrscheinlich an diesen Stellen durch die Risse in der Planetenhülle geblubbert.

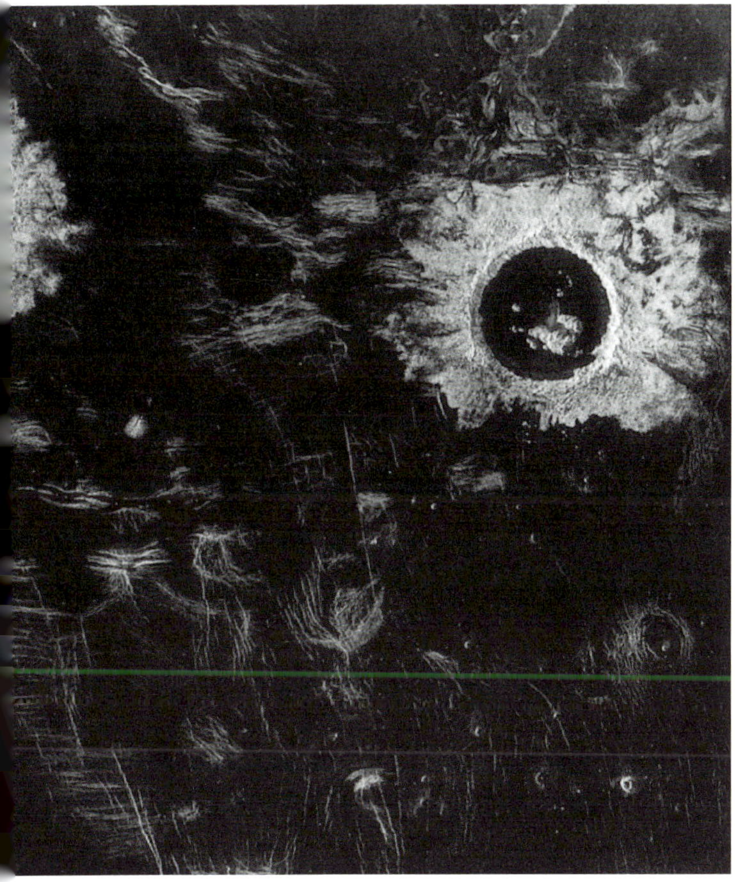

◁ Drei große Krater mit 25–50 km Durchmesser in der Lavinia-Ebene der Venus. Die inneren dunklen Kreise sind mit Lava gefüllt. Die hellen blütenfömigen Umrisse hat man bisher nur auf der Venus gefunden. Es sind Ansammlungen von Steinen, die bei Meteoriteneinschlägen aus dem Krater geschleudert wurden.

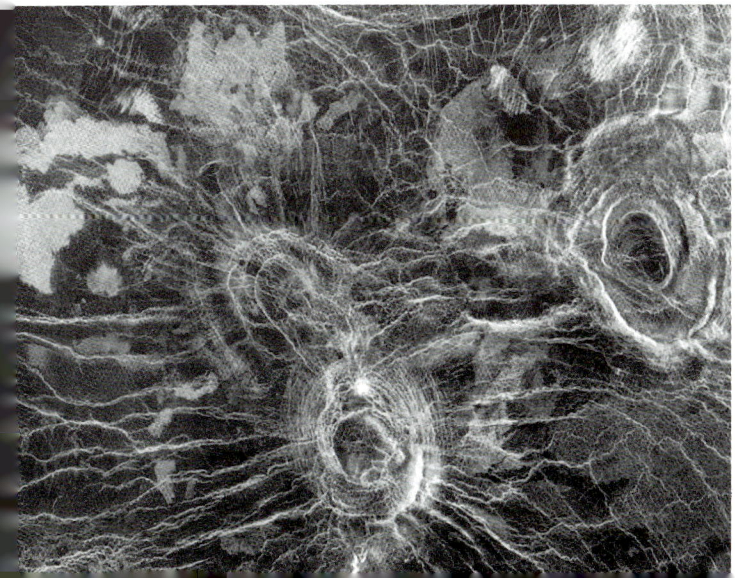

◁ Diese Spinnweben sind ein Netz aus Rissen in der Oberfläche. Unter den kreisförmigen Linien versucht heißes, flüssiges Gestein hervorzustoßen und beult dabei die Planetenkruste aus. Die Magellan-Sonde hat hunderte dieser rissigen Hügel und Kuppeln gefunden.

Wichtige Entdeckungen

1610	Galilei beobachtet und notiert die Venusphasen.
1639	Erste Beobachtung eines Venusdurchgangs.
1958	Radioteleskopische Messungen deuten auf eine hohe Oberflächentemperatur.
1961	Die Rotationsdauer von 243 Tagen wird durch Radar festgestellt.
1962	Mariner 2 landet als erste Sonde auf der Venus und bestätigt die hohe Oberflächentemperatur.
1970	Venera 7 landet auf der Venus und sendet Daten von der Oberfläche.
1974	Mariner 10 umkreist die Venus und schießt 4000 Wolkenbilder.
1978	Eine Pioneer-Sonde erstellt mit Hilfe von Radar die ersten genauen Karten.
1982	Die Sonden Venera 13 und 14 analysieren Gesteins- und Bodenproben.
1990	Die Magellan-Sonde beginnt mit einer detaillierten Radarkartografie der Oberfläche.

△ Die Wolkenatmosphäre der Venus.

Der Mond

Der Mond ist nur 380 000 km von der Erde entfernt. Auf ihm gibt es keine Luft, kein Wasser und kein Wetter. Seine Oberfläche besteht aus Kratern, erstarrten Lavaseen und vielen Staubschichten. Im nächsten Jahrhundert werden dort vielleicht einmal wissenschaftliche Forschungsstationen errichtet.

Die Erde ist der einzige Planet des inneren Sonnensystems mit einen großen Mond. Sie ist 81-mal so schwer und fast 4-mal so groß wie der Mond. Zusammengehalten wird das Paar durch die Schwerkraft, deren Sog auf der Erdoberfläche allerdings 6-mal so stark ist wie auf dem Mond, der eine kleinere Masse hat. Falls es auf dem Mond je Luft oder Wasser gegeben hat, ist es auf Grund dieser schwachen Gravitation ins Weltall entwichen.

Der Mond wendet der Erde immer dieselbe Seite zu. Er schwankt jedoch ein bisschen, sodass fast drei Fünftel des Mondes manchmal von der Erde aus zu beobachten sind. Dieses leichte Schwanken in seiner Bewegung, auch Libration genannt, gestattet uns, während eines Monats mehr als die Hälfte des Mondes zu sehen. Fotos, die von Raumfahrzeugen aus gemacht wurden, haben gezeigt, dass die uns abgewandte Seite hauptsächlich aus Bergen besteht.

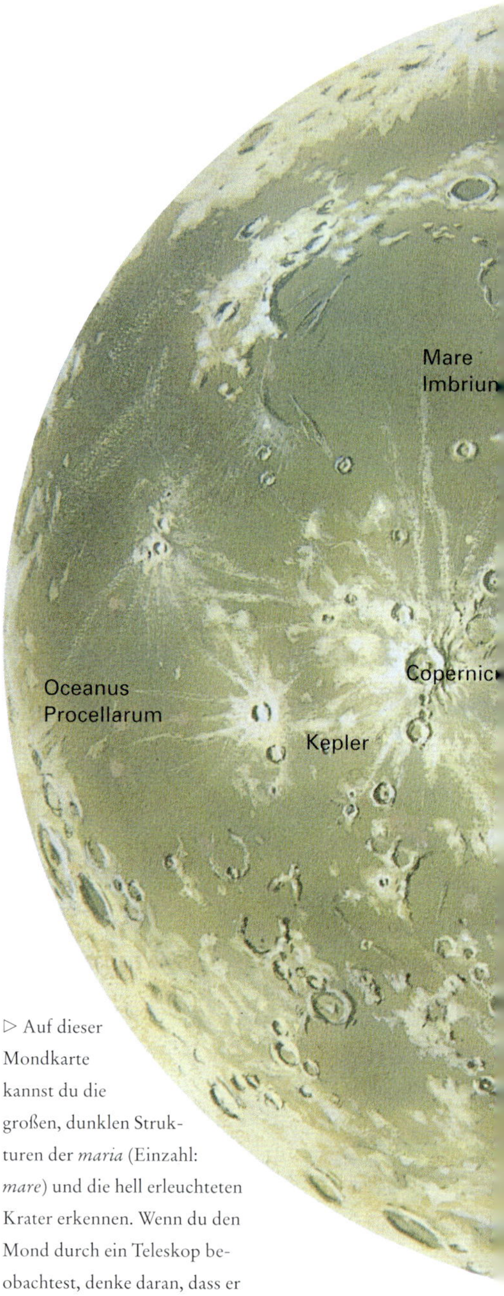

▷ Auf dieser Mondkarte kannst du die großen, dunklen Strukturen der *maria* (Einzahl: *mare*) und die hell erleuchteten Krater erkennen. Wenn du den Mond durch ein Teleskop beobachtest, denke daran, dass er auf den Kopf gestellt erscheint.

◁ Dieses Mondbild wurde aus zwei bei Halbmond aufgenommenen Fotos zusammenmontiert. Es zeigt viele Einzelheiten, weil die Sonne die Krater und Berge schräg anleuchtet und diese deshalb lange Schatten werfen. Auf einem Foto, das bei Vollmond geschossen wird, gibt es weniger Schatten, die die lunaren Strukturen hervorheben.

Mondbeobachtungen

Du brauchst keine Geräte, um mit deinen Mondbeobachtungen zu beginnen. Versuche dem Mond etwa einen Monat lang zu folgen, wobei du ihn in den Nächten um Neumond vermutlich nicht sehen wirst. Man kann leicht erkennen, dass der Mond der Erde immer dieselbe Seite zuwendet und dass es hellere Flecken (die Berge) sowie dunklere Gebiete gibt.

Mit einem Fernglas kannst du ziemlich viel entdecken. So wirst du ohne Mühe die dunklen, flachen Regionen sehen können, die *maria* (Meere) genannt werden, ein lateinischer Name, den Galilei geprägt hat.

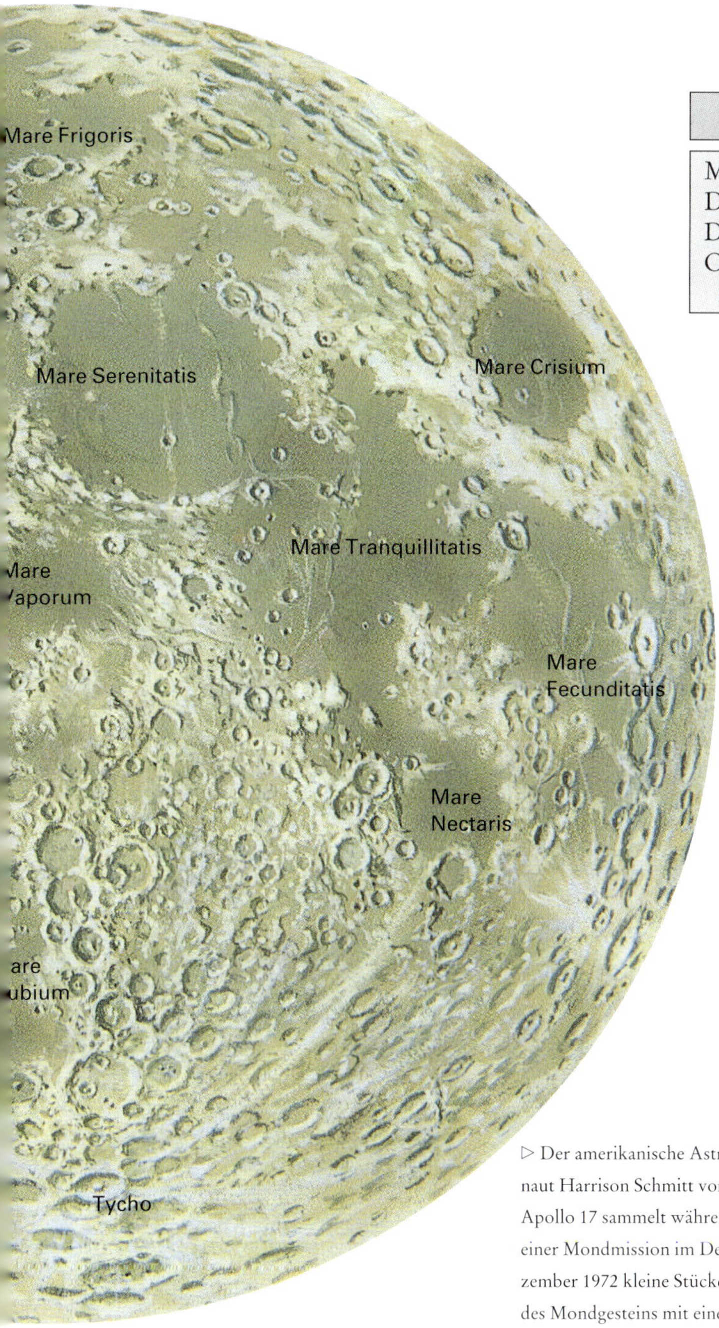

MOND-DATEN

Masse: 0,0123 Erdmassen, $7{,}35 \times 10^{22}$ kg
Durchmesser: 0,273 Erddurchmesser, 3476 km
Dichte: 3,342 g/cm^3
Oberflächenanziehungskraft: 0,1653-mal die Erdanziehungskraft

▽ Ein Teil der Mondoberfläche, von der Erde aus fotografiert. Die Sonne steht sehr niedrig am Mondhimmel, und die scharfen Kontraste zwischen Licht und Schatten heben die Krater deutlich hervor.

▷ Der amerikanische Astronaut Harrison Schmitt von Apollo 17 sammelt während einer Mondmission im Dezember 1972 kleine Stücke des Mondgesteins mit einem speziellen Werkzeug ein.

Diese »Meere« sind auch tatsächlich riesige Lavaflächen, die vor langer Zeit aus dem Mondinneren herausgeflossen sind. Außerdem kannst du einige große Krater erkennen, die vor Milliarden Jahren durch den Aufprall von riesigen Asteroiden entstanden sind. Zwischen dem von der Sonne beleuchteten Teil und den in der Dunkelheit liegenden Gebieten kann man manchmal die zerklüfteten Umrisse von Bergen entdecken. Was du siehst, ist ungefähr das, was Galilei so entzückte, als er 1610 erstmals ein Fernrohr auf den Mond richtete.

Wenn du mehr von der Mondlandschaft erkennen willst, musst du durch ein kleines Teleskop schauen. Die größten Krater sind von langen hellen Strahlen umgeben, die sich wie Radspeichen in alle Richtungen erstrecken. Im Zentrum einiger dieser Krater befinden sich kleine Berge. Außerdem kann man hunderte von kleineren Kratern sehen. Wenn du den Mond über etwa eine Woche hinweg beobachtest, wirst du entdecken, dass sich die Schatten der Berge und Krater in ihrer Größe verändern.

Die Oberfläche

Der Mond hat keine Atmosphäre. Sein Himmel ist auch bei Tageslicht schwarz, da es keine Luft gibt, in der sich die Sonnenstrahlen brechen könnten, um einen blauen Himmel wie auf der Erde zu erzeugen. Schallwellen können in diesem Vakuum nicht vorwärts kommen, darum ist der Mond völlig still. Weil es kein Wetter gibt, wurde seine Landschaft nicht wie die der Erde durch Regen, Flüsse und Eis geformt. Tagsüber steigt die Oberflächentemperatur im direkten Sonnenlicht weit über den Siedepunkt, darum trugen Astronauten auf dem Mond klimageregelte Raumanzüge zum Schutz vor der Hitze. Bei Nacht fällt die Temperatur auf 150°C unter den Gefrierpunkt.

Mondforschung

1959 flog ein russisches Raumfahrzeug als erstes am Mond vorbei und übertrug ziemlich verschwommene Bilder von der anderen Seite. Nur 10 Jahre später gelang amerikanischen Wissenschaftlern die erste Mondlandung, und zwischen 1969 und 1972 besuchten sechs Apollo-Mannschaften den Mond. Sie führten Experimente durch und brachten 385 kg lunares Gestein und Erde mit zurück.

In den Jahren vor der Apollo-Mission umkreisten Raumfahrzeuge den Mond und fotografierten ihn, um geeignete Landeplätze ausfindig zu machen. Danach versuchte man mit unbemannten Sonden die ersten kontrollierten Landungen. Landesonden untersuchten die Tragfähigkeit der Oberfläche, von der manche Wissenschaftler glaubten, es handle sich um eine dicke Staubschicht. Tatsächlich versank die erste Sonde jedoch nur einige Zentimeter. Schließlich wurden im Jahr 1968 Astronauten in die Mondumlaufbahn geschickt, ohne jedoch eine Landung zu versuchen.

Bei der ersten Landemission bewegten sich die Astronauten zu Fuß und blieben dicht bei der Landefähre, während bei späteren Missionen auch ein Fahrzeug zum Einsatz kam und die Astronauten mehrere Tage auf dem Mond blieben. Zu den Experimenten gehörten die Messung der Mondbeben mit Hilfe spezieller Instrumente und Untersuchungen der Materie, die von der Sonne weggeblasen wird, sowie der Temperaturströme auf dem Mond.

Die Analysen des Mondgesteins dauern nun schon 20 Jahre an, und man hat daraus eine Menge über den Ursprung und die Geschichte des Mondes lernen können. Alle Steine sind aus abgekühlter Lava entstanden, die dunklen, die man in den *maria* gefunden hat, sind den Basalten bei uns sehr ähnlich. Viele wurden durch Meteoriteneinschläge in Stücke zerschmettert und dann wieder zusammengepresst. Keiner ist jemals mit Wasser in Berührung gekommen, und es gibt keine Fossilien in ihnen. Der Mond ist offenbar ohne Leben.

Das Mondalter

Durch die radioaktiven Substanzen in den Steinen haben Wissenschaftler das Alter des Mondes berechnen können. In einer Probe von Uran 238 beispielsweise zerfällt die Hälfte der Atome innerhalb von 4,5 Milliarden Jahren in Bleiatome. Durch die Messung der Uran- und der Bleianteile kann also das Alter eines Steins festgestellt werden: Je mehr Blei er enthält, desto älter ist er.

◁ Der große Krater auf diesem von Apollo 17 geschossenen Foto befindet sich auf der erdabgewandten Seite des Mondes und wurde 1970 zu Ehren eines amerikanischen Physikers Van de Graaf genannt. Er hat einen Durchmesser von 243 km.

▷ Während der Apollo-Missionen blieb ein Astronaut stets in der Kommando- und Versorgungszentrale auf der Mondumlaufbahn, während die beiden anderen mit der Mondfähre auf der Oberfläche landeten. Hier sieht man die Kommandozentrale von Apollo 16 auf der erdabgewandten Seite des Mondes.

Das Mondgestein erstarrte vor etwa 4,4 Milliarden Jahren. Der Mond muss kurz zuvor entstanden sein und ist wahrscheinlich ungefähr 4,65 Milliarden Jahre alt. Das stimmt auch mit dem Alter der Meteoriten und dem geschätzten Alter der Sonne überein. Vor der Apollo-Mission beruhten alle Schätzungen des Mondalters auf Vermutungen.

Lavaströme und riesige Einschläge

Die ältesten untersuchten Gesteine stammen von den Hochebenen, während die gestockten Lavaseen offensichtlich um einiges jünger sind. Kurz nach seiner Entstehung hatte der Mond eine weiche äußere Schicht aus heißem, flüssigem Gestein. Als er abkühlte, bildete sich eine Schale oder Kruste. Teile davon findet man heute in den Mondhochebenen. Während der nächsten halben Milliarde Jahre wurde die Mondkruste unentwegt von Asteroiden, winzigen Planeten und riesigen Steinen gerammt. Die heftigsten Einschläge hinterließen große runde Vertiefungen, aus denen irgendwann einmal die *maria* entstanden. Auch die Planeten sind so bombardiert worden, doch auf der Erde sind auf Grund der Verwitterung alle Spuren davon verschwunden.

Während die äußeren Schichten des Mondes weiterhin abkühlten, erhitzte sich das Innere infolge radioaktiver Prozesse allmählich. Vor etwa 4,2 bis 3,1 Milliarden Jahren strömte Lava aus Löchern in der Oberflächenkruste und überschwemmte die durch Einschläge entstandenen runden Becken. Die Lava war dünnflüssig, breitete sich weit aus und schuf so die lunaren *maria*. Galilei hatte also nicht ganz Unrecht, als er diese Gebiete »Meere« nannte. Der Lavastrom versiegte erst nach fast einer Milliarde Jahren. Das lässt sich anhand der Unterschiede im Alter der Steine sagen.

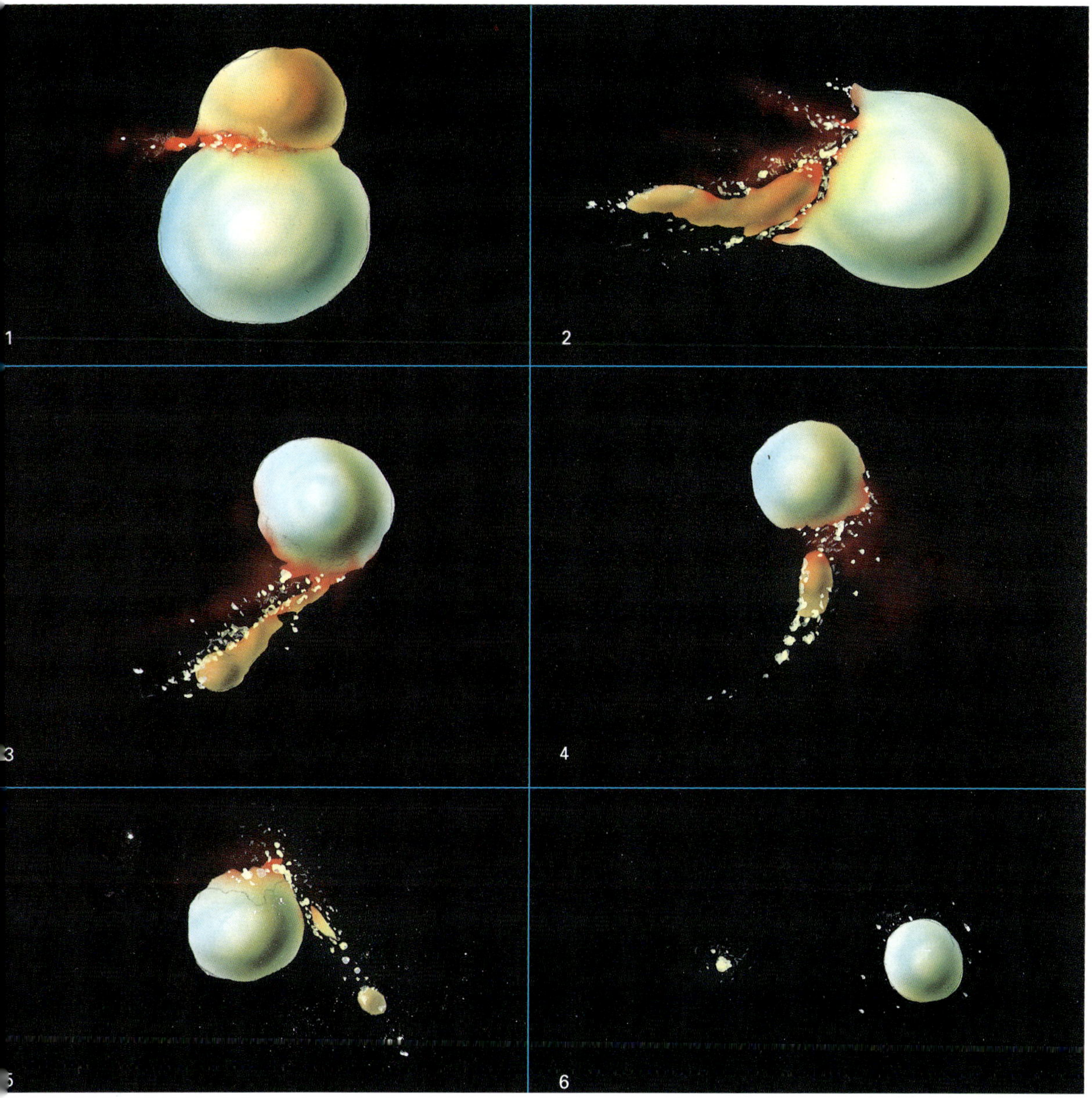

◁ Diese Zeichnungen erklären, wie die Erde vermutlich zu ihrem Mond gekommen ist. Mit Hilfe eines Computers können Wissenschaftler berechnen, was passiert wäre, wenn ein Planet von der Größe des Mars die Erde kurz nach ihren Entstehung gerammt hätte: Eine lange Reihe von Gesteinsbrocken wird schweifförmig aus ihr herausgezogen, dabei fallen die darin enthaltenen Eisenatome auf die Erde und sammeln sich in ihrem Kern. Ein Teil des Steinschweifs ballt sich zusammen und bildet den Mond.

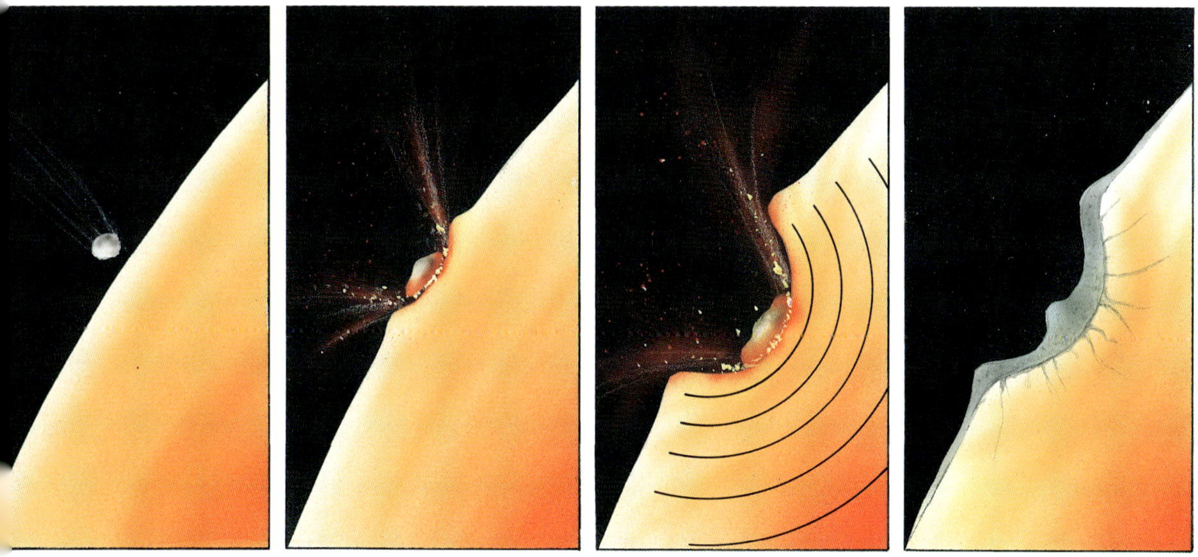

◁ Die meisten Mondkrater entstanden, als Steine mit großer Geschwindigkeit auf der Mondoberfläche aufprallten: Durch die darauf folgende Explosion verglüht der Stein und brennt ein tiefes rundes Loch in die Erde. Gesteinsfragmente spritzen in die Höhe. Einige fallen zurück in den Krater, der Rest verstreut sich über die Umgebung.

Vor etwa 2 Milliarden Jahren endete die Vulkanzeit auf dem Mond endgültig. Die äußeren Gesteinsschichten wurden dick genug, um die Lava einzuschließen. Seitdem sind alle Veränderungen der Oberfläche auf Einschläge zurückzuführen. Die großen Krater mit den Strahlenkränzen sind das Resultat heftiger Meteoriteneinschläge, die gewaltige Explosionen verursachten. Dabei wurde Schutt kreisförmig über hunderte von Kilometern hinweg verstreut. Unzählige Zusammenstöße mit kleineren Steinen haben die kleineren Krater entstehen lassen.

Das Innere des Mondes

Die Apollo-Astronauten haben an vier Stellen auf dem Mond Seismometer (Instrumente zur Erdbebenerkennung) zurückgelassen. Diese Instrumente haben kleine Mondbeben verzeichnet, die jedoch nicht so heftig waren wie unsere Erdbeben. Indem sie die Vibrationen eines Mondbebens von mehreren Stellen aus beobachten, können Wissenschaftler die innere Struktur des Mondes erforschen. Der Weg der Mondbebenwellen deutet darauf hin, dass die Mondkruste zwischen 60 und 100 km dick ist. Unter ihr befindet sich eine 1000 km dicke Schicht aus kaltem, dichtem Gestein. Darunter schließlich liegt der warme, teilweise geschmolzene Kern. Anders als auf der Erde enthält dieser flüssige Kern allerdings nicht sehr viel Eisen, sodass der Mond kein Magnetfeld hat.

Wo kam der Mond her?

Bevor die Wissenschaftler das Mondgestein untersuchten, hatten sie drei verschiedene Theorien über den Ursprung des Mondes, konnten sich jedoch auf keine festlegen. Einige Astronomen glaubten, die junge Erde habe sich so schnell gedreht, dass sich ein großer Klumpen Materie löste, aus dem dann der Mond entstand. Andere schlugen vor, dass er von der Erde eingefangen worden sei, was allerdings höchst unwahrscheinlich ist. Eine dritte Idee war, dass die Erde und der Mond zur gleichen Zeit, aber getrennt voneinander entstanden seien, jeweils ungefähr im gleichen Abstand zur Sonne. Unterschiede in der chemischen Zusammensetzung der beiden Himmelskörper schienen darauf hinzudeuten, dass sie niemals physisch zusammengehörten.

Kürzlich wurde eine vierte Theorie als die wahrscheinlichste Erklärung für den Mondursprung allgemein anerkannt – die Aufschlagshypothese. Die Grundidee ist, dass zu der Zeit, als sich die heutigen Planeten noch bildeten, ein Körper so groß wie der Mars die junge Erde streifte. Man vermutet, dass das leichtere Material der äußeren Erdschichten weggerissen wurde und sich ein Ring aus Geröll um die Erde legte, die aber ihren eisernen Kern behielt. Allmählich zog sich dieser Ring zusammen und bildete den Mond. Die Aufschlagshypothese erklärt, warum die Erde so viel Eisen und der Mond fast keines enthält. Der Einschlag könnte dem Gestein, aus dem später der Mond entstand, auch viele Gase, zum Beispiel Sauerstoff, entzogen haben.

Rückkehr auf den Mond

Durch die Verschmutzung der Erde wird es immer schwieriger, den Himmel zu beobachten: Großstädte strahlen helles Licht aus, Rauch und Vulkanausbrüche trüben den Himmel, Fernsehsender stören die

Radioastronomie. Außerdem können vom Boden aus keine Beobachtungen mit infraroter, ultravioletter und Röntgenstrahlung durchgeführt werden. Ein »Wissenschaftsdorf« auf dem Mond könnte der nächste wichtige Schritt in der Erforschung des Universums sein.

In vieler Hinsicht wäre der Mond der ideale Ort für ein Observatorium. Auf der uns abgewandten Mondseite wären die Instrumente von der Erde abgeschirmt, außerdem dauert die Nacht dort auf Grund der langsamen Mondrotation 14 Erdentage. Dadurch könnten Astronomen einen Stern oder eine Galaxis länger als bisher ohne Unterbrechung beobachten.

Vor allem die Neutrino-Astronomie und die Suche nach Gravitationswellen sind von der Erde aus sehr schwierig. Neutrinos sind winzig kleine Teilchen, die von der Sonne und den Sternen erzeugt werden. Gravitationswellen können entstehen, wenn zwei Schwarze Löcher sich umkreisen oder im Zentrum von Galaxien Explosionen stattfinden. Der Mond wäre ein von der Erde unbeeinflusster Ort, besonders geeignet, um alle möglichen Untersuchungen in verschiedenen Bereichen der Astronomie durchzuführen, und so werden die Astronomen wahrscheinlich die ersten Wissenschaftler sein, die dorthin zurückkehren.

Mondressourcen

Wenn die Menschheit das All erforschen möchte, wäre der Mond die geeignete Basisstation. Auf Grund der geringen lunaren Schwerkraft wäre es 20-mal leichter und billiger, eine Rakete vom Mond aus ins All zu schießen als von der Erde. Wasser und Atemluft können auf dem Mond erzeugt werden, da im Mondgestein Wasserstoff und Sauerstoff enthalten sind. Üppige Aluminium-, Eisen- und Siliciumvorkommen wären als Baumaterial vorhanden.

Für weitere Untersuchungen der Mondmaterie ist eine Mondbasis ebenso unerlässlich wie für die Raumfahrttechnik und die astronomische Forschung.

Roboter für die Astronomie

Die Clementine-Mission hat 1994 einen kleinen Satelliten in eine Mondumlaufbahn gebracht. Nach 20-jähriger Pause war dies der erste Schritt zur Wiederaufnahme der Mondforschung. Die nächste Stufe sieht wahrscheinlich den Bau von automatischen und ferngesteuerten Observatorien vor. Die Astronomen haben viel Erfahrung im Umgang mit Teleskopen im Weltraum. Unbemannte Missionen zu wissenschaftlichen Zwecken werden der Beginn der Erforschung und Nutzung des Mondes sein.

Da sich die Mondobservatorien sinnvollerweise auf der erdabgewandten Seite des Mondes befinden werden, müssen Satelliten in eine ständige Mondumlaufbahn gebracht werden, um die Signale von der anderen Seite des Mondes zur Erde zu übermitteln. Die Mondteleskope werden ohne menschliche Bedienung und bei extremen Temperaturen funktionieren müssen.

Auf dem Mond könnte man auch sehr große Radioteleskope errichten, die es zum ersten Mal ermöglichen würden, sehr lange Wellenlängen der Radiostrahlung aus dem Universum aufzufangen. Durch Kombination der Daten von Erd- und Mondteleskopen wird es dann möglich sein, einen relativ genauen Blick auf die Zentren der energiereichsten Galaxien im Universum zu werfen.

◁ Irgendwann in der Zukunft werden vielleicht astronomische Observatorien auf dem Mond gebaut werden. So könnte eine Station zur Sonnenbeobachtung aussehen. Anfang des Jahres 1994 hat die Clementine-Mission zum ersten Mal den gesamten Mond in einer Serie von 3 Millionen Fotos erfasst. Auf dieser Grundlage werden geologische Karten erstellt, mit deren Hilfe die geeigneten Orte für künftige Forschungen und Entwicklungen bestimmt werden sollen.

Meilensteine zum Mond

1609	Erste Zeichnungen von Thomas Hariot.
1837	Genaue Karten werden verfügbar.
1840	J. W. Draper fotografiert den Mond.
1946	Radarechos vom Mond werden aufgefangen
1959	2. Januar. Die erste Sonde fliegt am Mond vorbei.
1959	13. September. Erste Bruchlandung einer Sonde auf dem Mond.
1966	31. Januar. Landung der russischen Sonde Luna 9.
1968	Dezember. Die Apollo-8-Astronauten umrunden den Mond.
1969	20. Juli. Neil Armstrong und Edwin Aldrin landen auf dem Mond und kehren mit ersten Gesteinsproben zurück.
1972	11. Dezember. Die letzte Apollo-Mission.
1994	Die Clementine-Mission bringt 3 Millionen Fotos vom Mond.

Der Mars

Der Mars ähnelt der Erde, obwohl er kleiner und kälter ist. Es gibt dort tiefe Schluchten, riesige Vulkane und weite Wüsten. Außerdem umkreisen den Roten Planeten, wie er manchmal genannt wird, noch zwei kleine Monde.

Die Landschaft des Mars ist wie die der Erde durch Wetter, Wasser und Eis verändert worden. Früher strömten dort einmal Flüsse, mittlerweile jedoch ist der Planet vollkommen ausgetrocknet. Gigantische Vulkane, die größten des Sonnensystems, thronen über einer wüstenartigen Landschaft, und dort, wo die trockene Erde aufgebrochen ist, erstrecken sich riesige Täler. Wie auf dem Mond gibt es auf dem Mars viele Krater, die vor etwa 3,8 Milliarden Jahren entstanden, zu einer Zeit, als häufig Meteoriten auf die Monde und Planeten stürzten.

Der Mars ist mit Ausnahme des Mondes der einzige Himmelskörper, den die Menschheit mit den Raketen, die heute gebaut werden, erreichen kann. Beginnend mit der russischen Sonde Mars-94 soll eine ganze Serie von Raumfahrzeugen innerhalb von 15 Jahren zu diesem Planeten geschickt werden.

Wenn du auf dem Mars wärst, würdest du nur zwei Fünftel deines Gewichts auf der Erde wiegen, weil die Schwerkraft auf dem Mars schwächer ist als bei uns. Der Rote Planet hat eine dünne Atmosphäre, die fast nur aus Kohlendioxid mit geringen Spuren von Sauerstoff und Wasser besteht. Obwohl die Atmosphäre nicht giftig ist, braucht man eine besondere Ausrüstung, um genug Sauerstoff zum Atmen herauszufiltern. Der Mars braucht fast zwei Erdenjahre, um die Sonne zu umkreisen. Während der Winterperioden bilden sich auf der Nord- und Südhalbkugel Eiskappen, während im Sommer der warme Wind heftige Staubstürme über den Planeten wirbelt.

Gibt es Leben auf dem Mars?

Der Mars ähnelt der Erde, nur ist er viel kälter. Die Möglichkeit, dass dort vielleicht Leben existieren könnte, hat darum schon viele Menschen fasziniert. 1897 veröffentlichte H. G. Wells den Roman *Der Krieg der Welten*, das erste Buch, in dem mit dem Gedanken gespielt wurde, dass es Marsianer geben und dass sie die Erde angreifen könnten.

Wells schrieb das Buch, weil mehrere Astronomen Kartenskizzen vom Mars angefertigt hatten, auf denen sich schnurgerade Spuren über den Planeten zogen. Einer von ihnen war Percival Lowell (1855–1916), der in den Neunzigerjahren des vorigen Jahrhunderts in Flagstaff, Arizona, eine Reihe solcher Zeichnungen anfertigte. Damals vermuteten verschiedene Beobachter, dass diese Linien Kanäle seien, die benutzt würden, um Wasser aus den Polargebieten in die ausgedörrten Wüsten zu befördern.

Einige unserer niederen Pflanzen- und Tierarten könnten auch die Temperaturunterschiede auf dem Mars verkraften. Im Sommer kann die Oberflächentemperatur am Äquator um die Mittagszeit etwas über den Gefrierpunkt steigen. Die meiste Zeit jedoch liegt die Temperatur weit unter dem Gefrierpunkt, wobei es allerdings nicht viel kälter ist als in Alaska oder der Antarktis. Der Mars hat reichlich Kohlenstoff in seiner dünnen Atmosphäre, etwas Stickstoff und Spuren von Wasser und Sauerstoff. Wissenschaftler, die einen Meteoriten vom Mars untersuchten, verkündeten 1996, dass sie darin winzige Strukturen gefunden hätten, die den Fossilien primitiver Lebensformen auf der Erde glichen.

Raumsonden

Die Vorstellung vom Mars als Planeten mit entwickelten Lebensformen löste sich in den Sechzigerjahren schlagartig auf. Eine amerikanische Raumsonde, Mariner 4, zeig-

▷ Das Bild eines Künstlers vom Mars, gemalt nach den Fotos, die die Viking-Sonden gemacht haben. Zur Linken sieht man vier riesige Vulkane. Die gewaltigen Valles Marineris ziehen sich in der Mitte entlang. Dieses Canyon-System ist so groß, dass es sich quer durch Australien oder die USA

Mars-Daten

Masse: 0,107 Erdmassen, $6{,}4 \times 10^{23}$ kg
Durchmesser: 0,53 Erddurchmesser, 6670 km
Dichte: 3,95 g/cm^3
Oberflächentemperaturen: durchschnittlich –23°C, –150°C an den Polen, 0°C am Äquator
Rotationszeit (Tag): 24,6229 Stunden
Durchschnittliche Entfernung von der Sonne: 1,5237 AE, 228 Millionen km
Umlaufzeit (Jahr): 687 Erdentage

te die ersten scharfen Nahaufnahmen des Planeten, auf denen eine zerklüftete Welt ohne Leben zu sehen war.

Amerikanische Wissenschaftler starteten 1975 zwei Viking-Raumsonden, die jeweils ein Landegerät und einen Orbiter trugen und den Mars bis ins Detail fotografierten. Fast alles, was wir heute über den Mars wissen, entstammt diesen Untersuchungen, die über vier Jahre dauerten. Auf den Fotos der Sonden fanden sich keine Beweise für das Vorkommen von Pflanzen oder Tieren, und es wurden keine organischen Moleküle entdeckt. Doch obwohl es fast sicher ist, dass der Mars heute eine tote Welt ist, können wir ohne weitere Untersuchungen nicht wissen, ob es dort vor langer Zeit nicht einmal primitive Lebensformen gegeben hat.

◁ Eine Zeichnung des Mars aus dem letzten Jahrhundert von Percival Lowell, der in Flagstaff, Arizona, arbeitete. Die langen dünnen Linien sind typisch für die Marszeichnungen des späten 19. Jahrhunderts. Sie wurden zuerst von dem italienischen Astronomen Giovanni Schiaparelli erwähnt, der sie »canali« oder natürliche Wasserrinnen nannte. Im Englischen wurde dies fälschlich mit »Kanälen« übersetzt. Ende des 19. Jahrhunderts berichtete Lowell von 160 Marskanälen, die fast alle auf Täuschungen des menschlichen Auges beruhten.

▷ Der Ort, an dem die Viking-Sonde landete. Feiner Staub liegt hier zwischen dem spitzen, roten, sehr eisenhaltigen Gestein. Die Sonde sammelte Bodenproben, um festzustellen, ob es auf dem Mars irgendwelche Spuren von Leben gibt.

Kepler und der Mars

Die Umlaufbahn des Mars war für Johannes Kepler der Schlüssel zu einigen Geheimnissen des Sonnensystems. Bis zu seiner Zeit glaubten Astronomen, dass sich die Objekte im All kreisförmig bewegten, wodurch aber die ungleichmäßige Bahn des Mars nur schwer zu erklären war. Kepler gelang es schließlich, die Marsbewegung mit Hilfe einer elliptischen statt einer kreisförmigen Umlaufbahn zu erklären, und daraus entwickelte er seine drei Gesetze der Planetenbewegung (siehe S. 40).

Gigantische Vulkane

Anhand der Fotos der Viking-Sonden konnten Wissenschaftler die Geologie und die Geschichte des Mars beschreiben. Als sich das Sonnensystem vor fast 5 Milliarden Jahren bildete, ähnelte der Mars vermutlich dem Mond und dem Merkur. Sie und andere Planeten wurden während der ersten Milliarde Jahre häufig von Meteoriten getroffen, deren Einschläge zahlreiche Krater auf der Oberfläche hinterließen.

Als sich die Planeten formten, waren sie alle viel heißer als heute. Der Mars kühlte schneller ab als die Erde, weil er kleiner ist. Wir wissen aber, dass er in der Vergangenheit heiß genug gewesen war, um ein flüssiges Inneres zu haben, denn sonst gäbe es keine Vulkane auf seiner Oberfläche.

In der Nähe des Äquators finden sich gewaltige Vulkane in der so genannten Tharsis-Region, einer Erhebung, die 400 km breit und etwa 10 km hoch ist. Auf diesem Plateau erheben sich vier Vulkane, die verglichen mit denen auf der Erde gigantisch groß sind. Sie sind der Form nach so genannte Schildvulkane und entstanden durch sehr flüssige Lava, die sich weit ausbreitete, bevor sie erstarrte. Darum ähneln die Tharsis-Vulkane eher großen Pfannkuchen.

Der größte dieser Vulkane, Olympus Mons, ragt 27 km über seiner Umgebung auf, und an seinem Fuß liegen 6 km hohe Klippen. Lava und Schutt quollen aus dem Olympus Mons und bedecken heute eine Fläche so groß wie Südengland. Auf dem Gipfel des Berges hat eine Gruppe von eingestürzten Kratern ein Loch von der Größe der Stadt Los Angeles hinterlassen.

Etwa zwei Drittel des Mars bestehen aus Hochebenen mit vielen Einschlagkratern, die von Geröll umgeben sind. In diesen Gegenden gibt es sich verzweigende Täler und Erdrutschhalden. Vor langer Zeit scheint die Oberfläche des Mars ziemlich feucht gewesen zu sein, denn in den Tälern gibt es Anzeichen von Wassererosion.

◁ Ein aus vielen einzelnen Fotos zusammengesetztes und mit einem Computer vergrößertes Bild des Vulkans Olympus Mons. Er ist dreimal so groß wie der Mount Everest und an seinem Fuße befinden sich riesige Klippen.

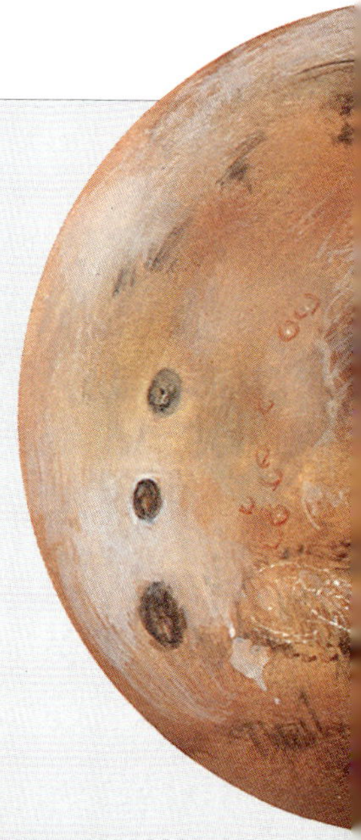

◁ Ein Kraterrand, gesichtet vom ersten Landeplatz der Viking-Landesonde. Der gelbe Schein am Himmel ist Sonnenlicht, das von hochgewirbeltem Staub reflektiert wird.

Tiefe Täler und Schluchten

In der Nähe der Tharsis-Vulkane schlängelt sich ein System von Tälern um etwa ein Viertel des Marsäquators. Die Valles Marineris sind 600 km breit und so tief, dass sie den Mount Everest in sich aufnehmen könnten. Steile Klippen ragen Tausende von Metern vom Grund der Täler bis zur darüber liegenden Hochebene empor. Tief ver-

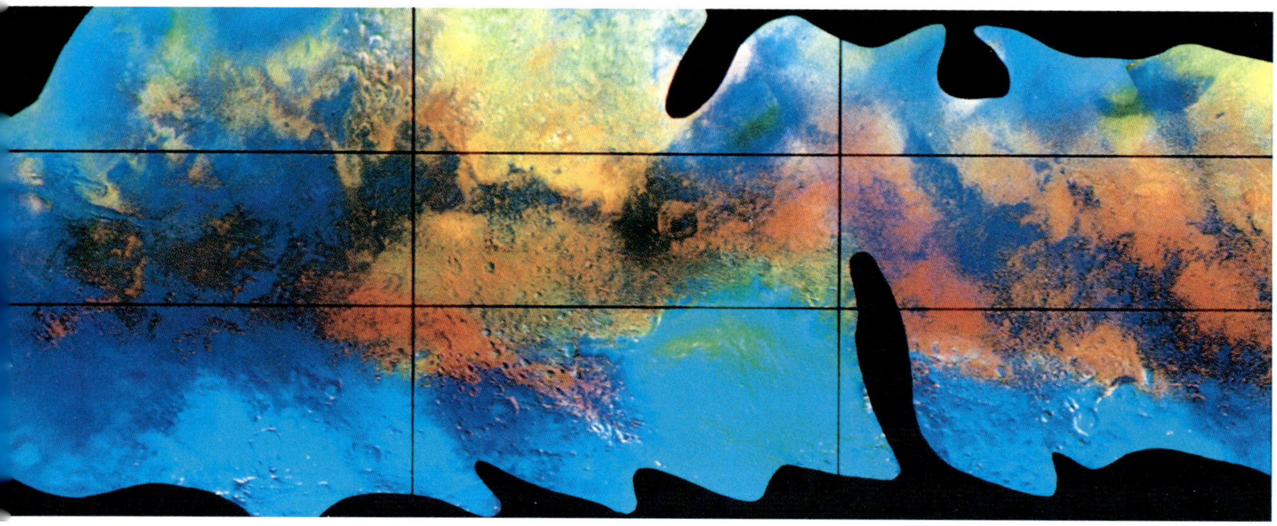

◁ Eine von einem Computer erstellte Karte, die die chemische Zusammensetzung der Marsoberfläche zeigt. Rot dargestellte Felsen enthalten viel Eisenoxid. Die dunkelblauen Flächen sind Ablagerungen vulkanischen Ursprungs, während Sandgebiete und Staub orange und gelb gefärbt sind. Das helle Türkis zeigt die Eisregionen.

▷ Ein Teil der Valles Marineris, die in diesem Ausschnitt 100 km breit und etwa 8 km tief sind. Diese riesige Spalte ist das Resultat von geologischen Verwerfungen. An den steilen Wänden sieht man die Reste von Erdrutschen und Abflussgräben.

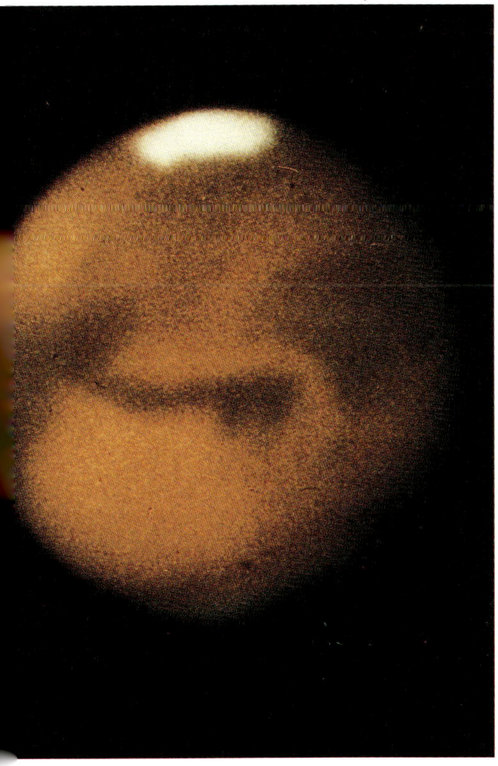

△ Der marsianische Nordpol, durch ein großes Teleskop gesehen. Das Eis besteht aus gefrorenem Kohlendioxid, so genanntem Trockeneis.

zweigte Schluchten wurden einst von Wasser, das vom Hochland ins Tal hinabstürzte, in den Fels geschnitten. Gesteinsbrocken, so groß, um eine Stadt darauf zu errichten, fielen durch gewaltige Erdrutsche zu Tal, und große Wassermengen flossen als Grundwasser durch die Oberflächenschichten.

Die geraden Wände der Valles Marineris deuten darauf hin, dass die ganze Gegend einfach ein riesiger Riss oder eine Verwerfung in der Planetenkruste ist.

Jenseits der Vulkane und tiefen Täler geht die Landschaft in Hochebenen über, die aus einer riesigen Anhäufung scharfkantigen Gesteins bestehen. Hier haben die gewaltigen Lavaströme und Verwerfungen die Planetenkruste aufgebrochen und eine Landschaft voller Geröllblöcke geschaffen, ein großes Hindernis für die ferngesteuerten Fahrzeuge, die den Mars im nächsten Jahrhundert erforschen werden. Sie müssen so konstruiert sein, dass sie nicht umkippen können, wenn die Räder der einen Seite auf einen großen Stein treffen.

Wohin ist das Wasser verschwunden?

Am Nord- wie am Südpol des Mars gibt es eine Eisdecke. Im Winter ist es auf dem Mars mit einer Temperatur bis zu –100°C so kalt, dass das Kohlendioxidgas in der Atmosphäre gefriert und dadurch fest wird. Neben diesem Trockeneis gibt es wahrscheinlich aber auch stellenweise Wassereis. Während des Marsjahres wachsen und schrumpfen die Eiskappen. Um die Pole herum gibt es Ringe aus dünenähnlichen Strukturen, die durch den jährlichen Kreislauf des Gefrierens und Wiederauftauens entstehen.

Die dünne Marsatmosphäre enthält Wassereiskristalle, und die Voyager hat auch sehr dünne Wolken entdeckt. Doch selbst wenn das gesamte Wasser in der Atmosphäre abregnen würde, ergäbe das nur eine 0,01 mm dicke Wasserschicht, während die Wolken auf der Erde genug Wasser enthalten, um eine mehrere Zentimeter dicke Wasserschicht zu produzieren. Der Mars hat heute keine Flüsse und Meere mehr, in der Vergangenheit jedoch gab es vermutlich sehr viele. Die Fotos zeigen viele Stellen, an denen einst Wasser geflossen ist. So gibt es Inseln inmitten von breiten Flüssen, die heute vollkommen ausgetrocknet daliegen. Auch die Spalten der Valles Marineris und das feine Flechtwerk von trockenen Tälern wurden einst durch fließendes Wasser geformt. Wissenschaftler glauben, dass das Oberflächenwasser besonders in den Polargebieten heutzutage als Eis im Boden gefangen ist und dass Regionen wie die Tundra auf der Erde, die aus gefrorener Erde besteht, auch auf dem Mars weit verbreitet sein könnten.

Der Mars ist mit Sicherheit ein Planet, auf dem es klimatische Veränderungen gegeben hat. Die Atmosphäre ist reich an Kohlendioxid, das die Hitze der Sonne vermutlich eingeschlossen hat. Außerdem könnten große Gasausschüttungen aus den Vulkanen ebenfalls zur globalen Erwärmung beigetragen haben. Alles deutet darauf hin, dass der Mars vor langer Zeit ein wärmerer Planet mit mehr Wasser war und dass dort vielleicht sogar einmal Bedingungen herrschten, unter denen die Existenz von Leben möglich gewesen wäre. Heute jedoch liegt die Temperatur überall unter dem Gefrierpunkt.

Staubstürme

Der Mars hat eine wüstenartige Oberfläche mit herumliegenden kantigen Steinen vulkanischen Ursprungs, die durch Beben, Vulkanausbrüche und Meteoriteneinschlag zerbrochen sind. Zwischen den Steinen liegt sehr feiner, staubähnlicher Sand aus Partikeln, die teilweise so klein sind, dass man sie nur unter dem Mikroskop erkennen kann. Obwohl die Atmosphäre auf dem Mars so dünn ist, kann der Wind riesige Staubstürme in der Atmosphäre aufwirbeln, durch die der Marshimmel rosa aufleuchtet. Alle zwei Jahre kommt der Mars der Sonne besonders nahe und wärmt sich etwas auf. Dann kann der gesamte Planet von Staubstürmen verdeckt sein, sodass man mit Erdteleskopen keine Einzelheiten mehr erkennen kann. Genau dies passierte auch, als sich die Viking-Sonden 1976 dem Mars näherten.

Schon die Astronomen des 19. Jahrhunderts bemerkten, dass sich die Farbe des Mars im Laufe eines Jahres ändert. Einige von ihnen glaubten, dass dies auf das Pflanzenwachstum während des marsianischen Sommers zurückzuführen sei, aber heute wissen wir, dass die erstickenden Staubstürme den Sand hin und her wehen und dass die Farbänderungen, die man durchs Teleskop beobachten kann, durch das Bedecken und Wiederfreilegen von dunkleren Felsgebieten entstehen.

Missionen im Weltall

Bis jetzt wurden 25 Raumfahrzeuge in Richtung Mars geschickt, von denen allerdings einige niemals ankamen und andere nicht funktionierten. In den Siebzigerjahren waren die Viking-Sonden ein großer Erfolg, das Versagen des Mars Observer 1993 dagegen war ein gewaltiger Rückschlag.

Zwischen 1997 und 1999 sollen fünf weitere Raumfahrzeuge den Mars erreichen, unter ihnen Landesonden, die die Oberfläche erforschen, und Orbiter, die Karten erstellen und die Atmosphäre erkunden sollen. Die Sonde Pathfinder, die 1997 auf dem Mars landete, führte ein kleines Robotfahrzeug mit sich. Mars '98 wird in der Nähe der südlichen Eiskappe nach Wasser forschen. Es gibt sogar ehrgeizige Pläne, Wissenschaftler auf den Mars zu schicken.

Phobos und Deimos

1877 entdeckte man zwei winzige Marsmonde, die Phobos und Deimos genannt wurden und selbst mit einem großen Teleskop kaum zu erkennen sind. Phobos hat einen Durchmesser von etwa 23 km, Deimos sogar nur von 16 km. Auf beiden gibt es mehrere Krater. Vermutlich handelt es sich bei ihnen um Asteroiden, die der Mars eingefangen hat, und nicht um Monde, die sich ursprünglich dicht neben ihm gebildet haben. Sie haben eine dunkle Oberfläche und eine ähnliche Dichte wie Asteroiden. Beide Monde ähneln den Gesteinsbrocken, die sich im frühen Sonnensystem – vielleicht sogar schon vor der Entstehung der großen Planeten – bildeten.

Diese kleinen Monde in unserem Sonnensystem sind nicht gleichmäßig rund. Dafür gibt es zwei mögliche Gründe. Zum einen könnten sie bei Zusammenstößen von größeren Objekten entstanden sein, zum anderen ist auf Grund ihrer geringen Größe ihre eigene Schwerkraft zu schwach, um sie in eine rundere Form zu zwingen.

◁ Eine Ansicht des Mars, die durch die Verknüpfung von 102 einzelnen Fotos der Voyager-Sonde im Computer entstanden ist. In der Mitte sieht man das gesamte System der Valles Marineris, die 3000 km lang und bis zu 8 km tief sind. Links davon befinden sich drei riesige Vulkane, die wie dunkle runde Flecken aussehen.

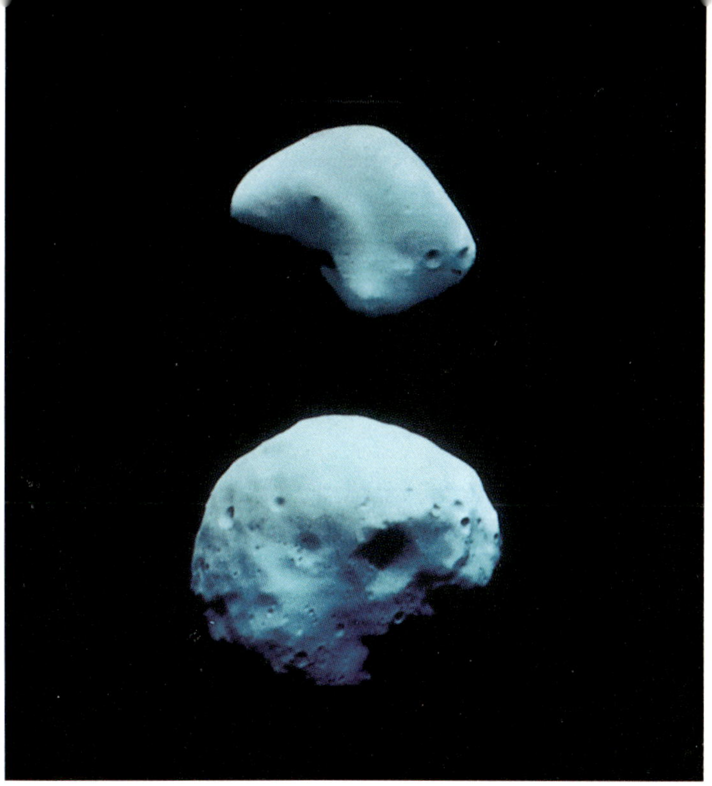

◁ Die zwei Marsmonde, Deimos (oben) und Phobos (unten).

Marsbeobachtungen

Der Mars ist am Nachthimmel nicht einfach zu entdecken. Gut ist die Zeit der so genannten Oppositionen, wenn sich der Mars der Erde annähert. Das ist alle zwei Jahre für etwa vier Monate der Fall. Unter den günstigsten Bedingungen, die sich jedoch nicht vor August 2003 wiederholen werden, kommt der Mars bis auf 56 Millionen km an die Erde heran. Während anderer Oppositionen kann er allerdings auch 100 Millionen km von uns entfernt sein.

Der Mars ist klein, darum kann man mit einem Fernglas nur erkennen, dass er eine kleine Scheibe und kein Lichtpunkt ist. Um die Oberflächenstrukturen zu sehen, braucht man mindestens ein Spiegelteleskop mit einer 220 mm-Öffnung oder ein Linsenfernrohr mit einer 100 mm-Linse.

Wenn du 10 Minuten oder länger schaust, wirst du vielleicht einen Blick auf die Oberfläche werfen können, falls das Flackern für ein paar Sekunden lang aufhört. Mit etwas Übung ist es dann möglich, eine der beiden weißlichen Polarkappen sowie ein oder zwei dunklere Strukturen auf der Oberfläche zu entdecken.

Wenn du den Mars mit einem größeren Teleskop einige Stunden lang beobachten kannst, wirst du sehen, wie sich der Planet dreht. Indem du ihn während der Opposition über einige Wochen hinweg verfolgst, kannst du möglicherweise die Auswirkungen der Staubstürme sehen. Für diese ausgedehnten Beobachtungen brauchst du jedoch eine sehr teure Ausrüstung und die Hilfe eines erfahrenen Amateurastronomen.

Oppositionen des Mars

Die nächsten Oppositionen (Annäherungen des Mars an die Erde) sind an diesen Terminen zu erwarten:

24. April 1999 | 12. Juni 2001 | 28. August 2003 | 7. November 2005

Wichtige Entdeckungen

1605	Johannes Kepler beweist, dass die Umlaufbahn des Mars eine Ellipse mit der Sonne in einem Brennpunkt ist.
1636	Die ersten Skizzen der Oberflächenstruktur des Mars in einem Astronomiebuch.
1666	Cassini misst eine Rotationszeit von etwa 24 Stunden und 40 Minuten.
1704	Die Polarkappen werden entdeckt.
1777–1783	William Herschel behauptet, dass die Polardecken dicke Schichten aus Eis und Schnee seien.
1837	Die ersten genaueren Karten.
1877	Phobos und Deimos werden entdeckt.
1877	Giovanni Schiaparelli beschreibt ein Netz aus etwa 40 feinen Linien, die sich durch die marsianische Wüsten ziehen, und nennt sie »canali«.
1894	Percival Lowell baut in Arizona das Flagstaff-Observatorium, hauptsächlich, um den Mars zu beobachten. In den folgenden 10 Jahren erstellt er eine Reihe von Karten mit groß angelegten Kanalsystemen. Lowell behauptet, dass der Mars bewohnt und die Kanäle künstlich angelegt seien.
1930	Eugene Antoniadi widerspricht nach gründlichen Beobachtungen der Vorstellung, dass sich auf dem Mars Kanäle befinden.
1965	Mariner 4 schickt 21 Bilder vom Mars, auf denen zwar Krater, aber keine Spuren von Kanälen zu sehen sind.
1971–1972	Mariner 9 schickt 7329 Fotos vom Mars zurück.
1976	Viking 1 landet am 20. Juli, gefolgt von Viking 2 am 3. September. Die Sonden im Orbit erstellen allmählich detaillierte Karten vom größten Teil der Marsoberfläche. Die Landesonden untersuchen die Erde im Umkreis der Landeplätze, ohne Anzeichen für Leben zu entdecken, und schicken die ersten Fotos von der Oberfläche zurück.
1997	Die Marssonde Pathfinder landet mit einem Robotfahrzeug und schickt weitere Fotos.

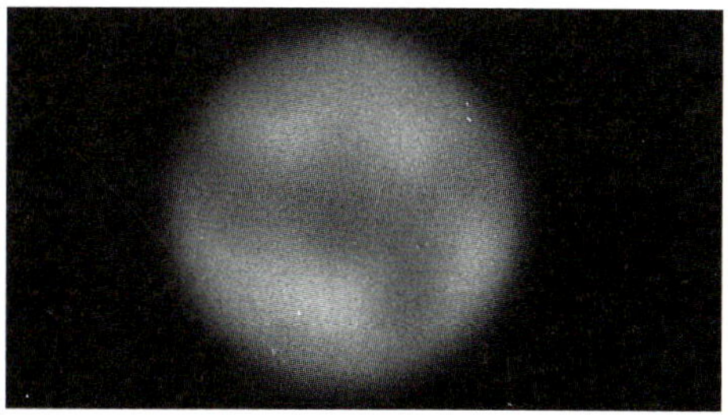

△ Der Mars, fotografiert von einem Amateurastronom am 24. September 1988, der ein 420 mm-Spiegelteleskop benutzte. Nur mit sehr viel Glück kann man den Mars durch ein Teleskop so klar wie auf diesem Foto sehen. Die dunkle Fläche unter dem Äquator ist die Syrtis Major. Wenn der Mars sich in Opposition befindet, kann man ihn aber auch durch ein kleines Teleskop entdecken.

Der Jupiter

Der Jupiter ist der größte Planet des Sonnensystems. Sein Durchmesser ist 11-mal und seine Masse 318-mal so groß wie die der Erde. 12 Jahre braucht er ungefähr, um die Sonne in einer durchschnittlichen Entfernung von 800 Millionen Kilometern zu umkreisen. Wegen der Wolkengürtel ist der Jupiter ein farbenprächtiger Planet, der zudem noch einen Großen Roten Fleck hat.

Der Jupiter ist kein fester Planet wie die vier erdähnlichen Planeten, die der Sonne am nächsten liegen, sondern ein riesiger Gasball. Außer ihm gibt es noch drei weitere Giganten, die etwas weiter außerhalb stehen: der Saturn, der Uranus und der Neptun. In ihrer chemischen Zusammensetzung ähneln diese Gasplaneten eher der Sonne als den inneren Planeten. Die Atmosphäre des Jupiters beispielsweise besteht zu 85 Prozent aus Wasserstoff und zu etwa 14 Prozent aus Helium. Obwohl wir keine feste Planetenoberfläche unter seinen Wolken ausmachen können, ist der Wasserstoff tief im Planeteninneren so stark zusammengepresst, dass er Eigenschaften besitzt, die denen von Metall ähneln.

Der Jupiter dreht sich sehr schnell in 10 Stunden um sich selbst und beult deshalb in der Gegend um den Äquator herum aus. Die schnelle Rotation verursacht außerdem große Windgeschwindigkeiten in der oberen Atmosphäre, in der sich die farbenprächtigen Wolkenbänder erstrecken. Diese Wolkenformationen entstehen, weil sich die verschiedenen Schichten der Atmosphäre unterschiedlich schnell bewegen, und ihr Aussehen kann sich innerhalb weniger Tage völlig ändern. Zudem gibt es in ihnen viele Wirbelstürme und seltsame runde Flecken. Der größte von ihnen, der »Große Rote Fleck«, ist größer als die Erde, sodass man ihn schon mit einem kleinem Fernglas erkennen kann. Er ist das Resultat eines heftigen Sturms in der Jupiteratmosphäre, der bereits seit über 300 Jahren beobachtet wird. Mindestens 16 Monde umkreisen den Jupi-

▷ Ein Bild des riesigen Planeten Jupiter in seiner ganzen Farbenpracht, gemalt von einem Künstler anhand von Fotos der Voyager-Sonde. Die farbigen Streifen sind Wolken mit Kristallen aus gefrorenem Ammoniak und chemischen Verbindungen aus Kohlenstoff, Schwefel und Phosphor. Die ovale Wolke links unter dem Äquator ist der Große Rote Fleck.

◁ Der Große Rote Fleck auf dem Jupiter ist ein Wirbelsturm, der seit mindestens 350 Jahren tobt und größer ist als die Erde. Das weiße Oval darunter ist ein weiterer Wirbelsturm.

ter. Einer davon, Ganymed, ist der größte Satellit unseres Sonnensystems, er ist größer als der Planet Merkur.

Der Weg zum Jupiter

Fünf Raumsonden sind bereits am Jupiter vorbeigeflogen. Die fünfte, die Galileo-Sonde, wurde im Oktober 1989 auf die sechs Jahre lange Reise geschickt. Die Sonden Pioneer 10 und 11 nahmen erste Messungen vor, danach folgten zwei Voyager-Sonden, die 1979 spektakuläre Nahaufnahmen machten. Nach 1991 begann das Hubble-Weltraumteleskop den Jupiter zu fotografieren und sandte Bilder von ähnlich guter Qualität zur Erde. Das Weltraumteleskop hat den Vorteil, das es über viele Jahre hinweg Aufnahmen machen kann, während die zwei Voyager-Sonden sich auf einen kurzen Blick im Vorbeiflug beschränken mussten.

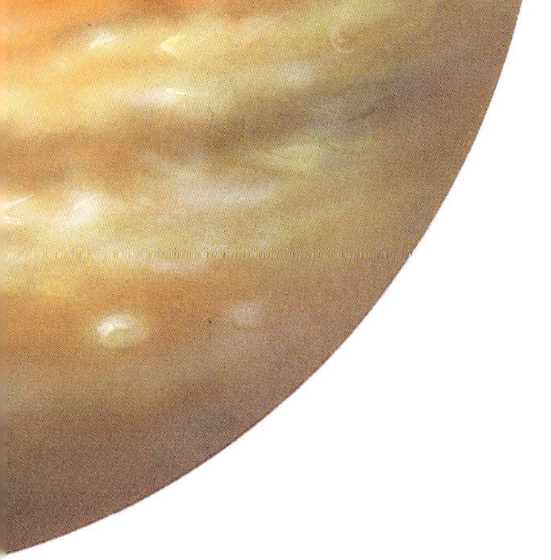

Jupiter-Daten

Masse: 318 Erdmassen, $1{,}9 \times 10^{27}$ kg
Äquatordurchmesser: 11,2 Erddurchmesser, 143 760 km
Dichte: 1,31 g/cm^3
Temperatur über den Wolken: –160°C
Rotationszeit (Tag): 9,93 Stunden
Durchschnittliche Entfernung von der Sonne: 5,203 AE, 778 Millionen km
Umlaufzeit (Jahr): 11,86 Jahre

Jupiterbeobachtungen

Der Jupiter braucht 13 Monate, um über unseren Himmel zu wandern, darum ist er mehrere Monate lang einige Stunden vor und nach Mitternacht leicht zu entdecken. Er leuchtet dann in einem gleichmäßigen weißlichen Licht. In einem astronomischen Kalender kannst du die besten Zeiten für die Jupiterbeobachtung und die jeweiligen Positionsangaben finden. Eigentlich brauchst du nur die ungefähre Richtung zu wissen, in der du suchen musst, da der Jupiter eines der hellsten Objekte am Sternenhimmel ist. Wenn möglich, solltest du den Jupiter wenigstens durch ein Fernglas beobachten. Ein Stativ macht die Erkundung noch einfacher. Durch ein Teleskop gesehen ist der Jupiter ein wunderbarer Planet, da er von dunklen Streifen und manchmal noch dunkleren Flecken umgeben ist. Die Wolkenbänder und den Großen Roten Fleck kann man durch ein Teleskop, aber nicht durch ein Fernglas sehen, und man braucht etwas Übung, um die Bänder zu erkennen und den Roten Fleck zu identifizieren. Wenn man den Jupiter zu einer Zeit beobachtet, zu der der Rote Fleck sichtbar ist, kann man innerhalb etwa einer Stunde feststellen, dass der Planet sich sehr schnell dreht, da der Fleck über die Planetenscheibe wandert. Er ändert allerdings seine Farbintensität und kann dadurch mal besser, mal schlechter gesehen werden.

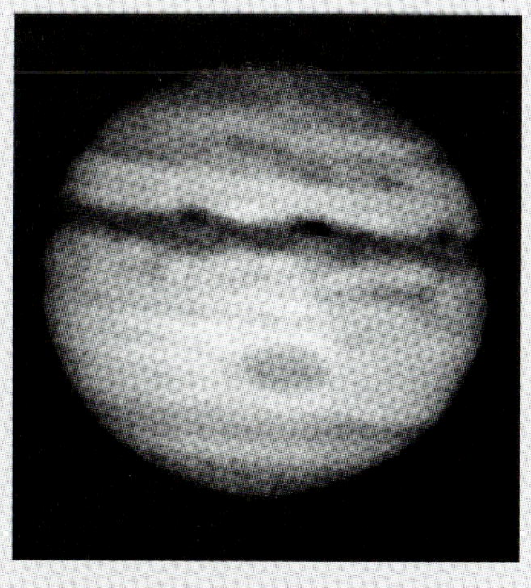

△ Dieses Foto zeigt die Wolkenformationen des Jupiters, die du durch ein kleines Teleskop sehen könntest. Mit einem Fernglas wären nur die dunkelsten Streifen zu erkennen.

Giftige Gaswolken

Die dunklen rötlichen Bänder um den Jupiter werden Gürtel genannt, die hellen Streifen Zonen. Aufnahmen verschiedener Sonden und des Hubble-Weltraumteleskops zeigen, dass sich innerhalb nur weniger Wochen die Gürtel und Zonen deutlich verändern. Die Strukturen, die wir sehen, sind nämlich in Wirklichkeit farbige und weiße Wolken in der oberen Atmosphäre, die von Winden mit einer Geschwindigkeit von über 500 km pro Stunde hin und her geblasen werden.

Die Jupiteratmosphäre wäre für Menschen tödlich, da sie außer großen Mengen an Wasserstoff und Helium noch Methan sowie giftiges Ammoniak, Wasserdampf und Acetylen enthält. Wahrscheinlich stinkt es dort furchtbar. Die Sonne besteht übrigens aus ähnlichen Gasen.

Die weißen Wolken enthalten Kristalle aus gefrorenem Ammoniak und gefrorenem Wasser. Die braunen, roten und blauen Wolken sind wahrscheinlich durch farbige Chemikalien oder durch Schwefel gefärbt. Gewitterstürme blitzen durch die äußere Atmosphäre.

Diese aktive Wolkendecke ist sehr dünn, sie macht weniger als ein Hundertstel des Planetenradius aus. Unter den Wolken wird es immer heißer. Während die Temperatur auf Höhe der Wolken bei etwa –160°C liegt, ist es nur 60 km tiefer in der Atmosphäre so warm wie auf der Erdoberfläche, und noch etwas weiter darunter erreicht die Temperatur bereits den Siedepunkt von Wasser.

△ Der Jupiter wird regelmäßig vom Hubble-Weltraumteleskop fotografiert, das die wechselnden Muster der Bänder und Zonen verfolgen kann.

▷ Der Jupitermond Io spuckt eine Schwefelwolke aus, die den Jupiter umkreist. Ios Umlaufbahn wird durch die gelbe Linie in diesem zusammengesetzten Foto angezeigt. Rechts zeigt ein anderes Foto den unheimlichen grünen und violetten Schein des Schwefelgases.

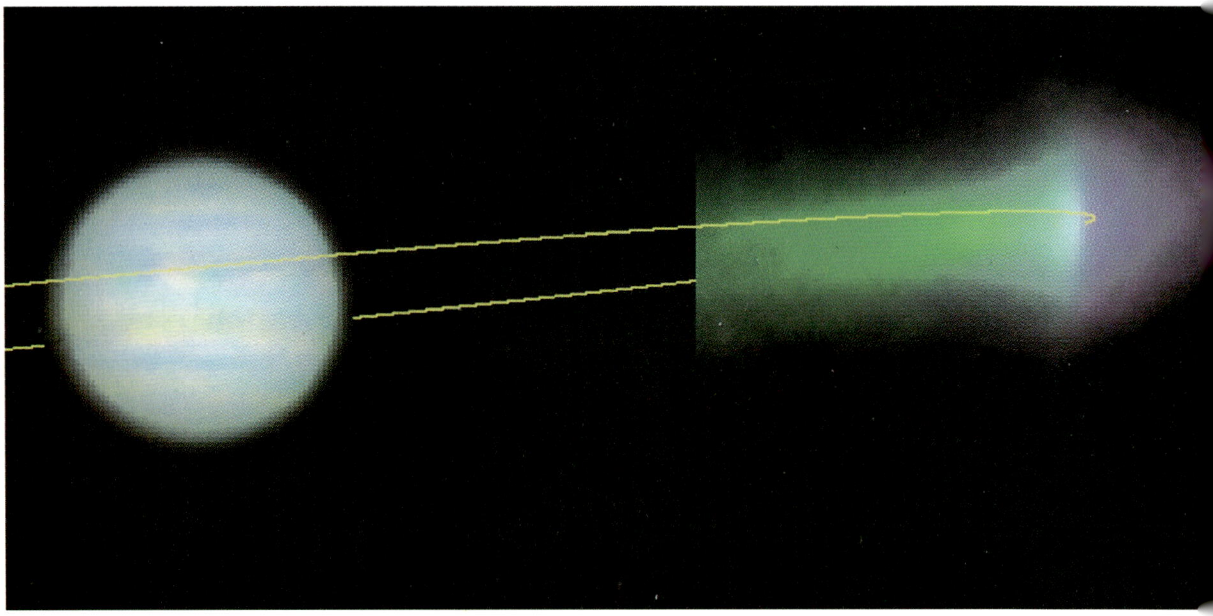

◁ Teleskope und Raumsonden können nur die giftigen Wolkenschichten in der oberen Atmosphäre des Jupiters abbilden. Unter den dichten Wolken wird Wasserstoff so stark zusammengepresst, dass er beginnt, sich wie flüssiges Metall zu verhalten, und einen natürlichen Elektrizitätsfluss innerhalb des riesigen Planeten weiterleitet. Im Zentrum des Planeten befindet sich wahrscheinlich ein dichter, fester Kern von etwa 20 Erdmassen.

Seltsame Materie

Tief im Innern des Jupiters verhält sich die Materie äußerst seltsam. Obwohl es vielleicht einen kleinen Eisenkern im Zentrum des Planeten gibt, besteht der größte Teil seines Inneren aus Wasserstoff. Dieses Gas verändert sich unter dem enormen Druck innerhalb des Planeten und wird flüssig. In den tieferen Lagen steigt der Druck auf Grund des großen Gewichts der darüber liegenden Atmosphäre stetig an.

In einer Tiefe von etwa 1000 km befindet sich ein riesiger Ozean aus flüssigem Wasserstoff. Dieser Wasserstoff wird in Lagen unter 17 000 km so stark zusammengepresst, dass seine Atome zerquetscht werden. Dadurch wird der Wasserstoff metallisch und kann Elektrizität leicht weiterleiten. Die Elektrizität, die in dem metallischen Wasserstoff fließt, erzeugt ein starkes Magnetfeld um den Jupiter herum.

Der metallische Wasserstoff im Innern des Jupiters ist ein gutes Beispiel für fremdartige Materie, die von Astronomen untersucht werden kann, die man aber kaum je im Labor herstellen könnte.

Beinahe ein Stern

Messungen durch Raumsonden haben ergeben, dass der Jupiter etwa 60 Prozent mehr Hitzeenergie abstrahlt, als er selbst durch Sonneneinstrahlung erhält. Man vermutet, dass diese zusätzliche Energie aus drei Quellen stammt: Hitze, die noch aus der Entstehungszeit des Planeten stammt, Energie, die durch eine langsame Kontraktion des Planetenkerns frei wird, sowie Energie aus radioaktivem Zerfall. Die Hitze entsteht jedoch nicht wie bei Sternen durch die Verwandlung von Wasserstoff in Helium. Die kleinsten Sterne, die Wasserstoff verbrennen, sind immer noch fast 80-mal so massereich wie der Jupiter. Andere Sonnensysteme enthalten also möglicherweise Planeten, die größer als der Jupiter, aber dennoch kleiner als Sterne sind.

Radiostation Jupiter

Der Jupiter ist eine Art natürliche Radiostation, wobei man allerdings seine Radiosignale nicht verstehen kann, da sie einfach nur aus Lärm bestehen. Sie entstehen durch Elektronen, die durch das riesige Magnetfeld des Jupiters schwirren. Dazu kommen gewaltige Gewitter und Lichtblitze. Der Jupiter hat ein starkes Magnetfeld, das sich 50 Jupiter-Radien weit erstreckt. Kein anderer Planet hat solch eine starke Magnetwirkung und Radioemission.

Wichtige Entdeckungen

1610	Galilei beobachtet den Jupiter und seine Satelliten durch ein Teleskop.
1664	Robert Hooke entdeckt in Oxford den Großen Roten Fleck.
1675	Die ersten exakten Messungen der Lichtgeschwindigkeit anhand der Finsternisse der Jupitermonde.
1932	Methan und Ammoniak werden in der Atmosphäre entdeckt.
1951	Die Theorie, dass sich der Wasserstoff auf dem Jupiter wie Metall verhält, wird vorgestellt.
1955	Zufällige Entdeckung von Radiowellen vom Jupiter.
1973	Die erste Pioneer-Sonde fliegt am Jupiter vorbei.
1979	Die Voyager-Sonden erreichen den Planeten. Es stellt sich heraus, dass der Große Rote Fleck rotiert, ein schwaches Ringsystem wird entdeckt, ebenso die Auroren. Ausgezeichnete Bilder vom Jupiter und allen seinen Monden werden übermittelt.
1989	Die Galileo-Sonde wird gestartet.
1994	Ein Komet stößt geradewegs mit dem Jupiter zusammen.

Deine eigenen Beobachtungen

Mit einem kleinem Teleskop oder einem starken Fernglas kannst du die vier großen Jupitermonde beobachten, die Galilei im Januar 1610 entdeckte. In der Nähe des Planeten findest du vier Lichtpunkte, die wie Sterne aussehen. Wenn du jede Nacht den Himmel beobachtest, wirst du sehen, dass sie ihre Positionen verändern. Es sind die vier größten Monde des Jupiter, auch die »Galileischen Monde« genannt. Ihre Namen sind in der Reihenfolge ihrer Entfernung zum Jupiter Io, Europa, Ganymed und Kallisto.

Vier Monate lang verfolgte Galilei die Positionen der vier Monde bei ihrer Reise um den Jupiter und stellte fest, dass sie wie ein Sonnensystem im Miniaturformat aussehen. Diese Entdeckung stellte einen wichtigen Beweis für die kopernikanische Theorie dar (siehe S. 23) und veränderte das astronomische Denken über unser Sonnensystem.

Beobachte nun die Jupitermonde einige Wochen lang. Du brauchst dazu etwas Glück mit dem Wetter – versuche die Positionen der sichtbaren Monde an so vielen Abenden wie möglich zu notieren. Anhand dieser Aufzeichnungen kannst du die Umlaufzeit jedes Mondes schätzen. Io zum Beispiel braucht 42 Stunden, um den Jupiter zu umkreisen,während Kallisto etwas über zwei Wochen dafür benötigt. Daran kannst du sehen, dass ein Mond, der weiter vom Jupiter entfernt ist, auch länger braucht, um ihn zu umrunden.

Außerdem ist es manchmal möglich, die Finsternisse der Jupitermonde zu sehen. Der Jupiter wirft einen Schatten ins All, und während die Monde durch diesen Schatten ziehen, verschwinden sie aus unserem Blickfeld. Im 17. Jahrhundert wurden die ersten genauen Messungen der Lichtgeschwindigkeit vorgenommen, indem man maß, wie lange die Finsternisse der Jupitermonde dauerten.

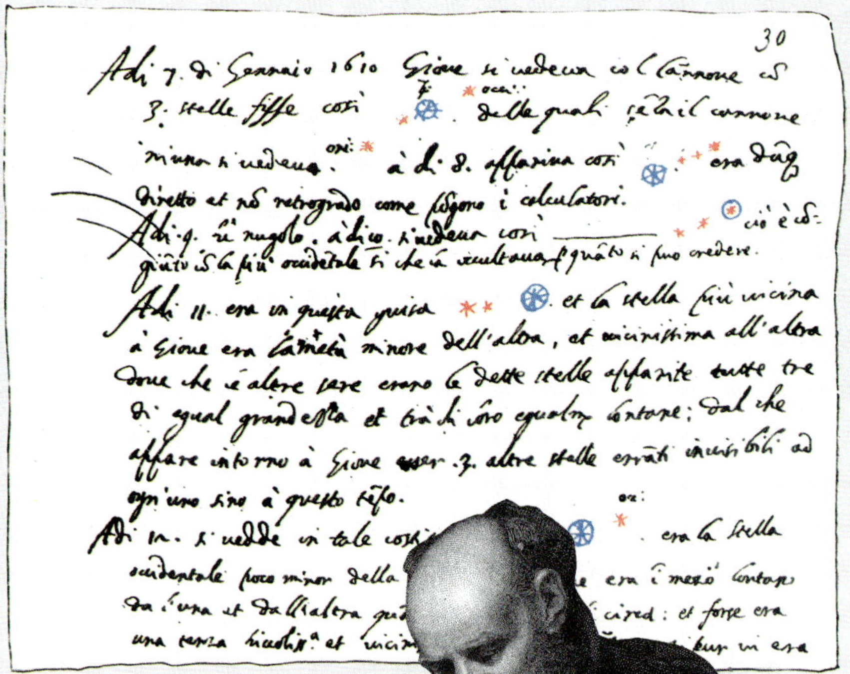

△ Galileis Notizbuch mit seinen Beobachtungen der Jupitermonde.

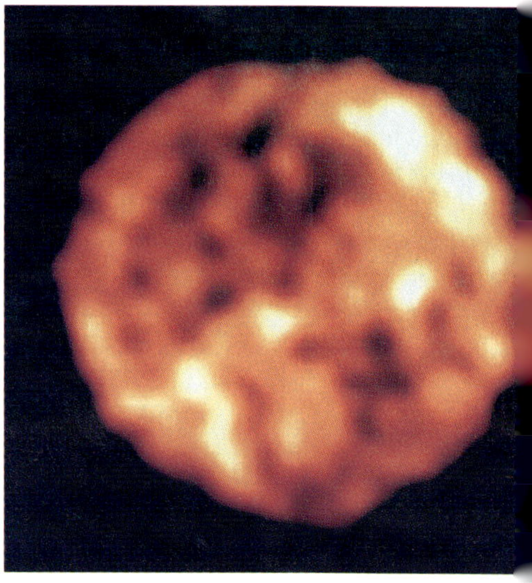

△ Io, fotografiert vom Hubble-Weltraumteleskop in einer Entfernung von 600 Millionen km.

◁ Der Jupiter hat einen schmalen Ring aus Staub in seiner Umlaufbahn, der in den Siebzigerjahren von den Voyager-Sonden entdeckt wurde.

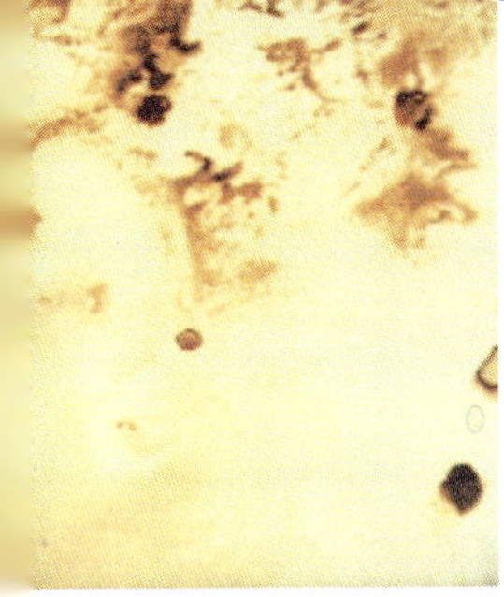

◁ Io ist ein außergewöhnlicher Mond. Seine Oberfläche ist von Schwefel bedeckt, den seine aktiven Vulkane herausschleudern.

Die Jupitermonde

Die Jupiterfamilie besteht aus 16 Monden und ist ein Sonnensystem in Miniaturform, mit dem Jupiter als Sonne und den Monden als Planeten. Der größte Mond ist Ganymed mit einem Durchmesser von 5262 km. Er ist von einer dicken Eisschicht bedeckt, die über einem festen Kern liegt. Vieles deutet darauf hin, dass er von Meteoriten bombardiert wurde, außerdem weist er den riesigen Einschlagkrater eines Asteroiden auf, der ihn vor etwa 4 Milliarden Jahren getroffen haben muss.

Kallisto, der dunkelste Mond des Jupiters, ist etwa so groß wie Ganymed und von Kratern übersät.

Europa hat die hellste Oberfläche und besteht zu einem Fünftel aus Wasser. Es bildet eine 100 km dicke Eisschicht, die ebenso wie die Wolken der Venus das Licht reflektiert.

Am bemerkenswertesten ist der Mond Io, der den Jupiter eng umkreist. Io hat eine außergewöhnliche Farbe, eine Mischung aus Schwarz, Rot und Gelb, hervorgerufen durch den Schwefel, der aus seinem Inneren aufsteigt. Die Voyager-Kameras haben aktive Vulkane auf Io geortet, die 200 km hohe Schwefelfontänen herausschleuderten. Die Schwefellava schießt mit einer Geschwindigkeit von 1000 m pro Sekunde hervor. Teile dieser Materie entkommen der Anziehungskraft des Mondes und liegen nun wie ein Ring um den Jupiter.

Ios Oberfläche ist offensichtlich relativ jung, denn es gibt dort fast keine Meteoritenkrater. Der Mond umkreist den Jupiter in einer Höhe von weniger als 400 000 km, wobei heftige Anziehungskräfte an ihm zerren. Das dauernde Ziehen und Schieben der Gezeiten verursacht starke Spannungen in seinem Inneren. Dadurch bleibt es heiß und flüssig, obwohl Io so weit von der Sonne entfernt ist.

Kleinere Welten umkreisen den Jupiter

Neben den vier großen umgeben den Jupiter noch weitere kleine Monde. Vier davon umkreisen ihn noch enger als Io, sie sind vermutlich große Bruchstücke anderer Satelliten, die es mittlerweile nicht mehr gibt. Die kleinen Monde, die den Jupiter in größerer Entfernung umrunden, sind wahrscheinlich Asteroiden, die dem Planeten zu nahe gekommen sind und in seinem Gravitationsfeld gefangen wurden. Nicht alle von ihnen sind bis in jedes Detail fotografiert worden. Der Jupiter hat außerdem noch drei sehr blasse Ringe, die aus sehr kleinen Staubpartikeln bestehen.

Auf den größeren Monden würden Wissenschaftler gern geeignete Landeplätze für ferngesteuerte und automatische Sonden finden.

▽ Die Jupitermonde Ganymed, Kallisto und Europa. Europa hat etwa die Größe unseres Mondes. Ganymed und Kallisto sind von Eis überzogen.

Ganymed

Kallisto

Europa

Der Saturn

Der Saturn, der sechste Planet unseres Sonnensystems, ist von einem prächtigen Ringsystem umgeben. Er besteht aus Gas und hat eine geringere Dichte als Wasser, würde also trotz seiner Größe in einem riesigen Ozean oben schwimmen.

Der Saturn umkreist die Sonne in 10-mal größerer Entfernung als die Erde und erhält deswegen auch nur ein Hundertstel so viel Wärme und Licht wie unser Planet. Deshalb ist es dort auch eiskalt, und es gibt Wolken- und Windsysteme, die denen auf dem Jupiter ähneln. Der Saturn braucht 29,5 Jahre, um die Sonne zu umkreisen, während er sich innerhalb von 10 Stunden um seine eigene Achse dreht. Man sieht ihm diese rasante Geschwindigkeit an: Um den Äquator herum ist er leicht ausgebeult.

Der Saturn besitzt die 95-fache Masse der Erde und ist der zweitgrößte Planet nach dem Jupiter. Wie der besteht er fast ganz aus Wasserstoff und Helium und hat helle Zonen mit Ammoniakwolken. Die Winde blasen um den Äquator herum mit 1800 km pro Stunde, also 4-mal so schnell wie die stärksten Windböen auf dem Jupiter und 20-mal stärker als ein schwerer Sturm auf der Erde. Leider sind die Strukturen auf dem Saturn viel schwächer sichtbar als auf dem Jupiter, bei seltenen Gelegenheiten sieht man weiße Flecken in seiner Atmosphäre.

Die Saturnringe

Die drei wunderschönen Ringe, die man durch große Teleskope sehen kann, berühren den Planeten nicht. Die Fotos der Voyager-Sonde zeigen, dass der Saturn in Wirklichkeit von einer großen Zahl schmaler Ringe umgeben ist, die sich aus großer Entfernung wie zu einem breiten Band zusammenfügen. Die Ringe sind in einem 29°-Winkel gegen die Bahnebene des Saturns geneigt. Von der Erde aus gesehen verändert sich ihr Anblick daher ständig. Durch ein Teleskop sehen wir etwa ein Jahr lang die Ringe in ihrer vollen Breite, dann scheinen sie sich langsam zusammenzuziehen, bis wir sie schließlich 15 Jahre später von der Seite sehen und sie deshalb fast völlig verschwunden sind.

Die Ringe sind keine massiven Gebilde. Obwohl sie einen Durchmesser von 400 000 km haben, sind sie meist nur ein paar Dutzend Meter breit. Die inneren umkreisen den Saturn schneller als die äußeren.

Hauptsächlich bestehen die Ringe aus Milliarden von kleinen Teilchen, die den Saturn als mikroskopisch kleine Monde umkreisen. Sie bestehen vermutlich aus Wassereis oder aus Gesteinsbrocken, die mit Eis überzogen sind. Die meisten sind etwa einen Meter groß, aber die Spanne reicht von wenigen Zentimetern bis hin zu Dutzenden von Metern. Es gibt auch einige größere Objekte unter ihnen, Steine und Felsbrocken mit einem Durchmesser bis zu einigen hundert Metern. Sie alle umkreisen den Planeten als voneinander unabhängige Satelliten.

Die Lücken zwischen den Ringen entstehen durch die vielen Saturnmonde, die die Ringe auf Grund ihrer Gravitation teilen.

Warum gibt es Planeten mit Ringen?

Die Gasplaneten Jupiter, Saturn, Uranus und Neptun haben alle Ringe. Innerhalb der Ringe gibt es keine größeren Monde.

Ein großer Felsmond wird von enormen Gezeitenkräften angezogen, wenn er seinem Planeten zu nahe kommt. Die Seite des Mondes, die dem Planeten zugewandt ist, ist der Anziehungskraft stärker ausgesetzt als die abgewandte Seite. Je näher der Mond seinem Planeten ist, desto deutlicher macht sich diese Differenz bemerkbar. Wenn nun die Umlaufbahn sehr nahe beim Planeten liegt, können diese unterschiedlichen Ge-

Die Cassinische Teilung wurde früher als Lücke zwischen den Ringen A und B betrachtet. Voyager entdeckte dort jedoch über 100 schwach leuchtende Ringe.

Ring A Der äußerste Ring, der von der Erde aus zu sehen ist, enthält die innersten Saturnmonde.

Ring C Ein blauer Ring, der schwächste, den man von der Erde aus sehen kann.

▽▷ Die Saturnringe (rechts). Es wird vermutet, dass sich Planetenringe bilden, wenn ein Mond zu nahe an seinen Elternplaneten herankommt und vom Sog der Gezeiten zermalmt wird (unten).

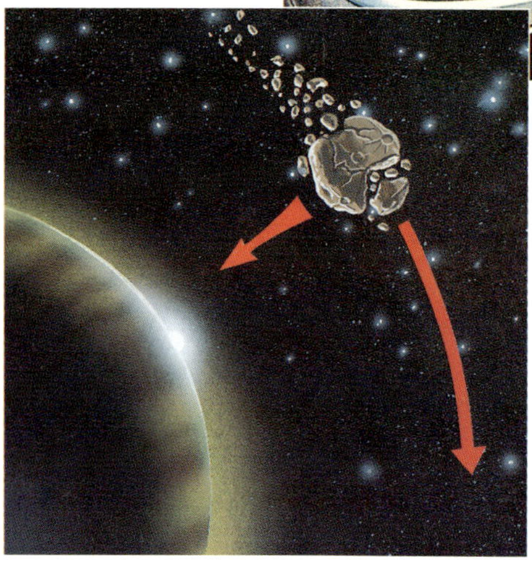

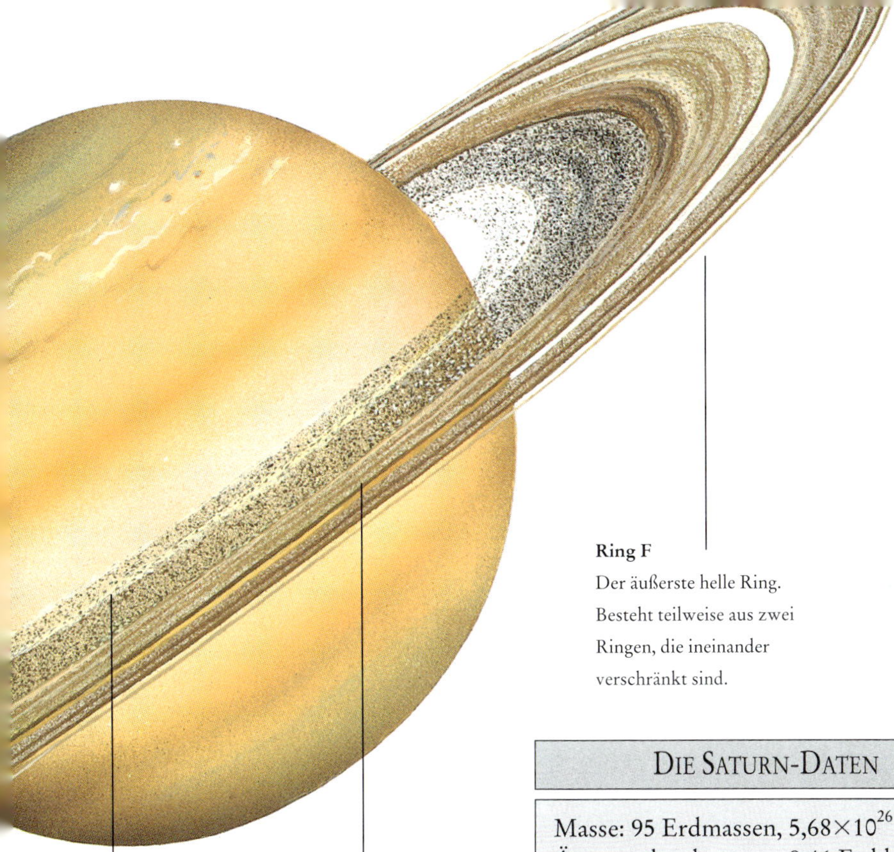

zeitenkräfte irgendwann so mächtig werden, dass das Gestein dadurch zerbricht. Die Ringe könnten also daraus entstanden sein, dass ein Mond von der Anziehungskraft seines Planeten zermalmt wurde. Es ist jedoch auch möglich, dass die Ringe aus Materie bestehen, die bei der Entstehung der Planeten und Monde übrig blieb.

Titan

Der größte Satellit des Saturns, der Titan, ist größer als der Planet Merkur. Astronomen glauben, dass dieser Mond je zur Hälfte aus Gestein und aus Wasser besteht. Bemerkenswert an ihm ist jedoch seine dichte Atmosphäre aus Stickstoff mit einem kleinem Anteil Methan, einem Gas, das auch auf der Erde vorkommt. Kein anderer Mond in unserem Sonnensystem hat eine Atmosphäre. Der Oberflächendruck ist nicht viel größer als auf der Erde, die Temperatur des Titan liegt jedoch bei nur etwa –180°C. Bei diesen Temperaturen kann Methan als Gas, Flüssigkeit oder in festem Zustand auftreten – das hängt von den lokalen Bedingungen ab. Auf dem Titan könnte es also wie auf der Erde Regen, Schnee, Ozeane und Flüsse geben. Der Unterschied wäre nur, dass dort alles aus Methan und nicht aus Wasser besteht.

Die Saturn-Daten

Masse: 95 Erdmassen, $5{,}68 \times 10^{26}$ kg
Äquatordurchmesser: 9,46 Erddurchmesser, 120 420 km
Dichte: 0,71 g/cm^3
Temperatur über der Wolkendecke: –150°C
Rotationszeit (Tag): 10,54 Stunden
Durchschnittliche Entfernung von der Sonne: 9,54 AE, 1427 Millionen km
Umlaufzeit (Jahr): 29,46 Erdenjahre

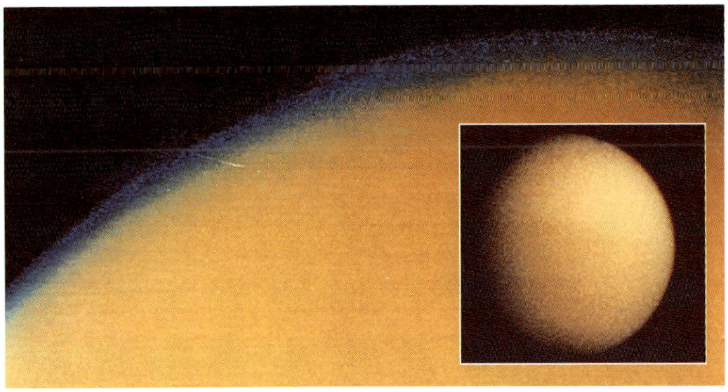

◁ Titan hat eine dichte, dunstige Atmosphäre mit mehreren Nebelschichten.

◁ Dione ist einer der mittelgroßen Satelliten des Saturns. Ihr Durchmesser beträgt 1200 km, die Oberfläche ist durch viele Krater geprägt.

Wichtige Entdeckungen

1610	Galilei beobachtet den Saturn als Erster durch ein Fernrohr. Es ist jedoch zu schwach, um die Ringe erkennen zu lassen, darum schreibt er, dass der Saturn aus drei Teilen zusammengesetzt sei.
1633	Die ersten Zeichnungen.
1655	Christiaan Huygens verkündet, dass der Saturn einen Ring hat.
1675	Entdeckung der Cassinischen Teilung in den Ringen.
1837	Entdeckung der Encke-Teilung.
1876	Entdeckung eines deutlichen weißen Flecks.
1932	Entdeckung von Ammoniak und Methan in der Atmosphäre.
1979	Pioneer 11 erreicht den Saturn.
1980	Voyager 1 macht Bilder von Saturn und Titan.
1981	Die Voyager-2-Mission.
1990	Beobachtungen mit dem Hubble-Weltraumteleskop.

Uranus und Neptun

Der Uranus und der Neptun sind riesige Gasplaneten, die von sehr dünnen Ringsystemen umgeben sind. Der Uranus ist seitlich gekippt. Der Neptun besitzt eine von Stürmen durchtoste Atmosphäre, auf seinem Mond Triton gibt es Vulkane, die Wasser und Eis ausspucken.

Am 13. März 1781 entdeckte William Herschel (1738–1822) zufällig einen neuen Planeten. Herschel war Musiker, Organist im englischen Bath. In seiner Freizeit beschäftigte er sich mit Astronomie. Er hatte ein eigenes Teleskop konstruiert und eine Liste von Sternenpaaren erstellt, die, durch das Teleskop betrachtet, sehr nahe beieinander zu stehen schienen. Eines Nachts sah er ein neues Objekt am Himmel, das er zunächst für einen Kometen hielt, weil es sich langsam zwischen den Sternen bewegte. Nach wenigen Wochen jedoch war klar, das es sich nicht um einen Kometen handelte, sondern um einen neuen Planeten in unserem Sonnensystem.

Herschels Entdeckung machte ihn weltweit bekannt. Die Astronomen konnten sich zunächst nicht auf einen Namen für den Planeten einigen, entschlossen sich dann aber, ihn nach dem Großvater Jupiters in der klassischen Mythologie Uranus zu nennen.

Ein anderer neuer Planet, der Neptun, wurde 1846 nach sorgfältiger Suche entdeckt. Viele Jahre lang hatten sich die Astronomen darüber gewundert, dass der Uranus ständig von seinem Kurs abkam. Sie benutzten das Newtonsche Gravitationsgesetz, um herauszufinden, wo er gerade sein *sollte*, mussten aber ständig feststellen, dass seine tatsächliche Position nicht mit dem vorhergesagten Ort übereinstimmte. Dies konnte nur bedeuten, dass ein noch unentdeckter Planet die Umlaufbahn des Uranus beeinflusste.

1845 taten sich im englischen Cambridge John Couch Adams (1819–1892) und James Challis (1803–1862) im Observatorium der dortigen Universität zusammen. Doch obwohl Challis den neuen Planeten wahrnahm und seine Position festhielt, erkannte er nicht, dass er ihn entdeckt hatte! Fast gleichzeitig versuchte ein französischer Astronom, Urbain Leverrier (1811–1877), das Pariser Observatorium vom Sinn dieser Suche zu überzeugen. Außerdem schrieb er an die Berliner Sternwarte. In der Nacht nach Erhalt dieses Briefes, am 23. September 1846, entdeckte der Astronom Johann Galle in Berlin den gesuchten Planeten, der nach dem römischen Gott der Meere Neptun genannt wurde.

Die Schräglage des Uranus

Der Uranus besteht zwar hauptsächlich aus Wasserstoff und Helium, in seiner Atmosphäre findet sich jedoch auch ein Siebtel Methan. Dieses Gas lässt ihn, durch ein großes Teleskop betrachtet, bläulich schimmern, ein Phänomen, das zuerst von Herschel bemerkt wurde. Die Raumsonde Voyager 2 entdeckte nur wenige Wolkenstreifen in der oberen Atmosphäre. Die Temperatur des Planeten liegt nur knapp über –220°C, und er hat einen großen Kern aus Gestein und Eisen.

Die Rotationsachse des Uranus ist so stark geneigt, dass sie nahezu in der Bahnebene des Planeten liegt, ein einzigartiges Phänomen in unserem Sonnensystem. Der Uranus braucht 84 Jahre, um die Sonne zu umrunden. Seine Jahreszeiten sind sehr extrem, da der Nordpol jeweils etwa 20 Jahre in der Sonne liegt, während sich der Südpol in dauernder Dunkelheit befindet.

Astronomen vermuten, dass der Uranus kurz nach Entstehung des Sonnensystems mit einem anderen großen Planeten zusammengestoßen ist und dadurch auf die Seite gekippt wurde.

▷ Der größte Mond des Neptuns ist Triton. Auf diesem Voyager-Foto von Triton sieht man einen großen Krater mit einer kleinen Bergkette in seiner Mitte.

▽ Miranda, der kleinste Mond des Uranus, ist eine zusammengewürfelte Ansammlung von Felsspitzen und Klippen.

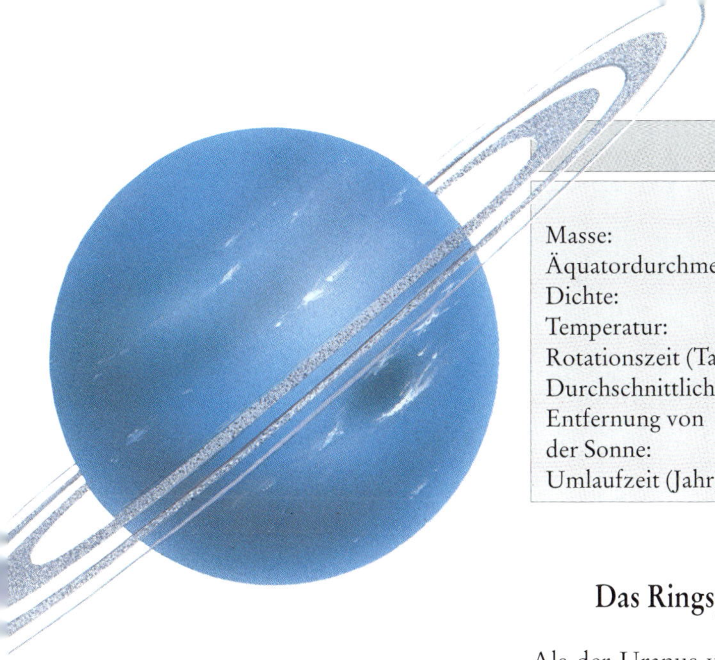

◁ Uranus (links) und Neptun (rechts) haben etwa den vierfachen Erddurchmesser. Die bläulich grüne Farbe ihrer Atmosphären ist auf das darin enthaltene Methangas zurückzuführen.

Die Daten von Uranus und Neptun

	Uranus	*Neptun*
Masse:	14,5 Erdmassen, $8{,}7 \times 10^{25}$ kg	17,2 Erdmassen, $1{,}0 \times 10^{26}$ kg
Äquatordurchmesser:	4,0 Erddurchmesser, 51 300 km	3,9 Erddurchmesser, 49 500 km
Dichte:	1,27 g/cm^3	1,77 g/cm^3
Temperatur:	–220°C	–213°C
Rotationszeit (Tag):	17 Stunden 14 Minuten	17 Stunden 52 Minuten
Durchschnittliche Entfernung von der Sonne:	19,2 AE, 2,86 Milliarden km	30 AE, 4,5 Milliarden km
Umlaufzeit (Jahr):	84 Erdjahre	165 Erdjahre

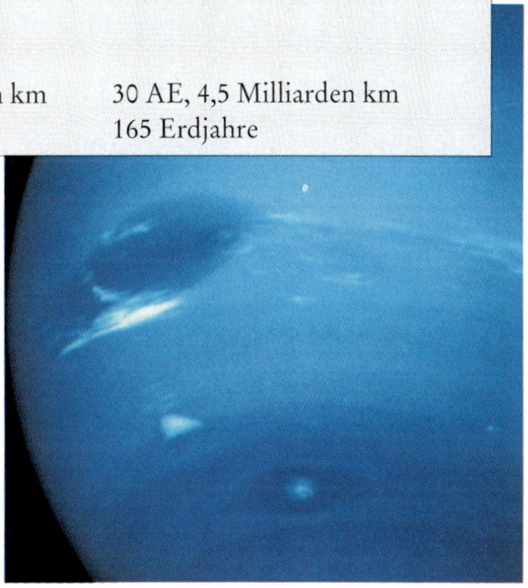

△ Ein großer dunkler Fleck auf dem Neptun, gesehen von der Sonde Voyager 2.

Das Ringsystem des Uranus

Als der Uranus vor einem schwach leuchtenden Stern vorbeizog, beobachteten Astronomen ein Flackern des Sternenlichts. Der Stern blinkte einige Male, bevor und nachdem er vom Uranus verdeckt wurde. Niemand hatte diesen Effekt vorhergesagt. Verursacht wird er durch mindestens neun schwach sichtbare Uranus-Ringe, die aus großen Steinen und Felsblöcken, aber auch aus feinen Staubkörnern bestehen.

Miranda

Der Uranus ist von fünf großen und zehn kleinen Monden umgeben. Besonders faszinierend ist der Mond Miranda mit einem Durchmesser von fast 500 km. Seine Oberfläche ist eine bizarre Mischung aus Tälern, Schluchten und steilen Klippen. Er besteht vermutlich aus drei oder vier großen Felsbrocken, die sich zusammengefügt haben, und könnte der Überrest eines Mondes sein, der einst mit einem Asteroiden zusammenstieß und sich dann durch seine Schwerkraft wieder zusammenzog.

Neptun von Voyager 2 aus gesehen

Nach einer 12-jährigen Reise flog die Sonde Voyager 2 am 24. August 1989 am Neptun vorbei und machte überraschende Entdeckungen. Der Neptun ist 30-mal weiter von der Sonne entfernt als die Erde, deshalb ist das Sonnenlicht, das ihn erreicht, sehr schwach, und seine Temperatur beträgt nur 213°C. Damit ist er allerdings etwas wärmer als der Uranus, obwohl dieser der Sonne eigentlich näher liegt. Dieser Effekt ist auf die innere Energie des Neptuns zurückzuführen, der dreimal so viel Wärme abgibt, wie er von der Sonne empfängt.

In der Atmosphäre des Neptuns gibt es auch eine Art Wetter. Voyager 2 beobachtete einen großen dunklen Fleck, der dem Großen Roten Fleck des Jupiter ähnelt, sowie dünne Federwolken, von denen einige aus gefrorenem Methan bestehen.

Triton

Der Neptunmond Triton ist größer als der Mond der Erde. Er hat eine Atmosphäre aus Stickstoff und besteht zu sieben Zehnteln aus Stein und zu drei Zehnteln aus Wasser. Voyager 2 hat in der Nähe des Südpols Fotos von rotem Eis gemacht, am Äquator fotografierte sie blaues Eis aus gefrorenem Methan.

Auf dem Triton gibt es riesige Klippen, die von Wassereis zerfurcht werden, und zahlreiche Krater. Der Neptun bringt Kometen, die in unser Sonnensystem eindringen, von ihrem Kurs ab. Einige davon haben den Triton vermutlich getroffen, und es entstanden Aufschlagkrater. Außerdem finden sich dort dunkle Streifen vulkanischen Materials. Wissenschaftler glauben, dass Eis, bestehend aus Wasser, Methan und Stickstoff, durch die Vulkane aus dem Inneren des Mondes austreten konnte.

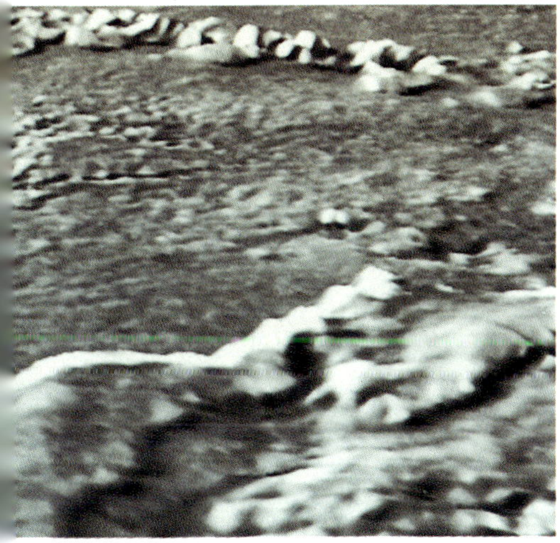

Wichtige Entdeckungen

1690	Uranus wird entdeckt, aber zunächst für einen Stern gehalten.
1781	William Herschel entdeckt, dass der Uranus ein Planet ist.
1787	William Herschel entdeckt zwei Uranusmonde.
1846	Der Neptun wird entdeckt.
1977	Das Ringsystem des Uranus wird entdeckt.
1986	Voyager 2 fliegt am Uranus vorbei und entdeckt zehn weitere Monde.
1989	Voyager 2 fliegt am Neptun vorbei und entdeckt seine Ringe.

Pluto und Charon

Am Rande unseres Sonnensystems bilden der Pluto und sein Mond Charon einen Doppelplaneten. Der Pluto ist kleiner als unser Mond und besteht aus Stein und Eis. In seiner Nähe befinden sich zahlreiche Überreste aus der Entstehung des Sonnensystems.

Der Neptun wurde entdeckt, weil Astronomen kleine Abweichungen in der Umlaufbahn des Uranus sorgfältig überprüften. Im frühen 20. Jahrhundert beobachteten Astronomen die Umlaufbahn des Neptuns und arbeiteten dabei heraus, dass es möglicherweise einen noch weiter entfernten Planeten geben könnte. Über 20 Jahre lang suchten sie ohne Erfolg nach ihm. 1930 schließlich verkündete der junge Astronom Clyde Tombaugh am Lowell-Observatorium in Arizona als Resultat einer äußerst sorgfältigen Suche die Entdeckung eines sehr schwach leuchtenden Planeten. Der Durchmesser des Pluto beträgt 2324 km. Er hat eine sehr ausgedehnte Umlaufbahn und nähert sich der Sonne nur bis auf 4425 Millionen Kilometer. Seine größte Entfernung zur Sonne beträgt 7375 Millionen Kilometer. 1979 kreuzte der Pluto die Umlaufbahn des Neptuns, ein Ereignis, das 1999 wieder stattfinden wird.

Fotos von 1978 zeigen den Pluto als eiförmigen Umriss, was darauf hinzudeuten schien, dass es einen Mond geben könnte, der den Pluto so nah umkreist, dass ihn Teleskope nicht deutlich abbilden können. Dem Hubble-Weltraumteleskop gelang es schließlich, schärfere Fotos zu machen, die eindeutig zeigen, dass der Mond Charon sich um den Pluto dreht. Pluto und Charon sind weniger als 20 000 km voneinander entfernt, sodass man sie durchaus als einen kleinen Doppelplaneten bezeichnen kann. Astronomen berechneten die Masse des Pluto mit 0,0022 (oder 1/440) Erdmassen.

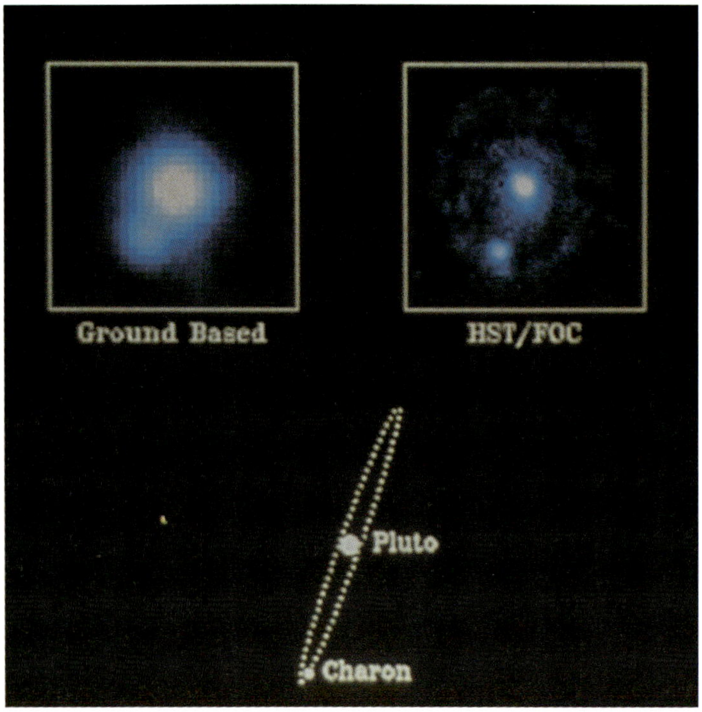

◁ Dieses Foto, aufgenommen vom Hubble-Weltraumteleskop, zeigt den Pluto und seinen Mond Charon (unten links). Das Diagramm beschreibt Charons Bahn um den Pluto, von der Erde aus gesehen.

▷ Pluto und Charon sind zu weit von uns entfernt, als dass wir – auch mit den stärksten Teleskopen – irgendwelche Einzelheiten entdecken könnten. Außerdem ist Pluto der einzige Planet unseres Sonnensystems, der noch nie von einer Sonde besucht wurde. Anhand der bekannten Fakten hat ein Künstler ein Bild geschaffen, auf dem man den Mond Charon gerade am Pluto vorbeiziehen sieht.

Die gefrorene Wüste

Auf dem Pluto ist es extrem kalt. Im Winter herrscht dort eine Oberflächentemperatur von nur –230°C. Zum Zeitpunkt seiner geringsten Entfernung zur Sonne, die immer noch 30-mal größer ist als die zwischen Erde und Sonne, erreicht die Temperatur um die –200°C. Vom Pluto aus betrachtet sieht die Sonne wahrscheinlich eher wie ein recht heller Stern aus, das heißt, man kann sie gerade noch als kleine Scheibe wahrnehmen. Der Pluto hat eine sehr dünne Atmosphäre. Eine dicke Schicht von Wasser- und Methaneis überzieht den felsigen Kern. Der Pluto unterscheidet sich von Planeten wie der Erde mit ihrer größeren Dichte und ihren Eisen- und Nickelanteilen, ähnelt aber auch in keinster Weise den Gasplaneten.

Die Pluto- und Charon-Daten

	Pluto	*Charon*
Masse:	0,0022 Erdmassen, $1{,}3 \times 10^{22}$ kg	0,0003 Erdmassen, $1{,}8 \times 10^{21}$ kg
Durchmesser:	2324 km	1212 km
Dichte:	2 g/cm^3	2 g/cm^3
Temperatur:	–230°C	–230°C
Entfernung von der Sonne:	zwischen 29,65 und 49,28 AE, auf einer elliptischen Umlaufbahn	

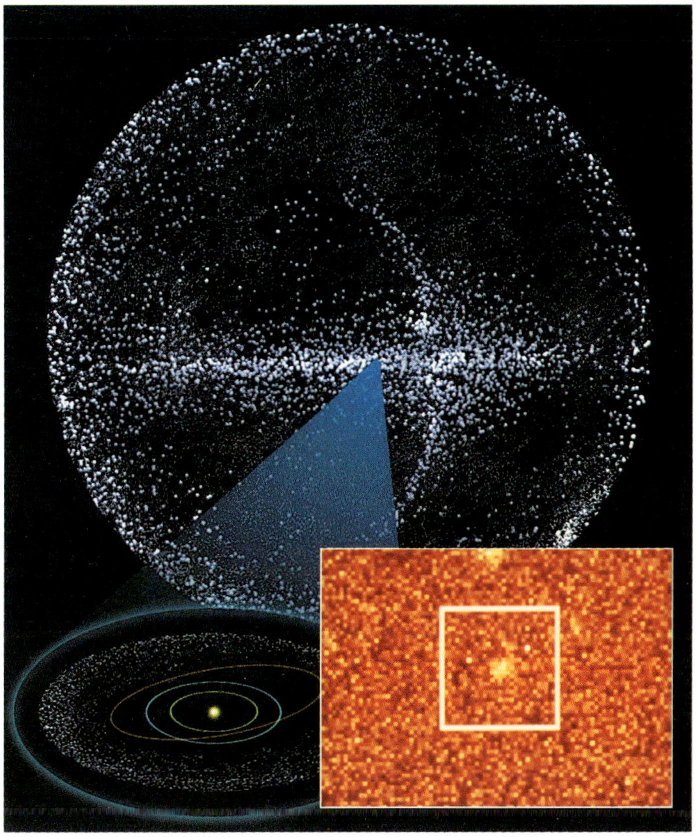

◁ Jenseits der Umlaufbahn des Neptuns befindet sich der Kuiper-Gürtel aus kleinen planetenartigen Objekten aus Gestein und Eis (unten links). Viel weiter draußen vermutet man in einem riesigen ballförmigen Haufen, der so genannten Oortschen Wolke, Milliarden von ähnlichen Objekten. Wenn diese Objekte auf Bahnen gelangen, die sie in unseren Teil des Sonnensystems führen, werden sie zu Kometen.

◁ Dieses 1993 entdeckte Objekt ist eines der wenigen bekannten Objekte im Kuiper-Gürtel. Unter dem Namen 1993 RO umkreist es die Sonne in einer etwas größeren Entfernung als der Neptun. Man nimmt an, dass es einen Durchmesser von etwa 150 km hat.

Der Kuiper-Gürtel

Es gibt einen Ring von Kleinplaneten namens Kuiper-Gürtel am äußersten Rand unseres Sonnensystems jenseits des Neptuns. Mehrere Objekte mit einer Größe von 100–400 km wurden dort entdeckt, und auch der Pluto könnte ein Teil dieses Ringes sein. Er könnte den Charon aus dem Kuiper-Gürtel herausgezogen haben, und vielleicht gilt Ähnliches auch für den Neptun und seinen Mond Triton. Die Kleinplaneten werden Planetesimale genannt und sind Überreste der Materie, aus der sich im frühen Sonnensystem die größeren Planeten gebildet haben. Die Materie von Pluto und Charon ähnelt wie auch die der kleineren Planetesimalen in ihrer chemischen Zusammensetzung der Materie von Kometen.

Die Suche nach Planet X

Wahrscheinlich sind alle großen Objekte in der Umlaufbahn des Pluto mittlerweile entdeckt. Die Überreste im Kuiper-Gürtel sind nur etwa so groß wie Asteroiden. Viel weiter draußen, etwa ein Lichtjahr von der Sonne entfernt, würden wir zur Oortschen Kometenwolke kommen. Es steht fest, dass man dort unzählige kleine Objekte aus Eis finden kann, aber keine größeren Planeten. Obwohl von Zeit zu Zeit sorgfältige Suchaktionen durchgeführt werden, gehen die Astronomen mittlerweile davon aus, dass es jenseits des Pluto keinen weiteren echten Planeten mehr gibt. Die Suche nach dem unbekannten zehnten Planeten – dem Planet X – war vergeblich.

Wichtige Entdeckungen

1877	Die erste Suche vom US-Marine-Observatorium aus.
1905	Sorgfältige fotografische Suche durch Lowell in Flagstaff, Arizona.
1919	Eine weitere Suche mit dem damals größten Teleskop der Welt auf Mount Wilson in Kalifornien.
1930	Entdeckung des Pluto durch Tombaugh im Januar, verkündet am 13. März 1930, genau 149 Jahre nach der Entdeckung des Uranus.
1978	Entdeckung des Plutomondes vom US-Marine-Observatorium aus.
1991	Das Hubble-Weltraumteleskop zeigt deutlich den Pluto und seinen Mond Charon.

Die Kometen

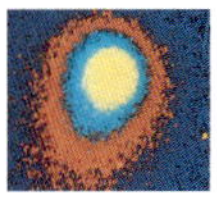

Es herrscht immer große Aufregung, wenn ein mit bloßem Auge sichtbarer Komet erscheint. Manchmal haben diese strahlenden Himmelskörper einen graziösen Schweif, der sich als Lichtbogen über den Himmel zieht. Kometen bestehen aus Eis und kleinen Steinen. Zwei von ihnen wurden von der europäischen Raumsonde Giotto besucht.

▷ Die Erscheinung des Halleyschen Kometen im Jahr 1066 wurde auf dem Wandteppich von Bayeux festgehalten, der zwischen 1067 und 1077 entstand. Dem König Harold von England wird verkündet, dass der Komet ein böses Vorzeichen sei.

▽ Der Halleysche Komet im Jahr 1986, fotografiert mit einem normalen Fotoapparat. Der blaue Schweif besteht aus Gas, das der Komet freisetzt.

Kometen sind Überbleibsel aus der Entstehungszeit unseres Universums und haben Milliarden von Jahren tiefgefroren im fernen Weltraum existiert. Sie bestehen aus Eis und gefrorenen Gasen wie Methan, Ammoniak und Kohlendioxid, gemischt mit sandigem Staub, schweren Steinen und Metallklumpen. All diese Stoffe waren auch in der kosmischen Wolke enthalten, aus der sich die Sonne und die Planeten bildeten. Kometen bestehen aus den Teilen, die damals übrig geblieben ist. Sie sind nur lose zusammengefügt und können leicht auseinander brechen.

Eine Reise zur Sonne

Wenn ein Komet sich der Sonne nähert, verändert er sich. Zunächst wärmen die Sonnenstrahlen den eisigen Schneeball auf. Wenn der Komet sich dann in der Umlaufbahn des Jupiters befindet, beginnt das Eis auf Grund der Sonnenhitze zu verdampfen, und um den Kometen bildet sich die so genannte »Koma«, eine große Gaswolke. Durch das schmelzende Eis entsteht eine staubige Schicht auf der Kometenoberfläche. Diese ist in der Regel sehr ungleichmäßig, sodass das frei werdende Gas an den dünneren Stellen in Fontänen hervorschießen kann.

Während der Komet seine Bahn entlangrast, werden Gas und Staub von ihm weggerissen und bilden den Kometenschweif. Der Sonnenwind drückt den Schweif von der Sonne weg. Obwohl der Kometenkern nur einen Durchmesser von ein paar Kilometern hat, kann der Schweif dennoch bis zu 100 Millionen Kilometer lang werden. In der Zwischenzeit bleiben entlang der Kometenbahn größere Brocken Staub, Gestein und Metall zurück, die dann so genannte Meteorströme bilden. Nachdem der Komet die Sonne passiert hat, kühlt er wieder ab. Die Gasproduktion verlangsamt sich, die Teilchenströme versiegen und der Schweif verschwindet.

Mythen und Geschichte

Etwa alle 10 Jahre leuchtet ein sehr heller Komet auf und ist mit bloßem Auge am Nachthimmel zu erkennen. Er bleibt mindestens einige Tage und vielleicht sogar einige Monate sichtbar. In manchen Fällen entwickelt sich ein schöner Schweif. Wenn ein Komet der Erde sehr nahe kommt, kann sich der Schweif über ein Viertel des Himmels hinweg erstrecken. Zusätzlich zu diesen plötzlich erscheinenden Kometen sind einige der periodisch wiederkehrenden mit bloßem Auge zu erkennen, darunter der berühmte Halleysche Komet, der auch am hellsten leuchtet.

Kometen können irgendwo am Himmel erscheinen, sich in jede beliebige Richtung bewegen und dabei ihre Helligkeit und Form verändern. Auf Grund dieses seltsamen Verhaltens haben Kometen den Menschen früher Angst eingejagt.

Im Jahr 467 v. Chr. fiel ein riesiger Meteorit in Thrakien nieder, während ein Komet 75 Tage lang am Himmel zu sehen war. Griechische Philosophen glaubten daraufhin, dass heiße Steine ein Bestandteil des Himmels wären. Aristoteles, der berühmteste antike Philosoph, der auch naturwissenschaftliche Schriften verfasste, stammte aus

▷ Vermutlich verwendete der Künstler Giotto die Erscheinung des Halleyschen Kometen im Jahr 1301 als Inspiration für seinen Stern von Bethlehem, als er um 1304 diese biblische Szene in der Arena-Kapelle im italienischen Padua malte.

Thrakien und arbeitete im 4. Jahrhundert v. Chr. in Athen. In seinem Buch über das Wetter schrieb er Stürme und Dürren dem Einfluss der Kometen zu, und fast 2000 Jahre lang hatten seine Theorien unter den Gebildeten Gültigkeit. Nach der Ermordung von Julius Cäsar (44 v. Chr.) war in allen Teilen des römischen Reiches eine Woche lang ein heller Komet zu sehen. Die Menschen glaubten daraufhin, dass dies Cäsars Geist auf seiner Reise zu den Göttern im Himmel sei.

Ein weiteres berühmtes Beispiel für das gleichzeitige Auftauchen eines Kometen und das Eintreffen einer irdischen Katastrophe war das Jahr 1066, als die normannische Invasion in Südengland mit der Erscheinung des Halleyschen Kometen zusammenfiel. Dasselbe passierte im Jahr 1453, als Konstantinopel fiel.

1577 erschien ein Komet, der so hell war, dass er sogar durch die Wolkendecke hindurch sichtbar war. Der dänische Astronom Tycho Brahe (1546–1601) beobachtete ihn und bewies, dass er sich noch weit jenseits des Mondes durch das All bewegte. Dieser Beweis widerlegte die beängstigenden Theorien des Aristoteles und anderer, die Kometen als gefährliche Wettererscheinungen bezeichnet hatten.

Newton und Halley

Isaac Newton erbrachte den mathematischen Beweis dafür, dass alle Kometen um die Sonne kreisen und infolgedessen durch ihre Anziehungskraft gelenkt werden. Er zeigte auch, dass sich Kometen auf ausgedehnten, sehr exzentrischen Bahnen durch das Sonnensystem bewegen und nur dann an unserem Himmel zu sehen sind, wenn sie auf dem Weg zur Sonne in unsere Nähe kommen.

Edmund Halley war ein Freund Newtons, der anhand von Newtons Theorie Umlaufbahnen von Kometen berechnete. Er stellte fest, dass der Komet, den er 1682 beobachtet hatte, schon 1607 auf derselben Umlaufbahn gesichtet worden war. In aufregender wissenschaftlicher Detektivarbeit ging er bis ins Jahr 1531 zurück und stellte fest, dass der in jenem Jahr gesichtete Komet sich tatsächlich auch auf dieser Umlaufbahn befunden hatte. Offensichtlich handelte es sich in allen drei Fällen um denselben Kometen, der etwa alle 76 Jahre wiederkehrte. Halley prophezeite, dass der Komet im Jahr 1758 wiederkommen würde, aber er lebte nicht lange genug, um tatsächlich Zeuge seiner Wiederkehr zu werden.

Periodische Kometen

Genau wie Halley es vorhergesagt hatte, kehrte der Komet im Winter 1758 wieder. Von da an war er als Halleyscher Komet bekannt. Es war das erste vorher angekündigte Erscheinen eines Kometen. Tatsächlich war er bereits seit 240 v. Chr. bei jeder Rückkehr zur Sonne beobachtet worden, vielleicht war er sogar schon seit 1059 v. Chr. chinesischen Himmelsbeobachtern aufgefallen. Zuletzt war er 1985–1986 zu sehen, und seine nächste Wiederkehr in das innere Sonnensystem wird für das Jahr 2061 vorhergesagt – dann wird man ihn von 2060 bis 2062 beobachten können.

Die periodischen Kometen brauchen zwischen 3 und 200 Jahren, um die Sonne zu umkreisen, und laufen dabei auf Bahnen innerhalb unseres Planetensystems. Der Komet mit der kürzesten Umlaufbahn ist der Enckesche Komet, der das erste Mal 1786 in Paris gesichtet wurde. Er wurde 1795, 1805 und 1818 wieder entdeckt. J. F. Encke (1791–1865) berechnete die Bahn des Kometen im Jahr 1818 und verknüpfte sein Ergebnis mit den früheren Erscheinungen.

Neue Kometen

Die nicht vorausberechenbaren Kometen stammen aus weit entfernten Gegenden außerhalb unseres Planetensystems. Obwohl auch sie zu unserer Galaxis gehören, brauchen sie Millionen von Jahren, um aus den Tiefen des Sonnensystems zu uns zu gelangen. Ein solcher Komet saust innerhalb weniger Wochen an der Sonne vorbei und kehrt dann ungefähr wieder zu der Position zurück, von der aus er gestartet ist.

Weniger als 1000 Kometen sind bekannt. In jüngerer Zeit wurden sie meist von Amateurastronomen entdeckt, die mit kleinen Teleskopen sorgfältig nach neuen Kometen suchen. Dafür braucht man viel Geschick und Geduld. Zunächst muss man die Positionen undeutlich erkennbarer Himmelskörper wie etwa entfernter Galaxien und Nebelflecke kennen, denn nur dann kann man einen Neuankömmling entdecken, ohne falschen Alarm auszulösen. Die meisten Forscher suchen den Himmel in der Morgendämmerung ab. Sehr fleißige Kometensucher können darauf hoffen, etwa alle paar Jahre einen neuen Kometen zu entdecken.

Professionelle Astronomen finden manchmal durch Zufall einen neuen Kometen, wenn er auf einem Foto erscheint, das eigentlich für andere Zwecke gemacht wurde. Neu gesichtete Kometen werden sofort an das Büro der Internationalen Astronomischen Union am Smithsonian Astrophysical Observatory in Massachusetts gemeldet. Sobald andere Astronomen die Entdeckung bestätigt haben, wird die Information per Computer weltweit an alle geschickt, die sich für Kometen interessieren.

Die Benennung von Kometen

Ein neuer Komet wird nach seinem Entdecker benannt. Wenn mehrere Astronomen unabhängig voneinander eine Entdeckung melden, wird nur der Name der ersten drei, die die Internationale Astronomische Union in Massachusetts kontaktieren, aufgenommen. Einige Kometen, wie zum Beispiel der Halleysche Komet oder Lexells Komet, wurden nach den Mathematikern benannt, die ihre Umlaufbahnen berechneten, und diejenigen, die das Satellitenteleskop IRAS entdeckte, wurden nach diesem Weltraumobservatorium benannt. Kurzperiodische Kometen mit elliptischen Bahnen um die Sonne bekommen ein »P/« vor ihren Namen. So ist der offizielle Name des Halleyschen Kometen Komet P/Halley.

Die Kometenwolke

Wenn ein Komet die Sonne passiert, verliert er durch seine Erwärmung und die Schweifbildung an Materie. Das führt dazu, dass der Komet allmählich verglüht. Darum leuchtet der Halleysche Komet mittlerweile weniger hell als früher. Periodische Kometen werden in weniger als einer Million Jahren zerstört. Verglichen mit dem Alter des Sonnensystems ist das nur eine kurze Lebensdauer. Also müssen von irgendwoher neue Kometen kommen, die die ausgebrannten Kleinkörper ersetzen.

Neue Kometen haben vermutlich schon mindestens 50 000 AE (etwa 7,5 Millionen Kilometer) zurückgelegt, wenn sie das innere Sonnensystem erreichen. Einige Astronomen gehen davon aus, dass es ganz

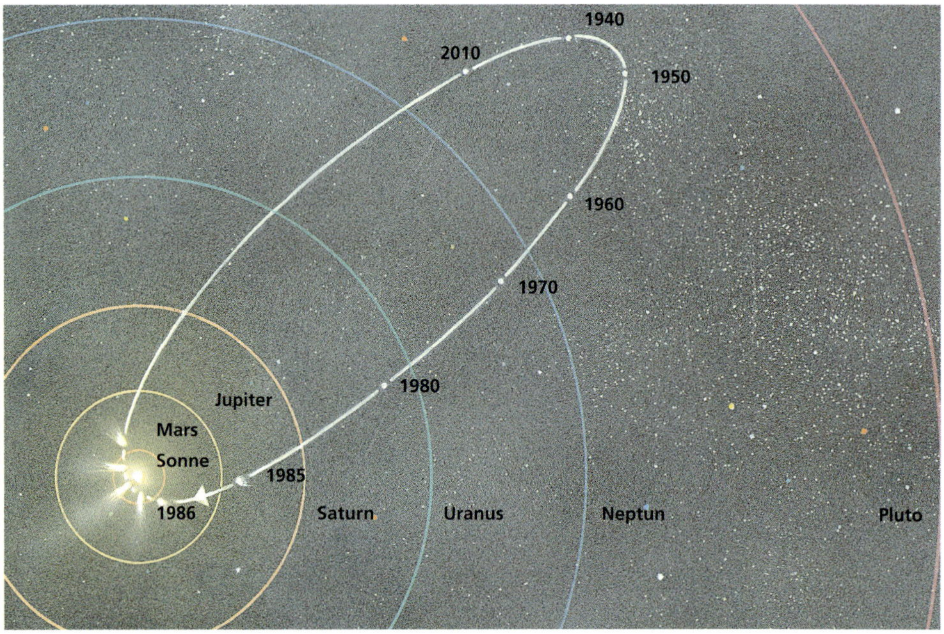

△ Kometen, die immer wieder sichtbar werden, bewegen sich auf elliptischen Bahnen durch das Sonnensystem. Hier sieht man den sehr ausgedehnten Orbit des Halleyschen Kometen.

◁ Der Kopf eines Kometen enthält seinen Kern aus Eis, Staub und Steinen, umgeben von einer Wolke aus Staub und Gas, die »Koma« genannt wird. Viele Kometen entwickeln Schweife. Der Gasschweif zeigt immer gerade von der Sonne weg, während der Staubschweif gewöhnlich gebogen ist.

weit draußen, etwa bei einem Viertel der Strecke bis zum nächsten Stern, eine Hülle aus Kometen geben muss, die um die Sonne kreisen. Diese Kometenwolke, die bisher noch mit keinem Teleskop gesichtet wurde, markiert den Rand unseres Sonnensystems. Manche Astronomen vermuten, dass auch der Kuiper-Gürtel, der sich viel weiter im Inneren befindet, eine Kometenquelle sei. Die Gravitationskräfte der Galaxis bringen immer wieder einzelne Kometen dazu, die Wolke bzw. den Kuiper-Gürtel zu verlassen und in Richtung Sonne zu fallen.

Wenn ein neuer Komet in Reichweite der Planeten kommt und zu nah am Jupiter vorbeizieht, kann es für ihn gefährlich werden. Die riesige Anziehungskraft des Planeten kann den Kometen von seiner ursprünglichen Bahn ablenken und in eine viel kleinere elliptische Umlaufbahn zwingen.

Besuch bei einem Kometen

Drei Kometen wurden bisher von Raumsonden besucht. Eine von ihnen flog 1978 durch den Schweif des Kometen Giacobini-Zinner. Anlässlich der Rückkehr des Halleyschen Kometen 1986 wurde eine ganze Flotte von Raumfahrzeugen gestartet: Zwei russische Sonden passierten den Gasschweif, eine japanische Sonde beobachtete eine Wasserstoffwolke um den Kometen herum. Die europäische Raumsonde Giotto glitt direkt am Kometenkern vorüber und konnte so Fotos von der kohlenschwarzen Oberfläche des Kometen sowie von einer fantastischen Gasfontäne machen, die aus dem Inneren hervorbrach. 1992 flog die Giotto-Sonde an einem zweiten Kometen namens Grigg-Skjellerup vorbei. Für die Zukunft planen Wissenschaftler eine Mission zu einem periodischen Kometen, bei der Proben des Kerns an Bord der Sonde geholt und zur Erde gebracht werden sollen.

Ein Komet trifft den Jupiter

Äußerst ungewöhnlich war das Schicksal des Kometen Shoemaker-Levy 9, der 1993 entdeckt wurde. Die Massenanziehung des riesigen Planeten Jupiter hatte den Kometen in einer exzentrischen Umlaufbahn eingefangen. Bei einer Annäherung an den Jupiter wurde der Komet 1992 durch den Gezeitensog in mehr als 20 einzelne Stücke gerissen, von denen jedes seine eigene Umlaufbahn weiterverfolgte. Der zerbrochene Komet sah wie eine Perlenkette aus. Ende Juli 1994 stürzten die Stücke auf den Jupiter und verursachten spektakuläre Veränderungen in der Atmosphäre. Es war das erste Mal, dass Astronomen die Auswirkungen eines Kometenaufschlags auf einem Planeten verfolgen konnten.

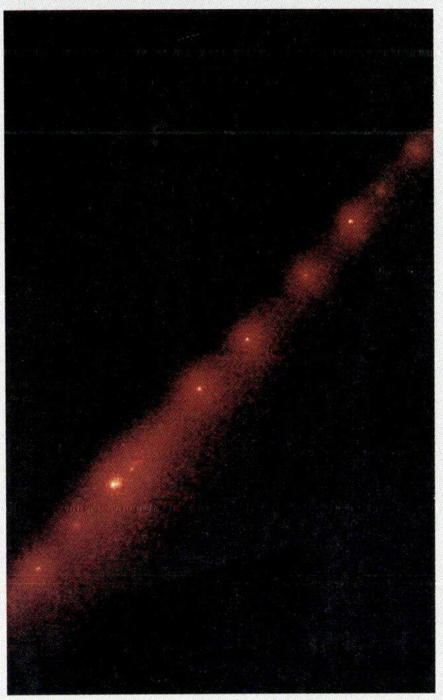

◁ Der Sonde Giotto gelang diese Nahaufnahme vom Kern des Halleyschen Kometen aus einigen tausend Kilometern Entfernung. Der Kern ist sehr dunkel, etwa 15 km lang und 8 km breit. Es gibt dort Gas- und Staubströme aus Löchern in der Oberfläche.

Einige bemerkenswerte Kometen

Arend-Roland (1957) war einer der bekanntesten Kometen des 20. Jahrhunderts. Er sah aus, als hätte er einen Stachel, der auf die Sonne zeigte.

Biela (1772) spaltete sich im 19. Jahrhundert in zwei Teile; obwohl er periodisch war, verschwand er im Jahr 1852.

Den **Tageslicht-Kometen** (1910) konnte man am helllichten Tag sehen. Er erschien 1910 einige Monate vor der Rückkehr des Halleyschen Kometen.

Donati (1858) war ein hell strahlender Komet, der einen gebogenen Staubschweif und zwei dünne Gasschweife entwickelte.

Encke (entdeckt 1786) hat eine sehr kurze Umlaufzeit von 40 Monaten und wurde öfter als jeder andere Komet beim Umkreisen der Sonne gesehen.

Der **Halleysche Komet** wird bereits über den längsten Zeitraum hinweg beobachtet.

Ikeya-Seki (1965) war ein heller Komet, den man sehr leicht erkennen konnte.

Kohoutek (1937) wurde entdeckt, nachdem er gerade die Umlaufbahn des Jupiters verlassen hatte. Eine Zeit lang schien es, als würde er der Komet des Jahrhunderts werden, aber leider leuchtete er nicht auf, als er sich der Sonne näherte.

Asteroiden

Zwischen den Umlaufbahnen von Mars und Jupiter befinden sich tausende von kleinen Objekten aus Stein. Das größte hat einen Durchmesser von fast 1000 km, die meisten jedoch sind viel kleiner. Es sind Steine, die übrig blieben, als die Planeten sich bildeten.

Am 1. Januar 1801 entdeckte der italienische Astronom Giuseppe Piazzi (1746–1826) ein winziges Objekt, das zwischen Mars und Jupiter seine Bahn zog. Piazzi, der gerade eine Sternkarte vorbereitete, bemerkte, dass der Lichtpunkt seine Position verändert hatte, seit er diesen Teil des Himmels zuletzt kartografiert hatte. Dieser sich bewegende »Stern«, den Piazzi Ceres nannte, war der erste und mit einem Durchmesser von 913 km der bis heute größte bekannte Asteroid. Verglichen mit den Planeten und vielen ihrer Monde ist er allerdings ziemlich winzig; unser Mond hat zum Beispiel einen fast viermal so großen Radius. Ceres und viele tausend weitere bekannte Asteroiden im so genannten Hauptgürtel zwischen Mars und Jupiter werden auch als Kleinplaneten bezeichnet. Fast alle brauchen drei bis sechs Jahre, um die Sonne zu umkreisen. 1993 wurde hinter dem Neptun ein weiterer Gürtel entdeckt. Die größten Asteroiden haben einen Durchmesser von etwa 20–100 km, nur Ceres und eine Hand voll anderer Asteroiden sind so groß wie manche Planetenmonde. Astronomen glauben, dass sich in den Asteroidengürteln Millionen von Felsbrocken, Steinen und Sandkörnern bewegen.

Die Trojaner

Der Jupiter kann Asteroiden einfangen, wenn sie ihn in zu geringer Entfernung passieren. Zwei Gruppen von Asteroiden, die in unserem Sonnensystem vor und hinter dem Jupiter ihre Kreise ziehen, sind unter der Bezeichnung Trojaner bekannt. Gelegentlich stürzt einer von ihnen genau in das Gravitationsfeld des Jupiters und wird zu einem kleinen Jupitermond.

Chaos im Sonnensystem

Mathematiker haben entdeckt, dass einige Asteroiden allen möglichen seltsamen Bahnen um die Sonne folgen. Das liegt daran, dass die großen Planeten des Sonnensystems sie mal hierhin, mal dorthin ziehen. Dadurch geraten ihre Umlaufbahnen plötzlich durcheinander. Astronomen haben

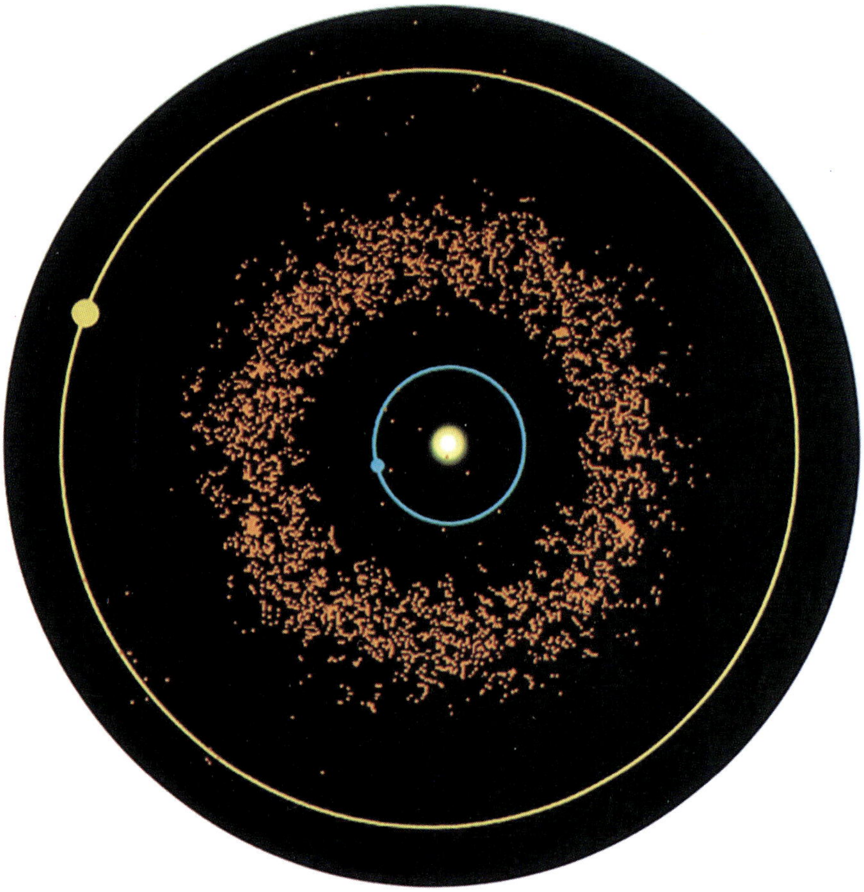

◁ Die Positionen von bekannten Asteroiden am 8. April 1992 mit den Umlaufbahnen der Erde und des Jupiters. Einige Asteroiden bewegen sich auf Bahnen, die den Orbit der Erde kreuzen.

Die Asteroiden-Daten

Der größte: Ceres, 913 km Durchmesser
Der kleinste bekannte: 1991 BA, 9 m Durchmesser
Der dunkelste: 95 Arethusa ist kohlrabenschwarz
Die größte Annäherung an die Erde: 1991 BA, 170 000 km
Die größte Annäherung an die Sonne: Ikarus und Phaeton. Beide kommen ihr näher als der Merkur.
Der am weitesten entfernte Asteroid: Das könnte Chiron sein, der 1977 entdeckt wurde. Seine Bahn verläuft zwischen Saturn und Uranus, sein Durchmesser beträgt 200 km. Es könnte sich um einen toten Kometen oder einen entflohenen Saturnmond handeln.

◁ Die Raumsonde Galileo schoss 1993 dieses Foto des Asteroiden Ida aus einer Entfernung von etwa 2400 km. Ida ist etwa 52 km lang und weist viele kleine Krater, verursacht durch Meteoriteneinschläge, auf.

bereits über 1000 Asteroiden gezählt, deren Bahn den Orbit der Erde um die Sonne kreuzt. Die kleinsten Monde innerhalb des Sonnensystems könnten Asteroiden sein, die von ihren Planeten eingefangen wurden.

Das Treffen mit einem Asteroiden

Bodenteleskope können auf den Asteroiden keine Oberflächenstrukturen erkennen, da jene zu klein und zu weit entfernt sind. Die Galileo-Sonde jedoch besuchte auf ihrer Reise zum Jupiter zwei Asteroiden, Gaspra und Ida. Gaspra ist wie eine Kartoffel geformt und hat einige kleine Krater, die vor langer Zeit vermutlich durch Meteoritenaufschläge entstanden sind. Seine felsige Oberfläche hat offensichtlich in der Vergangenheit massive Schäden davongetragen. Wissenschaftler glauben, dass durch Kollisionen mit anderen Asteroiden zwei große Stücke herausgerissen wurden. Ida hat einen winzigen Mond mit einem Durchmesser von etwa 1,5 km als Begleitung.

Von der Asteroiden-Forschung erhoffen sich die Astronomen Erkenntnisse über die Materie, aus der sich die Planeten gebildet haben.

Erdnahe Objekte

In der jüngsten Vergangenheit – astronomisch gesprochen – trafen einige Kometen und Asteroiden auf die Erde. Der Arizona-Krater ist nur 50 000 Jahre alt, und der Meteoritenfall in der Tunguska in Sibirien datiert aus dem Jahr 1908. Letzterer wurde vermutlich durch die Explosion eines Asteroiden oder ausgebrannten Kometen in der Atmosphäre verursacht. Die Druckwelle knickte die Bäume im Umkreis von 100 km.

Einschläge wie in der Tunguska wären heute in besiedelten Gegenden eine Katastrophe. 1991 passierte ein Asteroid die Erde in gerade mal 170 000 km Entfernung, und weitere bekannte Asteroiden werden mit einem Abstand von einer Million Kilometern an uns vorbeifliegen. Um im Voraus alles zu entdecken, was uns gefährlich nahe kommen könnte, suchen Astronomen nach solchen Objekten. Im Extremfall könnte man eine Atombombe abschießen, um einen wirklich gefährlichen Asteroiden abzulenken.

150 von etwa 10 000 bekannten Asteroiden kommen der Erde sehr nahe. Einige von ihnen sind einfach nur große Steine, die keinen Schaden anrichten würden. Das Spacewatch-Teleskop, entwickelt für die Suche nach kleinen Asteroiden, kann Objekte von weniger als 10 m Durchmesser entdecken. Ein Stein dieser Größe stürzt etwa einmal in einem Menschenleben zur Erde und ist auch nicht weiter gefährlich. Andere erdnahe Asteroiden sind in den nächsten Jahren Ziele von Weltraummissionen, da sie Mineralien enthalten könnten, die auf der Erde selten und wertvoll sind.

Im Schnitt alle 100 000 Jahre stürzt ein 1 km großer Asteroid auf die Erde. Der Aufprall eines so großen Asteroiden hätte für die ganze Erde katastrophale Folgen. Das Zeitalter der Dinosaurier endete vor 65 Millionen Jahren ziemlich sicher, als ein kleiner Asteroid auf die Halbinsel Yucatan im heutigen Mexiko aufschlug. Dabei wurde Geröll hoch in die Atmosphäre geschleudert, und Feuer wüteten überall auf der Erde. Diese Feuersbrunst verursachte eine globale Umweltkatastrophe, und die daraus resultierenden klimatischen Veränderungen löschten zwei Drittel der Tierarten auf der Erde aus. Tiere mit einem Gewicht über 30 kg hatten keine Chance. Kleine Säugetiere so groß wie Mäuse überlebten, weil sie sich eingraben konnten. Man vermutet, dass die heutigen Säugetiere von diesen kleinen Kreaturen abstammen.

Von allen Objekten, die die Astronomen erforschen, können nur Asteroiden und Kometen die Erde in so katastrophaler Weise beeinflussen. Die Gefahr, dass so etwas passieren könnte, ist jedoch sehr klein, und das Leben der Menschen ist von Erdbeben, Vulkanausbrüchen, Krankheiten und Hungersnöten viel stärker bedroht.

Meteoriten

Meteoriten sind Steine, die vom Himmel fallen. Meistens stammen sie noch aus der Entstehungszeit des Sonnensystems, aber einige kommen auch vom Mond oder sogar vom Mars.

△ Meteorspuren auf einem Foto mit extrem langer Belichtungszeit. Die vielen parallelen, geraden Linien mit kleinen Unterbrechungen stammen von Sternen, die während der Belichtung allmählich über den Himmel wanderten. Die Meteorspuren dagegen leuchteten nur wenige Sekunden lang auf.

Zwischen den Planeten gibt es eine Menge an kosmischem Geröll. Vieles davon stammt noch aus der Entstehungszeit der Planeten, aber einiges ist auch neueren Ursprungs und entstammt beispielsweise den Staubschweifen der Kometen. Um diese Materie zu beschreiben, verwenden Astronomen drei ähnliche Begriffe: Meteoroide, Meteore und Meteoriten.

Ein Meteoroid ist ein Stück Stein oder Staub im All. Die Erde wird andauernd von solchen Objekten bombardiert, die mit einer Geschwindigkeit von 60 000 km pro Stunde oder mehr in die Atmosphäre eintreten. Die Reibung mit der Luft heizt die Teilchen auf, bis sie vor Hitze rot glühen. Ein Meteor ist die sichtbare Spur am Himmel, die der Meteoroid hinterlässt, wenn er beim Eintritt in die Atmosphäre verglüht. Diese Spuren werden auch Sternschnuppen genannt. Ein Meteoroid, der den Boden berührt, ist ein Meteorit.

Meteorströme und -schauer

Während ihrer jährlichen Bahn um die Sonne sammelt die Erde etwa 1000 Tonnen kosmisches Gestein und Staub ein. Diese Materie umkreist das Sonnensystem in so genannten Meteorströmen und stammt von Kometen, die auf ihrer eiligen Bahn einen Haufen Geröll zurücklassen. Wenn die Erde durch einen diese Ströme wandert, kann man häufig einen Meteorschauer sehen. Das sind Lichtstreifen, die von einem einzigen Punkt am Himmel ausstrahlen und von verbrennenden Staubpartikeln in der Atmosphäre verursacht werden. Meteorschauer sind recht einfach vorherzusagen, da die Erde bestimmte Ströme jedes Jahr zur mehr oder weniger gleichen Zeit durchquert.

Meteoriten

Steine, die die glühend heiße Reise durch die Atmosphäre überstehen, gibt es nicht oft.

◁ Der Meteor-Krater in Arizona ist 1,2 km breit und 183 m tief.

▽ Ein durchgeschnittener Eisenmeteorit, dessen Schnittfläche behandelt wurde, um das Muster der Eisen- und Nickelkristalle im seinem Innern hervortreten zu lassen.

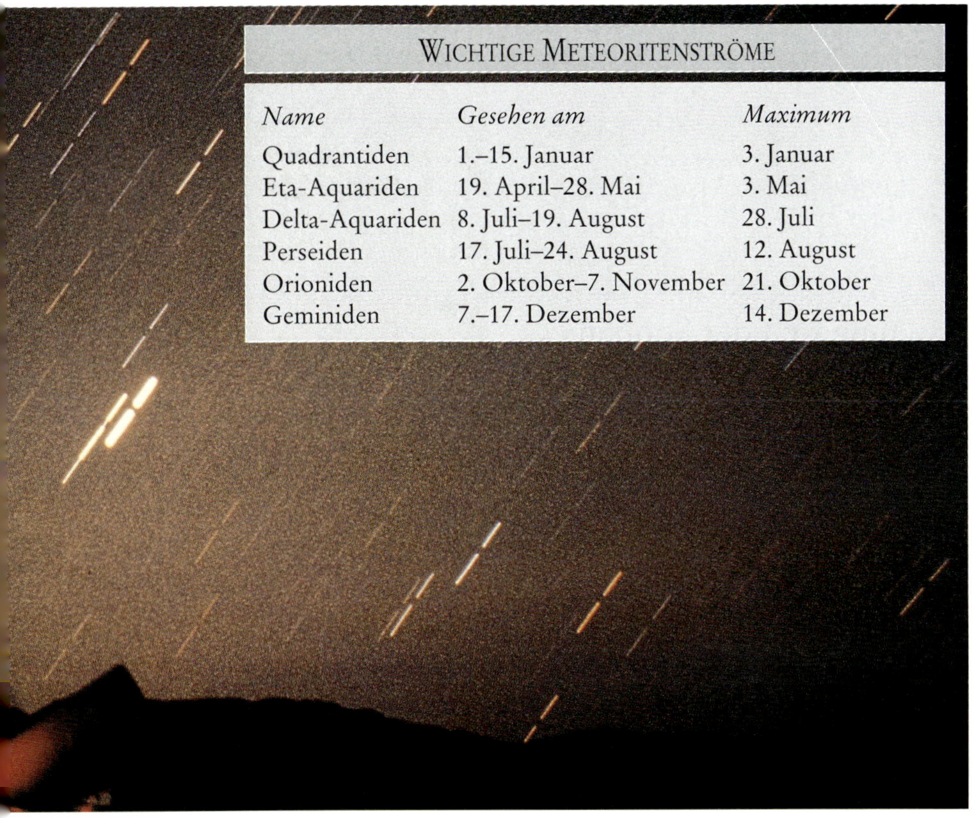

WICHTIGE METEORITENSTRÖME

Name	*Gesehen am*	*Maximum*
Quadrantiden	1.–15. Januar	3. Januar
Eta-Aquariden	19. April–28. Mai	3. Mai
Delta-Aquariden	8. Juli–19. August	28. Juli
Perseiden	17. Juli–24. August	12. August
Orioniden	2. Oktober–7. November	21. Oktober
Geminiden	7.–17. Dezember	14. Dezember

BEOBACHTUNG EINES METEORSCHAUERS

Gelegentlich gibt es außergewöhnliche Schauer mit dutzenden oder sogar hunderten von Meteoren pro Minute, aber in der Regel sind es so um die 50 pro Stunde. Wenn du gerne einen Meteorschauer sehen möchtest, dann ist der Perseidenschwarm am besten geeignet, da er pünktlich jedes Jahr zwischen dem 10. und 14. August am Himmel erscheint. Am besten lassen sich Meteore erkennen, wenn der Mond nicht scheint und du bis nach Mitternacht wartest. Du kannst sie eigentlich in allen Himmelsrichtungen beobachten. Meteorschauer scheinen von einem Punkt der Himmelssphäre auszugehen, so kommen zum Beispiel die Perseiden aus dem Sternbild Perseus. Gewöhne deine Augen erst 20 Minuten an die Dunkelheit. Die Tabelle links enthält die Daten weiterer Ströme.

Nur etwa 20 neue Meteoritenaufschläge werden jedes Jahr entdeckt. Die Radioaktivität der Meteoriten zeigt, dass sie vor etwa 4,6 Milliarden Jahren als Teil des Sonnensystems entstanden sind. Da sie Beispiele für die ursprüngliche Materie des frühen Sonnensystems liefern, interessieren sich Planetenforscher sehr für sie.

Es gibt drei Hauptgruppen von Meteoriten: Eisenmeteoriten, Eisen-Stein-Meteoriten, die zu etwa einem Drittel bis zur Hälfte aus Eisen bestehen, und Steinmeteoriten, die kleine Mengen von Eisen enthalten können. Die Eisenmeteoriten sind am leichtesten zu erkennen, da sie sehr kompakt und stabil sind. Besonders interessant sind die Steinmeteoriten, da sie noch niemals vor ihrem Eintritt in die Atmosphäre erhitzt wurden und sich daher seit ihrer Entstehung nicht sehr verändert haben. Aus diesem Grund ähnelt ihr chemischer Aufbau vermutlich dem der Materie im frühen Sonnensystem.

Es gibt keine Aufzeichnungen über Todesfälle durch Meteoriten, obwohl manchmal nur durch Zufall niemand zu Schaden kam. Am 31. August 1991 landete in Noblesville im US-Bundesstaat Indiana ein Meteorit knapp 4 m entfernt von zwei Jungen. Im Oktober 1992 zerstörte ein großer Meteorit ein leeres Auto im Staat New York.

Große Meteoriten haben beträchtliche Krater hinterlassen. Der Arizona-Krater in den USA ist am besten erhalten, weil das trockene Wüstenklima seit seiner Entstehung vor über 50 000 Jahren Erosion und Verwitterung verhindert hat. Doch er ist nur einer von 140 Meteoritenkratern auf der Erde, die häufig noch weitaus größer sind. Einer der größten, der Manicougan-Krater im kanadischen Quebec, ist 200 Millionen Jahre alt und hat einen Durchmesser von 100 km.

Die antarktische Eisdecke ist heute die wichtigste Quelle bei der Suche nach neuen Meteoriten für Forschungszwecke. Tausende wurden hier bereits entdeckt. Nachdem sie bis zu einer Million Jahre lang in Schnee und Eis vergraben waren, kommen sie dort zum Vorschein, wo das Eis von starken Winden abgerieben wird. Doch auch die trockenen und steinigen Wüsten in Westaustralien und Namibia sind wichtige Fundorte für alte Meteoriten.

Steine von Mond und Mars

Unter den Meteoriten aus der Antarktis waren auch sehr seltene und außergewöhnliche Exemplare, unter anderem einige, die den Gesteinsproben vom Mond ähnelten. Von diesen glaubt man, dass sie vor etwa 100 000 Jahren durch den Aufschlag eines Asteroiden aus der schwachen Mondanziehung herausgeschleudert wurden. Noch interessanter sind einige wenige Meteoriten, die vom Mars zu uns gekommen sein könnten. Sie sind vermutlich 1,3 Milliarden Jahre alt und wurden durch einen gewaltigen Aufschlag ins All geschossen. Wissenschaftler vermuten, dass diese Marsstücke fossile Beweise für mikroskopisch kleines Leben beinhalten, ähnlich den Lebensformen vor 3 Milliarden Jahren auf der Erde.

▷ Das Aufsammeln von Meteoriten von der antarktischen Eisdecke.

Die Sonne und die Sterne

Warum ist die Sonne so heiß? Wo am Himmel kann man eine Sternenfabrik beobachten? Was ist der Unterschied zwischen einem Weißen Zwerg, einem Schwarzen Loch und einem Roten Riesen? Sterne sind gigantische Bälle aus glühendem Gas, die tief in ihrem Inneren Kernenergie produzieren. Sterne werden in Gaswolken geboren, am Ende explodieren sie oder verschwinden ganz einfach.

Kosmische Nebel

Der Raum zwischen den Sternen ist nicht leer. Riesige wirbelnde Gas- und Staubmassen formen glühende Wolken, die als Nebel bezeichnet werden und oft zur Geburtsstätte neuer Sterne werden. Im Orion-Nebel entstehen gerade jetzt neue Sterne.

Die Staubwolken der Milchstraße kannst du nur dann mit dem bloßen Auge sehen, wenn gerade Neumond ist und du weit genug vom hellen Licht der Städte entfernt bist. Dann erkennst du ein schwaches Lichtband am Himmel, etwa so breit wie deine ausgestreckte Hand. Auf der Südhalbkugel kann man die Milchstraße zwar besser sehen, aber im Sommer ist es auch auf der Nordhalbkugel nicht schwer. Zwischen den Lichtfetzen liegen Lücken und Löcher, die man auf Fotos sehr gut erkennen kann. Lange Zeit glaubten die Astronomen, dass diese dunklen Flecken in der Milchstraße Tunnel zwischen den Sternen hindurch seien. Heute wissen wir, dass diese Vorstellung falsch ist. Es sind vielmehr Gas- und Staubwolken, die unseren Blick auf die Sterne der Milchstraße behindern. Welche Mengen dieser Rußpartikel und Sandkörner gibt es dort draußen im Weltraum? Sie blockieren so viel Licht, dass man, wenn es sie nicht gäbe, nachts beim hellen Schein der Milchstraße Bücher lesen könnte.

Die Auswirkungen des Staubs im All

In unserer Atmosphäre wirkt die untergehende Sonne rot, weil Staub in der Luft das

▷ Unsere ganze Galaxis, aufgenommen vom Satelliten COBE (Cosmic Background Explorer). Dieses Bild zeigt vor allem die vom Staub ausgehende Hitzestrahlung der Milchstraße.

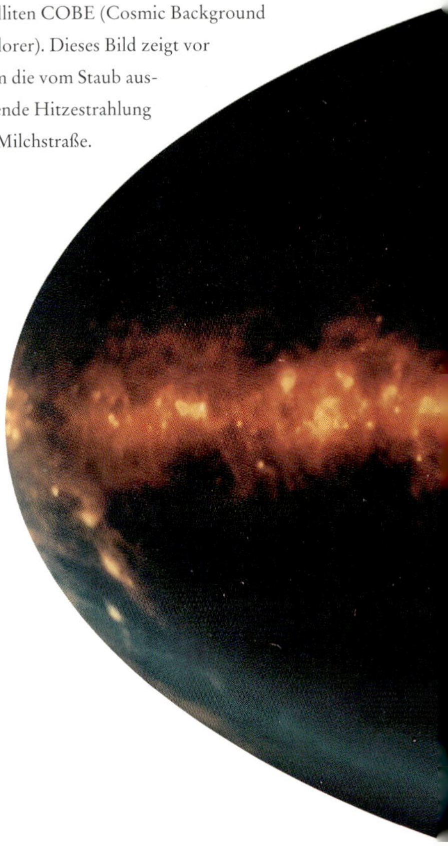

▽ Eine Aufnahme des IRAS-Stelliten (Infrared Astronomical Satellite). Das Bild zeigt das dünne Gas- und Staubband im Mittelteil der Milchstraße.

blaue Licht stärker ablenkt als das rote und deshalb mehr rotes Licht durch den Dunst dringt. Genauso schwächt der Smog im All das Sternenlicht nicht nur, sondern färbt es ebenfalls rot. In der Nähe des Galaxis-Mittelpunkts, im Sternbild Sagittarius (Schütze), gibt es so viel Staub, dass uns überhaupt kein Licht vom Zentrum erreicht. Um herauszufinden, was im Herzen der Milchstraße vor sich geht, benutzen die Astronomen Radio- und Infrarot-Teleskope, mit denen sie den Dunst durchdringen können.

Die Schmutzpartikel werden im All, vor allem in der Nähe sehr heißer Sterne, durch das Sternenlicht erhitzt. Besondere Infrarot-Teleskope können die Hitze wahrnehmen, die diese Körnchen abgeben, und gestatten uns so einen Blick in die Staubwolken. Wenn ein Teil einer Gas- oder Staubwolke durch die Wirkung von Gravitationskräften schrumpft, gibt er Energie frei, die dann als infrarote Strahlung wahrzunehmen ist.

Sternenstaub

Der Staub in der Milchstraße stammt von den Sternen. Die äußeren Schichten riesiger Sterne werden ins All hinausgeweht. Alte Sterne explodieren und schießen Sauerstoff-, Kohlenstoff- und Eisenatome ins All. Silicium und Eisen können winzige Kristalle bilden und dann ins All abdriften, wo sie eine Hülle aus Sauerstoff, Kohlenstoff und Stickstoff anziehen. Diese kleinen Partikel sind Chemiefabriken im Kleinformat. Auf der Oberfläche von Staubkörnern bilden Atome, etwa Kohlenstoff und Sauerstoff, zusammen Moleküle, zum Beispiel Kohlenmonoxid.

Hallo! Wasserstoff ruft Erde!

Die am häufigsten vorkommende Substanz zwischen den Sternen und im ganzen Universum ist Wasserstoff. Radioastronomen hören das Zischen, das dieses Gas überall in unserer Galaxis produziert. Ein Wasserstoffatom besitzt nur ein Elektron, das manchmal »umspringt« und dabei einen Radioimpuls produziert. Die Energie eines solchen Impulses ist für sich genommen winzig, aber es gibt so viel Wasserstoff im Weltall, dass die Astronomen insgesamt eine Strahlung auf einer Wellenlänge von 21 cm wahrnehmen können. Karten der Wasserstoffverteilung in der Milchstraße zeigen die wunderschöne Spiralform unsere Galaxis. Besonders viel Wasserstoff ist in den gewundenen Armen angelagert.

Wasserstoffwolken umkreisen die Galaxis ähnlich wie die Planeten die Sonne. Die Geschwindigkeit einer Wasserstoffwolke hängt von ihrer Entfernung zum Mittelpunkt der Milchstraße ab, sodass wir aus diesen Werten die Gesamtgröße und Form der Milchstraße errechnen können.

Emissionsnebel

Interstellare Wolken bestehen zum größten Teil aus Wasserstoff. In den Tiefen des Alls sind sie zu kalt, um irgendein Licht auszusenden. Manchmal jedoch enthält eine solche Wolke einen sehr heißen Stern, und dann kann man einen so genannten Emissionsnebel als glühende Gaswolke erkennen. Der heiße Stern heizt die Wasserstoffwolke auf, bis sie rosa leuchtet. In der Großen Magellanschen Wolke gibt es einen riesigen rosafarbenen Emissionsnebel.

Absorptionsnebel

Kalte Staubwolken, die selbst kein Licht abgeben, können das Licht heller Objekte, die hinter ihnen liegen (etwa Sterne), absorbieren. Dann sieht man sie als Silhouette gegen das Licht im Hintergrund. Der Kohlensack, ein dunkler Fleck in der südlichen Milchstraße, ist ein Absorptionsnebel, den man mit bloßem Auge erkennen kann.

Reflektionsnebel

Eine kalte Wolke im All wird manchmal sichtbar, weil der Staub in der Wolke Licht von nahen Sternen reflektiert. So entsteht zum Beispiel der ausgefranste Reflektionsnebel rings um die hellsten Sterne des Plejaden-Haufens. Reflektionsnebel erscheinen auf Fotografien blau.

Das interstellare Medium

Die Materie zwischen den Sternen wird auch als interstellares Medium bezeichnet. Sie ist zu einem Großteil in den Spiralarmen der Milchstraße konzentriert. Ihre Temperatur schwankt zwischen ein paar Grad über dem absoluten Nullpunkt in den kältesten Staubwolken bis zu einer Million Grad in den heißesten Gaswolken.
In den Spiralarmen unserer Galaxis findet man etwa ein Gasatom pro Kubikzentimeter. Auf einen Kubikkilometer kommen damit nur ein paar hundert Staubkörner. Die interstellare Materie ist also im Durchschnitt sehr dünn verteilt, kann allerdings innerhalb der dicken Wolken 100-mal dichter sein. Aber auch dann besteht eine dichte Wolke nur aus ein paar hundert Atomen pro

▽▷ Der Trifid-Nebel (unten links) zeigt Emissions- (rot) und Reflektionswolken (blau). Der wunderschöne Pferdekopf-Nebel im Orion (unten Mitte) ist ein dunkler Absorptionsnebel vor Hintergrundlicht. Rho Ophiuchi (rechts) zeigt ebenfalls Emissions- und Reflektionswolken.

Kubikzentimeter. Wir können die interstellare Materie nur sehen, weil es so unglaublich große Felder davon gibt. Sie macht etwa 5 bis 10 Prozent der sichtbaren Materie in einer typischen Spiralgalaxie aus.

Unser Sonnensystem liegt in einem Gebiet mit einer ungewöhnlich niedrigen Dichte interstellarer Materie, das sich rund 300 Lichtjahre weit erstreckt. Aus einem uns unbekannten Grund ist wahrscheinlich ein Großteil der Materie, die wir nahe der Sonne eigentlich erwarten könnten, weggeweht worden. Eine Hypothese lautet, dass vor langer Zeit mehrere riesige Sterne in unserer Nachbarschaft explodierten und die so entstandenen Druckwellen das interstellare Gas weiter in den Raum hinaustrugen.

Riesen-Molekülwolken

Die massereichsten Objekte in der Milchstraße sind riesige molekulare Wolken mit bis zu einer Million Sonnenmassen. Der Orion-Nebel ist nur ein Teil einer solchen Wolke, die etwa 500-mal dichter ist als unsere Sonne. In den Tiefen der schwarzen Wolken haben die Astronomen eine interessante Auswahl von Molekülen gefunden, darunter Wasser, Ammoniak und Alkohol, außerdem Ameisensäure und Hydrogencyanid. Viele dieser Substanzen gehören zur Gruppe der organischen Moleküle, enthalten also Kohlenstoff.

Die Chemie dieser großartigen Wolken ist eigentlich sehr einfach. Wir können uns die verschiedenen Atome als Teile eines Baukastens vorstellen. Kohlenstoff, Wasserstoff, Sauerstoff, Stickstoff und andere Atome werden in unterschiedlichen Kombinationen zusammengesetzt und bilden verschiedene Moleküle, die nicht auseinander brechen, weil die Wolke sehr kalt ist. Sehr einfache Einheiten können sich so zu Aminosäuren- und Proteinmolekülen verbinden. Auf der Erde bilden diese Substanzen die Riesenmoleküle, die Leben überhaupt erst ermöglichen.

Kosmische Strahlung

Außerdem finden sich Atomteilchen, etwa Kerne und Elektronen, die beinahe mit Lichtgeschwindigkeit durch den Weltraum sausen. Bisher können die Astronomen noch nicht genau sagen, wie diese kosmische Strahlung entsteht. Wahrscheinlich haben die Teilchen ihren Ursprung irgendwo in unserer Galaxis, vielleicht wurden sie bei Sternenexplosionen freigesetzt.

Die Sonne

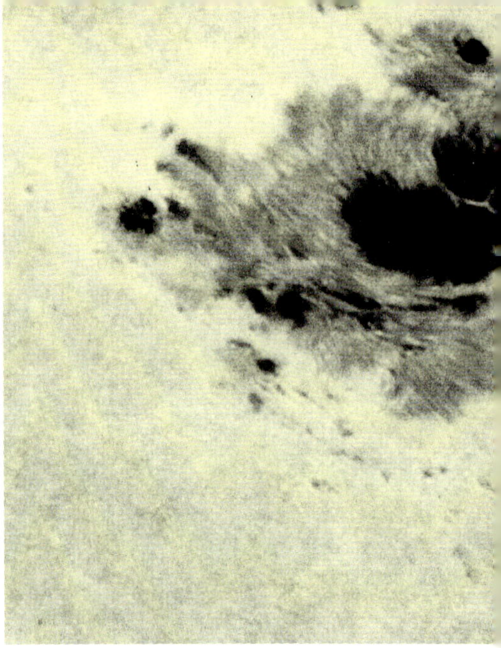

Die Sonne ist ein ganz normaler, etwa 5 Milliarden Jahre alter Stern. An der Oberfläche ist sie etwa 5500°C, im Inneren jedoch bis zu 14 Millionen °C heiß. Im Zentrum der Sonne wird Wasserstoff in Helium umgewandelt und setzt dabei Energie frei. Auf der Oberfläche sieht man Sonnenflecken und *Flares* sowie von Zeit zu Zeit starke Explosionen.

Wir leben in der Nähe eines echten Sterns, der Sonne, die den Mittelpunkt unseres Sonnensystems bildet. Sie liefert der Erde die Wärme und das Licht, die zum Überleben notwendig sind. Pflanzen nutzen das Sonnenlicht als Energiequelle für ihr Wachstum, und auch fossile Brennstoffe wie etwa Kohle sind eigentlich eine Form von Sonnenenergie, die vor langer Zeit eingelagert wurde. Pflanzen produzierten einst den Kohlenstoff, die heutige Kohle.

Für Astronomen ist die Sonne ein besonderer Stern, weil wir ihr so nahe sind. Wir leben etwa 150 Millionen Kilometer entfernt, und mit einem normalen Auto würde es beinahe 200 Jahre dauern, diese Strecke zurückzulegen. Eine Raumsonde würde noch mehrere Monate dazu brauchen, das Licht jedoch, das sich schneller bewegt als alles andere, saust in etwas über acht Minuten von der Sonne zur Erde. Proxima Centauri, der zweitnächste Stern, ist mehr als eine Viertelmillion Mal so weit weg wie die Sonne.

Wir wissen auf Grund ihrer Nähe weit mehr über die Sonne als über jeden anderen Stern. In einigen großen Sternwarten gibt es Teleskope, die nur zur Sonnenbeobachtung eingesetzt sind. Astronomen wollen wissen, wie die Sonne arbeitet und wie sie auf die Erde wirkt. Daraus können sie erschließen, wie die meisten anderen normalen Sterne funktionieren und wie unsere Umwelt in Zukunft direkt von der Sonne beeinflusst werden könnte, denn es ist durchaus möglich, dass jede Veränderung in der Ener-

◁ Das moderne Sonnenobservatorium auf dem Teide auf Teneriffa liegt hoch oben auf einem erloschenen Vulkan. Es ist das wichtigste Observatorium zur Erforschung der Sonne in Europa und liegt in einer trockenen und relativ wolkenlosen Klimazone.

Die im Sonnenlicht verborgene Botschaft

Das Lichtspektrum der Fotosphäre liefert sehr viele Informationen. 1814 fand der deutsche Physiker Joseph Fraunhofer (1787–1826) hunderte von schwarzen Linien, die das Spektrum durchziehen. Er beschrieb und verzeichnete 700 von ihnen. Wir wissen heute, dass diese Spektrallinien, von denen es mehrere tausend gibt, von verschiedenen chemischen Elementen in einer kühleren Schicht über der Fotosphäre hervorgerufen werden. Eisen zum Beispiel ist für viele von ihnen verantwortlich, Natrium trägt zwei Linien im gelben Bereich des Spektrums bei. Durch die Untersuchung dieser Linien können die Astronomen errechnen, welche Elemente die Sonne in welchen Anteilen enthält.

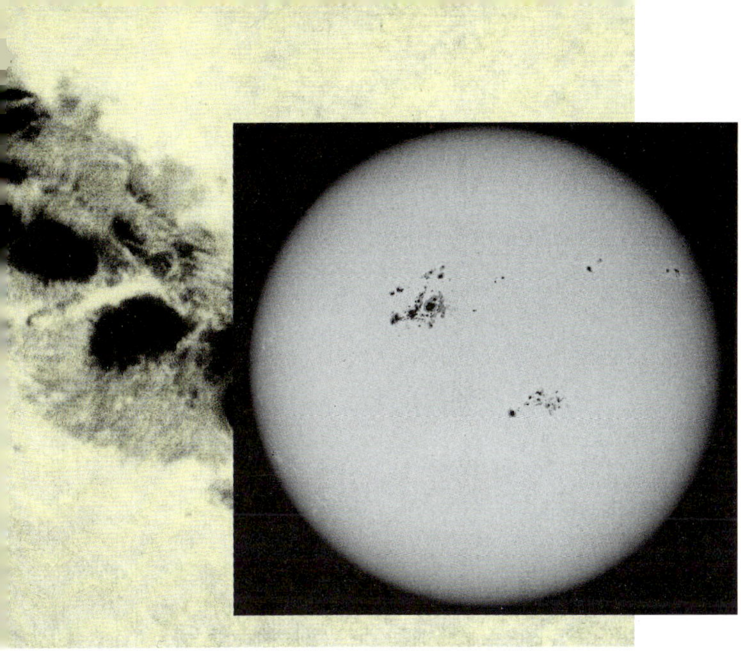

◁ Mehrere riesige Gruppen von Sonnenflecken, aufgenommen am 12.6.1991 (ganz links) und am 29.10.1991. Die Durchschnittstemperatur in Sonnenflecken liegt bei etwa 4500°C, und sie erscheinen dunkel, weil sie kühler sind als der Rest der Sonnenatmosphäre. Sonnenflecken entstehen auf beiden Seiten des Sonnenäquators, nicht jedoch auf dem Äquator selbst.

gieleistung der Sonne Auswirkungen auf das Erdklima hat.

Die Oberfläche

Die Sonne ist ein glühender Gasball, im Durchmesser etwa 109-mal größer als die Erde. Das Erdvolumen würde mehr als eine Million Mal in die Sonne hineinpassen. Das gelbe Sonnenlicht entstammt einer Schicht ihrer Atmosphäre, der etwa 500 km dicken Fotosphäre. Unterhalb dieser Schicht liegt das Sonneninnere und oberhalb durchsichtige Teile der äußeren Atmosphäre. Praktisch alle Sonnenenergie strahlt von der Fotosphäre aus, entsteht jedoch ursprünglich tief im Inneren der Sonne.

In der Fotosphäre herrscht eine Temperatur von etwa 5500°C. Man kommt auf diesen Wert, indem man ausrechnet, wie heiß die Sonne sein muss, um die Energie zu produzieren, die sie abstrahlt.

Die Oberfläche der Sonne ist blasig und sieht aus wie kochende Milch. Dieser Schaum wird solare Granulation genannt und kann nur mit Sonnenteleskopen gesehen werden. Die Konvektion in der Sonnenatmosphäre transportiert die Wärmeenergie aus den unteren Schichten zur Fotosphäre und lässt dabei die schaumige Oberfläche entstehen.

In den Sechzigerjahren entdeckten die Astronomen, dass die oberste Schicht der Fotosphäre sich etwa alle fünf Minuten zusammenzieht und wieder ausdehnt. Die Sonne vibriert also wie eine klingende Glocke und liefert damit, wie die Astronomen hoffen, Anhaltspunkte für die Beschaffenheit des Sonneninneren.

Sonnenflecken

Auf der Oberfläche der Sonne, wo ihre Energie schließlich als Licht hervorbricht, beobachten die Astronomen sehr viele verschiedene Vorgänge. Ein Zeichen dieser Aktivitäten sind Sonnenflecken, Gebiete auf der Sonnenscheibe, die im Vergleich zur strahlend hellen Fotosphäre kühler und dunkler erscheinen.

Manchmal kann man bei Sonnenuntergang sehr große Sonnenflecken sehen, und schon vor 2000 Jahren stellten die Chinesen entsprechende Beobachtungen an. Die frühen Astronomen glaubten, dass diese Flecken ein Phänomen in unserer eigenen Atmosphäre seien, aber diese Vorstellung wurde im 17. Jahrhundert von Galilei widerlegt. Er benutzte 1610 sein Fernrohr, um die Sonnenflecken zu untersuchen, und machte sehr wichtige Entdeckungen, zum Beispiel, dass die Flecken erscheinen und wieder verschwinden und ihre Größe verändern. Indem er ihre Bewegung über die Sonnenscheibe verfolgte, zeigte er, dass die Sonne sich dreht. Und er beobachtete, dass die Flecken ihre Form verändern, wenn sie sich dem Rand der sichtbaren Scheibe nähern.

Ein Sonnenfleck hat eine dunkle Mitte, die so genannte Umbra, die wiederum von einer

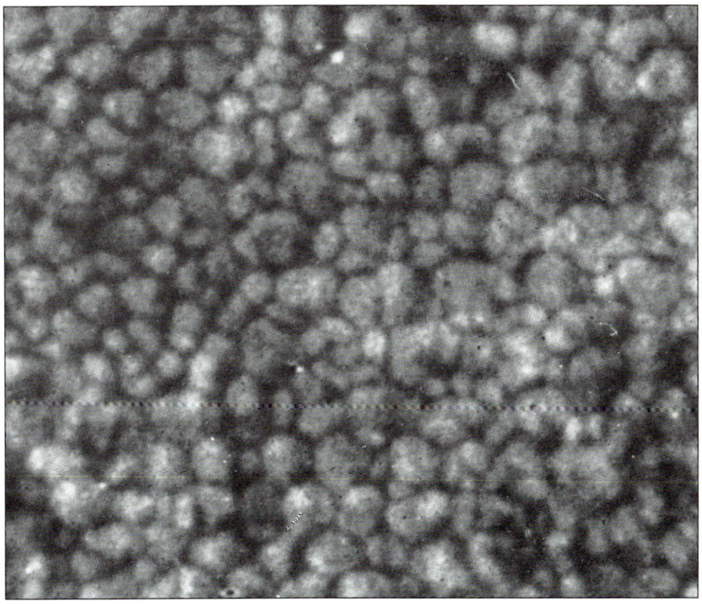

◁ Die blasige Struktur der Sonne, die so genannte Granulation.

Wie man Sonnenflecken sieht

Um den direkten Blick in die Sonne zu vermeiden, solltest du Sonnenflecken nur mit Hilfe der Projektion beobachten. Ziehe das Okular des Teleskops etwas weiter heraus als bei der normalen Beobachtung. Versuche das Teleskop auf die Sonne auszurichten, ohne hindurchzuschauen. Mit etwas Übung kannst du ein scharfes Bild auf ein Stück Karton projizieren, das du etwa in 10–20 cm Entfernung vor das Okular hältst. Spanne einen Bogen Papier auf den Karton und zeichne mit einem Bleistift die Positionen der Sonnenflecken ein. Wenn du das Experiment einige Tage lang wiederholst, wirst du feststellen, dass die Flecken von Osten nach Westen wandern, während die Sonne sich dreht.

weniger dunklen Penumbra umgeben ist. In Gebieten, in denen ein starker Magnetismus aus dem Inneren der Sonne in die oberen Schichten aufsteigt, bilden sich oft riesige Sonnenflecken, die größer als die Erde sein können und mehrere Monate lang bestehen.

Sonnenaktivitäten

Die Sonne dreht sich nicht als Ganzes wie ein fester Körper, etwa die Erde, sondern ihre verschiedenen Teile bewegen sich mit unterschiedlicher Geschwindigkeit. Der Äquator rotiert am schnellsten und braucht etwa 25 Tage für eine Umdrehung. Je weiter man sich vom Äquator entfernt, desto langsamer ist die Rotation. In den Polarregionen sind es etwa 35 Tage. Die verschiedenen Geschwindigkeiten sind nur möglich, weil die Sonne ein Gasball ist. Eine Folge dieser Form der Rotation ist die Aufladung des solaren Magnetfeldes, das wiederum die Sonnenaktivitäten steigert.

Sonnenflecken sind nur ein Beispiel dafür. Das »Wetter« in der Sonnenatmosphäre unterscheidet sich stark von dem der Erde. Magnetstürme und Explosionen, die so genannten *Flares*, brechen ohne Vorwarnung aus. In gewisser Weise ähneln sie Gewittern, weil auch hier elektrische Energie freigesetzt wird. Allerdings ist die Energie in den riesigen elektrischen Entladungen auf der Sonne weitaus größer. Auch auf der Erde zeigen sich Auswirkungen der Sonnenstürme, und deshalb beobachten die Astronomen die Sonne ständig. Die *Flares* blasen elektrische Teilchen ins All, die in unserer Atmosphäre grandiose Lichteffekte hervorrufen.

Das Polarlicht

Wenn Wolken elektrischer Teilchen aus den *Flares* die Erde erreichen, lassen sie wunderbare Schleier glänzenden Lichtes am Himmel entstehen, die in den Polargebieten als Nord- bzw. Südlicht zu sehen sind. Aber die gigantischen Explosionen auf der Sonne bergen auch Gefahren. In ein paar Sekunden setzen sie mehr Energie frei, als alle Kraftwerke der Welt je erzeugt haben. Ein großer Sonnensturm im Jahr 1987 verursachte einen Schaden von 100 Millionen Dollar an elektrischen Anlagen in Nordamerika. Gefährlich sind die *Flares* auch für Astronauten, die ihre Raumkapsel in dieser Zeit nicht verlassen dürfen. Die stark geladenen Teilchen der *Flares* können dem menschlichen Körper schwere Schäden zufügen.

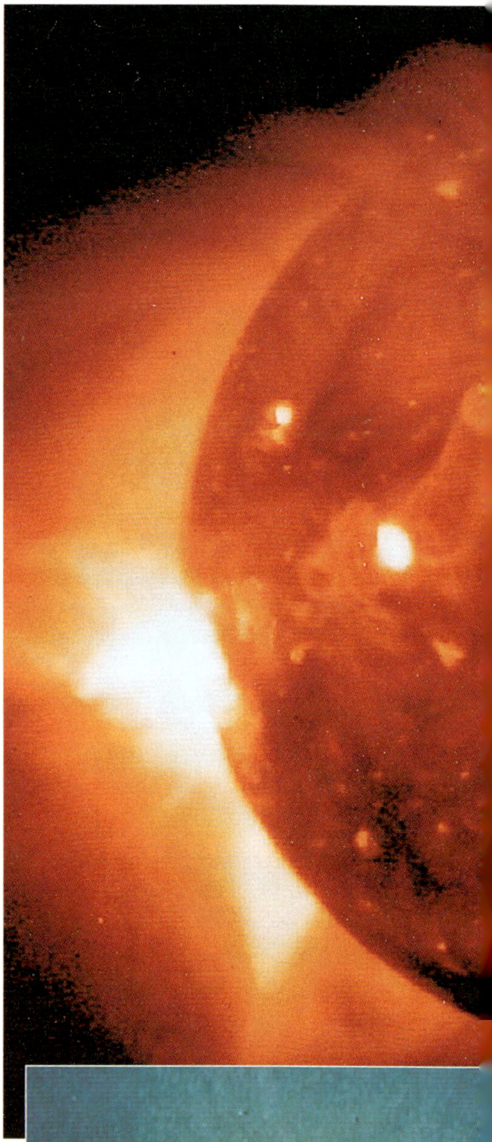

◁ Eine gewaltige Protuberanz schießt mehrere Millionen Kilometer ins All. Der größte Teil der Materie fällt auf die Sonne zurück, aber etwas wird auch in den Weltraum hinausgestoßen.

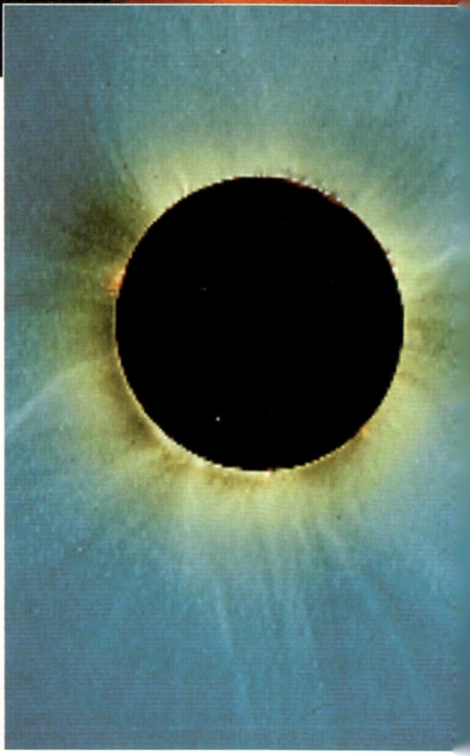

▷ Die äußerste Hülle der Sonne, die Korona, ist während einer totalen Sonnenfinsternis sichtbar. Um die Korona jederzeit beobachten zu können, benutzen Astronomen ein spezielles Teleskop, den so genannten Koronografen, bei dem die eigentliche Sonnenscheibe innerhalb des Teleskops abgedeckt wird.

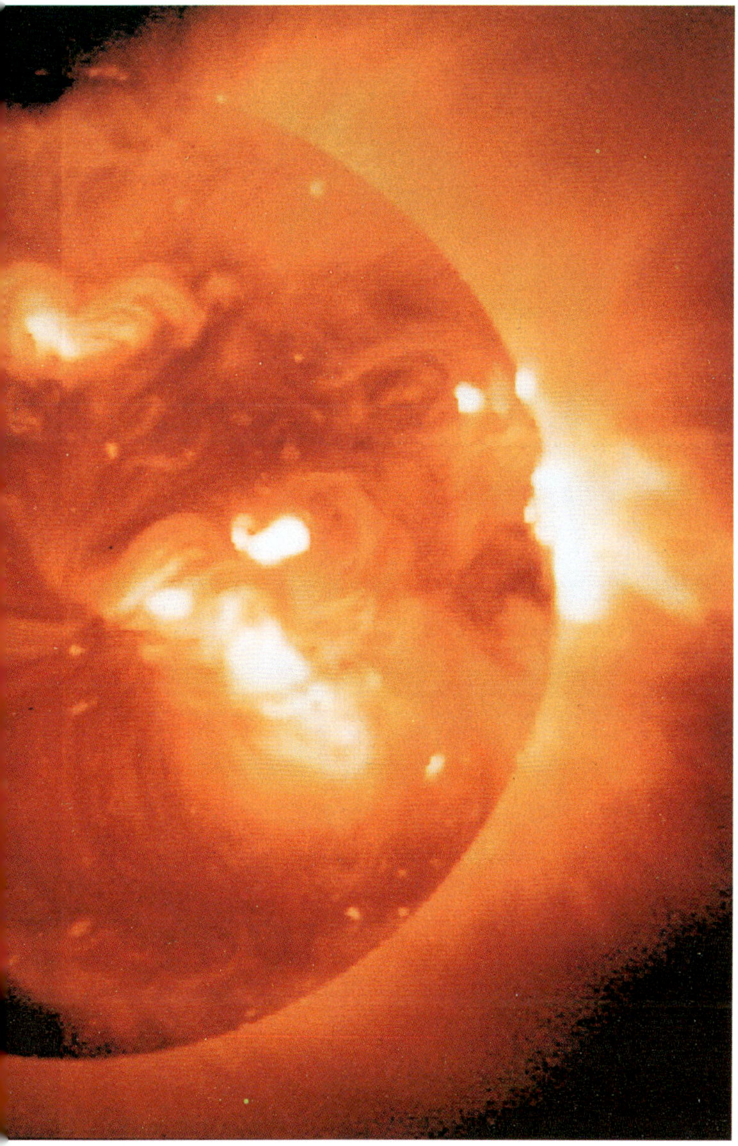

◁ Die Sonne in einer Aufnahme des Yohkoh-Röntgenastronomie-Satelliten. Röntgenstrahlen zeigen die heißesten Gebiete der Sonnenatmosphäre an, in denen die Temperatur auf bis zu 1 Million °C steigt.

Das Polarlicht ist nicht vorausberechenbar und deshalb schwer zu beobachten. Es kann die Form von Lichtbögen, -strahlen oder -schleiern annehmen und sieht immer wieder anders aus. Man kann es nur bei Neumond und besonders leicht in weit nördlichen oder weit südlichen Breiten, etwa in Schottland, Kanada und Alaska oder im südlichen Neuseeland, beobachten. Wenn nur wenig Sonnenflecken zu sehen sind, ist auch die Wahrscheinlichkeit, dass ein Polarlicht entsteht, geringer.

Der Sonnenfleckenzyklus

Die Zahl der Sonnenflecken schwankt. 1989–1990 gab es sehr viele, weil die Sonne gerade den Höhepunkt eines Aktivitätszyklus erreichte. Im Durchschnitt sind etwa alle 11 Jahre besonders viele Sonnenflecken zu sehen, sodass im Jahr 2000 oder 2001 wieder mit einem verstärkten Auftreten zu rechnen ist. Mitte der Neunzigerjahre gab es relativ wenige Sonnenflecken.

Dieser Kreislauf scheint Auswirkungen auf das Erdklima zu haben. Einige Bäume weisen zum Beispiel einen 11-Jahres-Zyklus in der Dicke ihrer Jahresringe auf. Andererseits gab es offenbar zwischen 1650 und 1715 kaum Sonnenflecken, als ob der Kreislauf ganz zum Stillstand gekommen sei. Diese Zeit fiel mit einer Phase sehr kalten Wetters in Europa zusammen.

Um zu sehen, ob der 11-Jahres-Zyklus unser Klima beeinflusst, maß ein Satelliteninstrument zwischen 1980 und 1989 die Stärke der von der Sonne produzierten Energie. Sobald größere Sonnenflecken auftraten, sank die Energiemenge.

◁ Elektrisch geladene Teilchen von der Sonne verursachen das Polarlicht in der oberen Erdatmosphäre. Die Wahrscheinlichkeit, ein Polarlicht zu sehen, ist in Zeiten einer besonders starken Sonnenfleckenaktivität besonders groß.

Die äußeren Schichten der Sonne

Sonnenfinsternisse geben den Astronomen die Möglichkeit, die Schichten der Sonne jenseits der Fotosphäre zu untersuchen. Ein Ring rosafarbenes Licht entsteht in der Chromosphäre, die etwa 15 000 °C heiß ist. Während einer totalen Sonnenfinsternis ist einige Minuten lang ein schwacher weißer Strahlenkreis oder Halo, die Korona, sichtbar, deren Radius den der Sonne um ein Mehrfaches übertrifft. In der Nähe der Sonne ist sie 2 Millionen °C heiß.

Die enorm heiße Korona setzt nur sehr wenig Licht frei, wohl aber große Mengen von Röntgenenergie. Astronomen benutzen auf Satelliten stationierte Röntgenteleskope, um die Röntgenstrahlung der Sonne zu

◁ Die Erde ist von einem magnetischen Käfig umgeben, der den größten Teil der elektrisch geladenen Teilchen, die die Sonne freisetzt, ablenkt.

▽ Ein Blick ins Innere der Sonne. Der Heliumkern nimmt ein Viertel des gesamten Sonnenradius ein; er bildet einen großen Teil der Sonnenmasse. Die Energie, die im Kern entsteht, wandert langsam durch die dicke Wasserstoffschicht und heizt dann die hell leuchtende Fotosphäre.

beobachten, und mit Hilfe der Computergrafik werden die Gebiete, die Röntgenstrahlen aussenden, farbig gekennzeichnet. Daher wissen wir, dass die helleren Gebiete der Korona mehr als 1 Million °C heiß sein müssen. Die kühleren Regionen weisen dunkle Löcher auf, durch die zum Beispiel Elektronen ins All strömen können.

Der Sonnenwind

Die äußeren Schichten der Sonnenkorona werden ständig von einer Strömung ins Sonnensystem hinausgetrieben, die wir als Sonnenwind bezeichnen. Etwa 10 Tage brauchen die Partikel, um die Erde zu erreichen. Die Raumsonde Voyager hat sogar jenseits ihrer Umlaufbahn um den Pluto noch Anzeichen des Sonnenwindes entdeckt. Er sorgt auch dafür, dass die gashaltigen Kometenschweife immer von der Sonne weg zeigen.

Der Magnetkäfig der Erde

Die Erde besitzt ein Magnetfeld, das den größten Teil des Sonnenwindes ablenkt und die Partikel bremst, die direkt auf unseren Planeten zurasen. Der Erdmagnetismus bildet gewissermaßen einen unsichtbaren Käfig, den der Sonnenwind umspült wie ein Fluss eine Insel. Nur wenige elektrisch geladene Teilchen können ihn durchdringen. Andere Planeten mit Magnetfeldern, wie

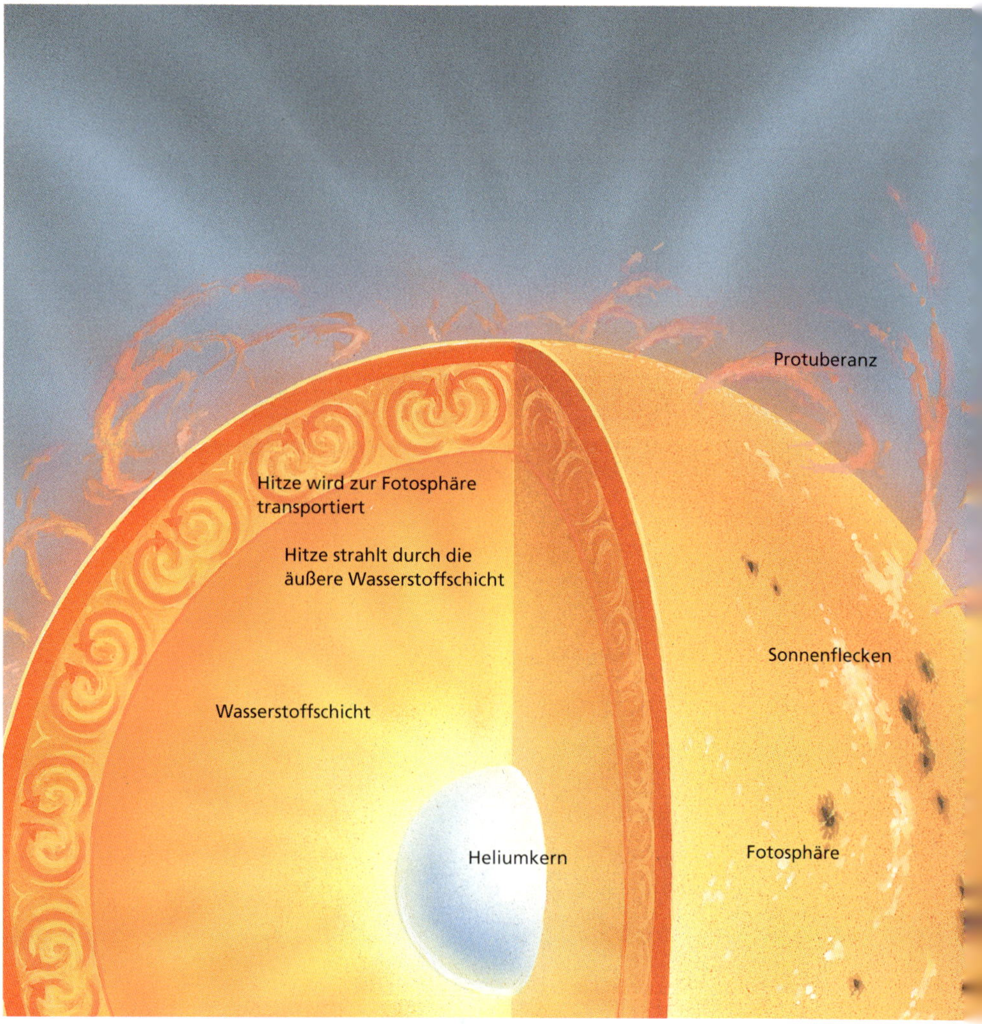

Die Entstehung der Sonnenenergie

Die Sonne besteht vor allem aus Wasserstoff, dem leichtesten chemischen Element, und Helium, dem zweitleichtesten. Tief im Inneren der Sonne sorgt eine sehr hohe Temperatur dafür, dass sich keine normalen Atome bilden können. Stattdessen sind dort Atomkerne und Elektronen vermischt (zu den chemischen Elementen, den Atomen und den Teilchen, aus denen diese bestehen, vergleiche S. 20/21). Die Wasserstoffkerne sind einzelne Protonen, Heliumkerne bestehen aus zwei Protonen und zwei Neutronen.

Bei der unglaublich hohen Temperatur im Mittelpunkt der Sonne bewegen sich die Atomteilchen mit großer Geschwindigkeit und stoßen oft zusammen. Normalerweise hat das keine Auswirkungen. Manchmal allerdings stoßen zwei Protonen so heftig zusammen, dass sie aneinander kleben bleiben und sich in ein Proton-Neutron-Paar verwandeln (1). Dabei setzen sie zwei andere Partikel frei: ein winziges Neutrino ohne Masse und elektrische Ladung, aber mit Energie, und ein Positron, das dem Elektron ähnelt, aber positiv geladen ist.

Das Proton-Neutron-Paar kann sich dann mit einem anderen Proton verbinden und den Kern eines leichten Heliumatoms bilden, der nur ein Neutron statt der üblichen zwei besitzt (2).

Beim Zusammenstoß zweier solcher leichter Heliumkerne schließlich entsteht ein stabiler Heliumkern (3). Die beiden überzähligen Protonen entweichen.

Einfach gesagt, kann die Sonne vier Protonen zu einem Heliumkern zusammenkleben und gleichzeitig gewaltige Mengen von Energie freisetzen. Die Masse von vier Protonen ist ein bisschen höher (um 0,5 %) als die Masse eines normalen Heliumkerns. Diese überschüssige Masse verschwindet und erzeugt dabei Energie. Solche und ähnliche Kernfusionen finden in allen normalen Sternen statt.

Wissenschaftler hoffen die Kernfusion eines Tages in den Griff zu bekommen, um ungefährliche und billige Kernenergie für die Erde produzieren zu können. In Experimenten an Kernforschungslaboratorien wurde bei ähnlichen Prozessen Energie freigesetzt, und die Physiker stehen vor der Herausforderung, mit diesem Wissen einen sicheren Fusionsreaktor zu konstruieren. Ein solcher Reaktor, der nach dem Vorbild der Sonne funktioniert, würde sehr viel weniger Atommüll produzieren als die heutigen Atomkraftwerke.

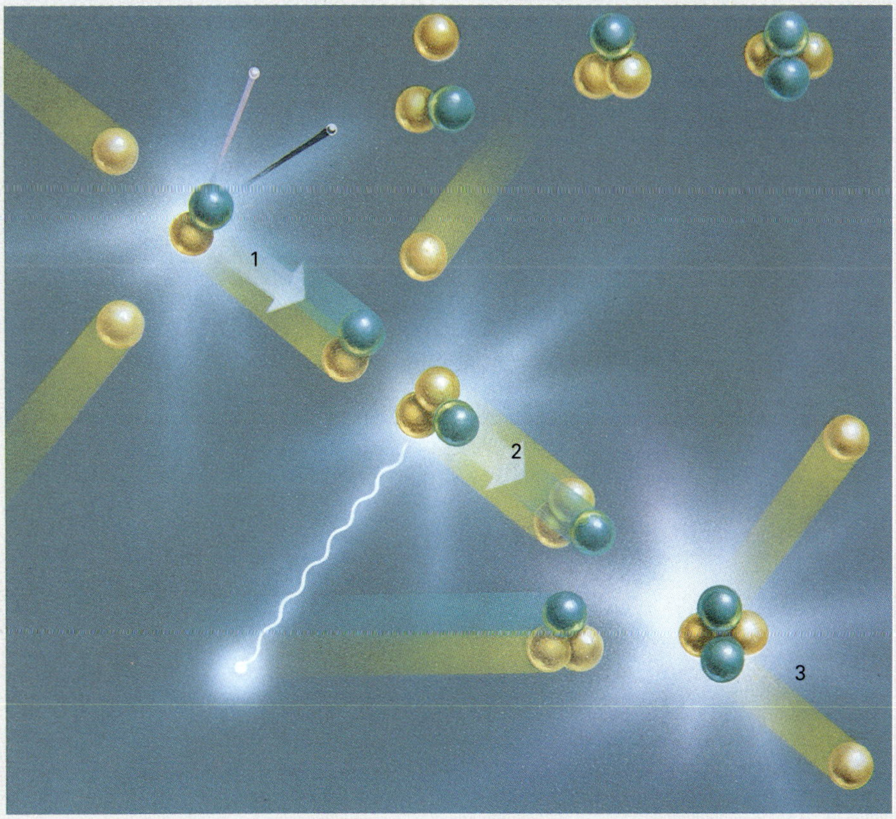

etwa der Merkur und der Jupiter, haben ähnliche unsichtbare Schilde gegen den Sonnenwind.

Im Inneren der Sonne

Heute wissen wir, dass der Ofen der Sonne ein riesiges nukleares Feuer ist. Die Energie, die die Sonne auf die Erde abstrahlt, entsteht durch Kernreaktionen tief in ihrem Inneren.

Um dieses Sonnenfeuer zu erkunden, sollte man an der gelben Oberfläche beginnen, die viermal so heiß ist wie geschmolzenes Eisen. Bei dieser Temperatur verwandelt sich jedes bekannte Element, jede Substanz in ein Gas, und so ist die ganze Sonne ein einziger großer heißer Gasball.

Während wir weiter ins Innere der Sonne vorstoßen, steigen Temperatur und Druck ständig an. Der Druck des sehr heißen Gases, das nach außen drängt, wird an jedem Punkt der Sonne gerade ausbalanciert durch den Druck der Schwerkraft, die es zusammenpresst. Im Inneren der Sonne ist es 25 000-mal so heiß wie an ihrer Oberfläche. Es ist unmöglich, sich diese Temperatur von 14–15 Millionen °C überhaupt vorzustellen.

Wie lange wird die Sonne arbeiten?

Die Sonne verarbeitet jede Sekunde etwa 600 Millionen Tonnen Wasserstoff und produziert dabei etwa 4 Millionen Tonnen Helium. Wenn wir die Masse der Sonne mit diese Zahlen in Verbindung bringen, müssen wir uns fragen: Wie lange wird unsere Sonne noch arbeiten?

Ganz offensichtlich wird die Sonnenmasse nicht ewig ausreichen, obwohl die Sonne noch ein unglaublich langes Leben vor sich hat. Sie hat jetzt, nach 5 Milliarden Jahren, ihre Lebensmitte erreicht und etwa die Hälfte ihres Wasserstoffvorrats verbraucht. Im Laufe der nächsten 5 Milliarden Jahre wird sie allmählich immer heißer und größer werden, während der Wasserstoff verbrennt. Wenn der gesamte Wasserstoff im Kern aufgebraucht ist, wird sie dreimal so groß sein wie heute. Auf der Erde werden die Ozeane verkochen. Die sterbende Sonne wird die Erde verschlucken und festes Gestein in geschmolzene Lava verwandeln.

Tief im Inneren der Sonne werden sich die Heliumatome zu Kohlenstoff und schwereren Stoffen verbinden. Schließlich wird die Sonne zu einem Ball aus nuklearem Abfall abkühlen, einem so genannten Weißen Zwerg.

STERNENLEBEN

Ein Stern ist ein riesiger Ball aus heißem Gas, zusammengehalten durch seine eigene Schwerkraft und aufgeheizt durch Kernenergie. Die meisten Sterne leben mehrere Milliarden Jahre lang. Wie die Planeten entstehen sie aus Gaswolken im All. Sehr viele Sterne ähneln der Sonne, aber daneben gibt es auch Riesen, so groß wie das ganze Sonnensystem, und Zwerge so klein wie die Erde.

Sterne durchleben alle Altersstufen: Geburt, Jugend, Erwachsenen- und Greisenalter. Ständig bilden sich neue Sterne, während alte sterben. Die jüngsten Sterne, die nach einem Musterexemplar im Sternbild Taurus (Stier) benannten T-Tauri-Sterne, sind der Sonne ähnlich, aber viel jünger. Eigentlich sind sie als so genannte Protosterne sogar noch im Entstehen. Sie sind Veränderliche, deren Lichtausstoß schwankt, weil sie noch nicht die Stabilität normaler Sterne erreicht haben. Viele T-Tauri-Sterne sind von wirbelnden Materiescheiben umgeben und schießen gleichzeitig kräftige »Winde« ins Weltall.

Auf einen Protostern mit aktiver Gravitation fallende Materie liefert Energie, die sich in Wärme verwandelt. Deshalb steigt die Temperatur im Innern des Protosterns ständig an. Allmählich wird er zu einem richtigen Stern, seine Mitte wird so heiß, dass die Kernfusion beginnt, und der Stern verfügt jetzt über eine Energiequelle, die ihn sehr lange am Leben erhält. Wie lange, hängt von der Größe des Sterns ab; ein Stern wie unsere Sonne hat genügend Brennstoff für etwa 10 Milliarden Jahre. Allerdings gibt es Sterne mit bedeutend mehr Masse, die vielleicht nur ein paar Millionen Jahre leben, weil sie ihren Kernbrennstoff unglaublich schnell verfeuern.

△ Der Rosette-Nebel, eine glühend rote Wasserstoffwolke, umgibt einen hell strahlenden jungen Sternhaufen, NGC 2244.

▽ Die Entstehung eines Sterns: (1) Dichte Klumpen aus Wasserstoff und Staub bilden sich in einer Molekülwolke. (2) Ein Protostern entsteht im Mittelpunkt einer solchen Zusammenballung. (3) Materie wird von den beiden Polen des Sterns weggeblasen und konzentriert sich um den Äquator. (4) Der neue Stern ist von einer Scheibe aus Staub und Gas umgeben, aus der manchmal ein Planetensystem entsteht.

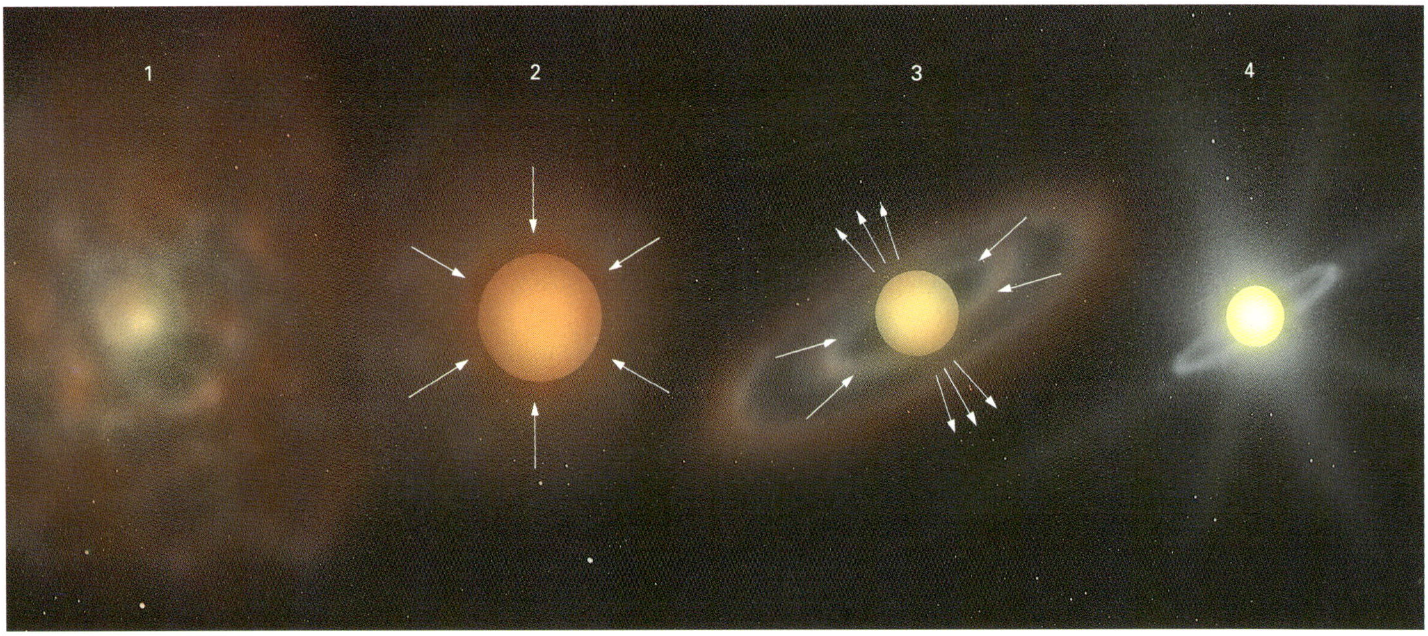

Die Geburt eines Sterns

Im Sternbild Orion, gerade unter den drei Sternen, die den Gürtel des Jägers bilden, findet man den Orion-Nebel, eine große Wolke aus glühendem Wasserstoff, die man in einer dunklen Nacht sogar mit bloßem Auge erkennen kann. Vier weiße heiße Sterne, das so genannte Trapezium, liegen im Herzen des Nebels. Dieses Sternenquartett übergießt das sie umgebende Gas mit starker ultravioletter Strahlung und bringt es so zum Glühen. Während das Trapezium selbst kaum zu sehen ist, glüht das Gas in der Umgebung sanftrot und ist deshalb mit einem Fernglas oder einem kleinen Teleskop sehr leicht zu finden.

Das Trapezium ist ein Ort, an dem gerade jetzt neue Sterne entstehen. Die Astronomen können nachweisen, dass das Sternenquartett nicht mehr als 1 oder 2 Millionen Jahre alt ist, und das ist im Vergleich zur Sonne, die schon ein Alter von 5 Milliarden Jahren erreicht hat, sehr wenig. Sie sind nicht die einzigen jungen Sterne am Himmel, und wahrscheinlich bilden sich jedes Jahr mehrere neue. Aber wie genau entstehen sie?

Die wichtigsten Antworten darauf kommen aus den Himmelsgegenden, in denen man viele junge Sterne findet: Sie liegen immer in der Nähe von dunklen interstellaren Wolken. Fotos des Orion-Nebels zum Beispiel zeigen neben den glühenden Wolken auch dunkle Flecken – hinter dem Orion-Nebel liegt, nicht direkt sichtbar, eine Riesen-Molekülwolke. Ihre Mikrowellen- und Infrarotsignale enthüllen, was in ihr vorgeht.

In dieser riesigen Wolke werden dichte Gasklumpen zur Saat für neue Sterne. Sobald sich einmal eine solche Saat gebildet hat, zieht die Gravitationskraft mehr Materie an und lässt so einen immer dichteren Klumpen entstehen. Ein so genannter Protostern bildet sich.

Aber schon vor dieser Stufe muss es einen Auslöser für die Entstehung der Klumpen geben. Vielleicht zieht eine Druckwelle durch die interstellare Wolke, etwa weil zwei Galaxien kollidieren, riesige Sterne explodieren oder massereiche Sterne einfach eine sehr starke Strahlung abgeben. Der Anfang ist das Schwierigste: Sobald ein paar junge Sterne in einer Wolke entstanden sind, bilden sich in den nahe liegenden Gebieten noch weitere. Der Orion-Nebel, den wir jetzt sehen, wird sich in den nächsten 10 000 Jahren vielleicht im All verteilen, aber ein anderer glühender Nebel wird im Umfeld dann neu entstehender Sterne erscheinen.

Bei ihrer Geburt sind die Sterne in Staub und Gas eingehüllt. Bevor wir sie sehen können, müssen sie ihren Kokon abwerfen. Allerdings heizt der Stern in der Staubhülle seine Umgebung auf etwa 1000°C auf, und bei dieser Temperatur gibt der Staub infrarote Strahlung ab. Die Infrarotastronomie, die von Satelliten und hoch gelegenen Sternwarten aus betrieben wird, ist besonders wichtig, um den Prozess der Sternentstehung zu untersuchen.

▷▽ Der Orion-Nebel und die ihn umgebenden Sterne (oben), das Trapezium (Mitte) und ein Materiestrom, ein so genannter »Jet«, aus einem neu entstehenden Stern im Orion, aufgenommen vom Hubble-Weltraumteleskop (unten).

Die Entstehung der Planeten

Beim Blick auf sich gerade neu bildende Sterne kann man eine gute Vorstellung davon gewinnen, wie unsere eigene Sonne vor langer Zeit entstand. Aber wie kam sie zu ihrer Planetenfamilie, und haben auch andere Sterne solche Planetensysteme?
Während sich ein Protostern zusammenballt, schafft er um sich herum eine Scheibe aus Gas und Staub. Ein Teil dieser Materie fällt, angezogen von der Gravitation, auf den Stern zurück, ein anderer Teil bliebt in der Scheibe und kühlt allmählich ab. Wenn die Temperatur tief genug gesunken ist, beginnt die Materie sich zu kleinen Klumpen zu ballen, etwa wie Regentropfen in feuchter Luft kondensieren, wenn die Temperatur fällt. Diese Klumpen werden zu »Planetesimalen«, den Bausteinen der Planeten.
Als das Sonnensystem entstand, zerbrachen einige Planetesimale nach Kollisionen, andere ballten sich zusammen und formten die Planeten. Im äußeren Teil des Sonnensystems konnten die großen Planetenkerne, die dort entstanden, einen Teil der ursprünglichen Gaswolke festhalten. So bildeten sich die »Gasriesen« Jupiter, Saturn, Uranus und Neptun. Sie waren wahrscheinlich von eigenen Gas- und Staubscheiben umgeben, aus denen sich schließlich ihre Monde und Ringe entwickelten.
Bisher ist es nicht möglich, Planeten zu beobachten, die um andere Sterne kreisen, weil unsere Teleskope einfach nicht stark genug sind. Wir könnten nicht einmal unseren größten Planeten, den Jupiter erkennen, wenn er um einen der nächstgelegenen Sterne kreisen würde. Es ist möglich, nach Unregelmäßigkeiten in der Bewegung der Sterne zu suchen, die typischerweise durch das Vorhandensein von Planeten entstehen. Auf diesem Weg haben Astronomen vor kurzem Hinweise auf einige Planeten in anderen Sonnensystemen gewonnen.

▷ Die Entstehung der Planeten. Dargestellt sind drei Stufen, die innerhalb von 100 Millionen Jahren aufeinander folgen. (1) Ein Nebel umgibt den Protostern. (2) Allmählich kühlt der Nebel ab, und die Klumpen, die er mit sich führt, wachsen, sodass sich 50 Millionen Jahre später die riesigen Gasplaneten bilden. (3) Zuletzt entstehen aus dem Gestein im inneren Sonnensystem die Planeten Merkur, Venus, Erde und Mars.

Normale Sterne

Alle Sterne ähneln im Grunde unserer Sonne: riesige Kugeln aus sehr heißem, glühendem Gas, die in ihrem Inneren Kernenergie erzeugen. Aber nicht alle Sterne sind genau wie die Sonne. Ein offensichtlicher Unterschied ist die Farbe: Einige Sterne leuchten eher rot oder blau als gelb.

Ein anderer Unterschied ist die Helligkeit: Wie hell ein Stern am Himmel leuchtet, hängt von seiner Entfernung zu uns ebenso ab wie von seiner aktuellen Lichtstärke. Es gibt Sterne, die nur ein Zehntausendstel der Sonnenstrahlung abgeben, und andere, die so hell strahlen wie eine Million Sonnen. Die große Mehrheit der Sterne liegt allerdings eher am unteren Ende der Skala, sodass die Sonne als relativ lichtstark zu bezeichnen ist. Nur wenige der an sich lichtschwachen Sterne kann man mit bloßem Auge sehen. Unsere Sternbilder werden von den Leuchtfeuern der ungewöhnlichen, sehr lichtstarken Sterne beherrscht.

Warum sind die Sterne so verschieden? Alles hängt von der Masse ab. Die Materialmenge, die einen Stern bildet, bestimmt seine Farbe und Helligkeit sowie die Veränderungen, die mit der Zeit in ihm ablaufen. Mindestens ein Zwölftel der Sonnenmasse ist nötig, um einen richtigen Stern zu bilden. Bei weniger Materie wird das Zentrum nie heiß genug, um längerfristig Kernfusionen ablaufen zu lassen. Himmelskörper, die nur ein Hundertstel bis ein Zwölftel der Sonnenmasse aufweisen, werden Braune Zwerge genannt und produzieren nur kurzfristig etwas Energie. Weil sie kein Licht abstrahlen, sind sie extrem schwer zu finden.

Am anderen Ende der Skala finden sich Sterne, deren Masse die Astronomen nicht sicher bestimmen können. Es gibt offenbar einige wenige Sterne, die mehr als sechzigmal so viel Masse aufweisen wie die Sonne, und wahrscheinlich keinen, der mehr als hundertmal so schwer ist.

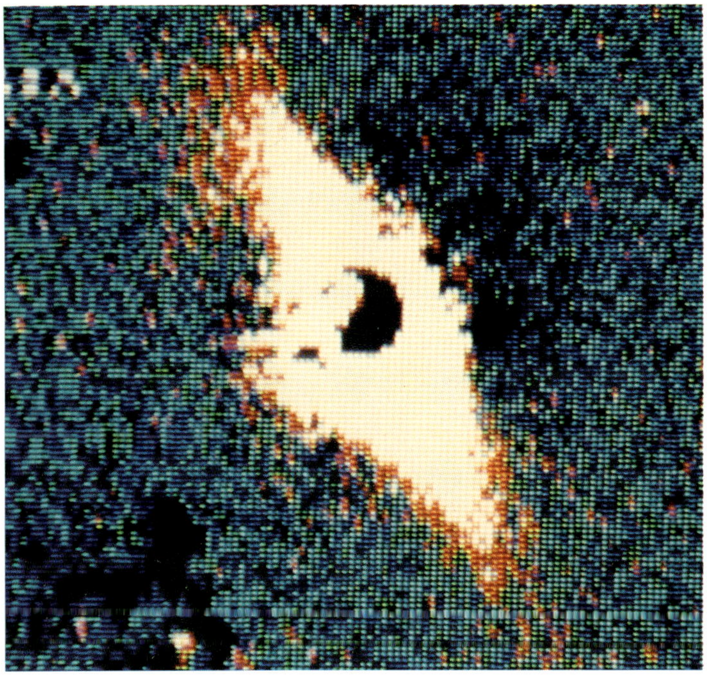

△ Oben links zeigt ein Falschfarben-Bild des infraroten Lichts (Hitzestrahlung) eine Staubscheibe um den hellen Stern Beta Pictoris. Der Staub ähnelt dem Material von Kometen, die in unserem Sonnensystem gefunden wurden. Dies ist das beste Beispiel für einen jungen Stern mit einer Scheibe, die sich zu einem Planetensystem entwickeln könnte. Oben rechts sieht man die Struktur der Gasscheibe um Beta Pictoris, die einen Durchmesser von etwa 100 Milliarden km hat.

Die zehn nächstgelegenen Sterne

Name	*Entfernung (Lichtjahre)*	*Helligkeit (Magnitudo)*	*Sternbild*
Proxima Centauri	4,2	15,5	Centaurus
Alpha Centauri, A und B	4,4	4,4; 5,7	Centaurus
Barnards Pfeilstern	6,0	13,2	Ophiuchus
Wolf 359	7,8	16,7	Leo
BD+36°2147	8,2	10,5	Ursa Major
L 726-8 (A) und UV Ceti (B)	8,4	15,5; 16,0	Cetus
Sirius A und B	8,7	-1,4; 11,2	Canis Major
Ross 154	9,5	3,1	Sagittarius
Ross 248	10,4	14,8	Andromeda
Epsilon Eridani	10,8	6,1	Eridanus

(Die Buchstaben A und B beziehen sich auf die zwei Sterne eines Doppelsternsystems)

Riesen und Zwerge

Die massereichsten Sterne sind die heißesten und hellsten. Sie leuchten weiß oder bläulich. Trotz ihrer Größe produzieren sie so viel Energie, dass sie ihre gesamten Brennstoffreserven in ein paar Millionen Jahren aufbrauchen. Im Gegensatz dazu sind massearme Sterne leuchtschwach und rötlich gefärbt. Sie können mehrere Milliarden Jahre als Sterne überleben.

Aber auch viele sehr helle Sterne strahlen rot oder orange, darunter der Aldebaran – das Auge des Stiers im Sternbild Taurus – und Antares im Sternbild Scorpius (Skorpion). Diese kühlen Sterne mit einer nur schwach glühenden Oberfläche können mit dem starken weiß-heißen Licht etwa des Sirius oder der Vega konkurrieren, weil sie sich ausgedehnt haben und sehr viel größer sind als die normalen roten Sterne. Deshalb werden sie als Riesen oder sogar als Überriesen bezeichnet.

Über ihre enorme Oberfläche strahlen die Riesen sehr viel mehr Energie ab als normale Sterne wie die Sonne, obwohl ihre Oberflächentemperaturen niedriger liegen. Ein roter Überriese wie etwa die Betelgeuse im Orion ist hundertmal so groß wie die Sonne, während ein normaler roter Stern nur etwa ein Zehntel des Sonnendurchmessers hat. Solche normalen Sterne werden im Vergleich mit den Riesen als Zwerge bezeichnet. Beides sind verschiedene Phasen eines Sternenlebens, und ein Riese wird sich vielleicht in einen Zwerg verwandeln, wenn er alt wird.

Der Lebenszyklus eines Sterns

Ein normaler Stern wie etwa die Sonne setzt Energie frei, indem er in seinem Inneren Wasserstoff mittels einer Kernfusion in Helium verwandelt. Die Sonne verfügt über gigantische Mengen Wasserstoff, aber der Vorrat wird nicht ewig reichen. In den letzten 5 Milliarden Jahren hat die Sonne die Hälfte ihrer Reserven aufgebraucht, und in weiteren 5 Milliarden Jahren wird es keinen Nachschub mehr geben. Was passiert dann? Der Wasserstoff außerhalb des Zentrums wird zu brennen beginnen, es bildet sich eine Kugelschale, die nach außen wächst. Dadurch vergrößert sich die Ausdehnung enorm. Gleichzeitig sinkt die Oberflächentemperatur. Durch solche Prozesse entstehen Riesen und Überriesen. Sie sind Teil einer Entwicklung, die als »stellare Evolution« bezeichnet wird und die alle Sterne irgendwann einmal durchlaufen.

Letztendlich werden alle Sterne alt und sterben, ausschlaggebend für die Lebensdauer eines Sterns ist jedoch seine Masse. Massereiche Sterne rasen durch ihren Lebenszyklus und enden in einer spektakulären Explosion. Bescheidenere Sterne dagegen, darunter auch die Sonne, fallen schließlich in sich zusammen und werden extrem dichte Weiße Zwerge. Dann lösen sie sich einfach auf.

In dieser Entwicklung von einem Roten Riesen zu einem Weißen Zwerg kann ein Stern seine äußeren Schichten als leere Gashülle abstoßen, die dann in der starken Strahlung des auf seinen Kern reduzierten und bis zu 100 000 °C heißen Sterns hell glüht. Solche glühenden Gasblasen wurden »Planetarische Nebel« genannt, als man sie zum ersten Mal entdeckte, weil sie norma-

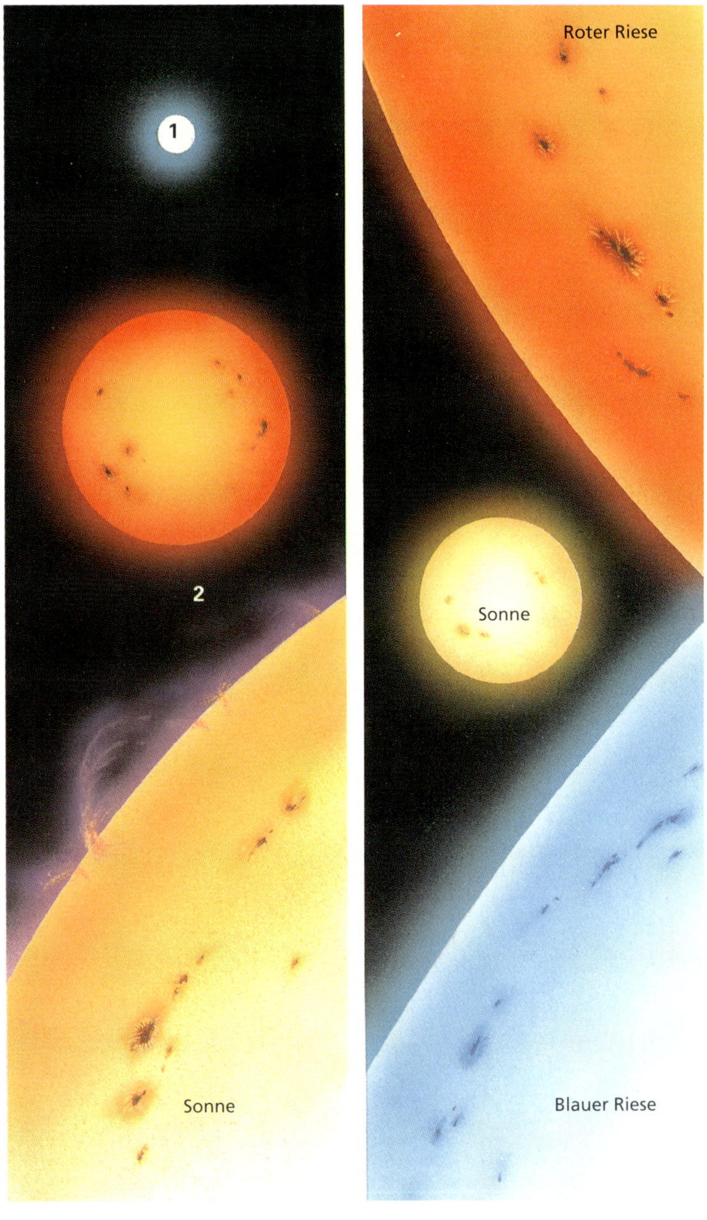

▷ Die Sonne im Vergleich mit einem Weißen Zwerg (1) und einem Roten Zwerg (2) (links) sowie mit einem Roten und einem Blauen Riesen (rechts). Astronomen bestimmen den Sternendurchmesser durch Vergleiche seiner Oberflächentemperatur und seiner Helligkeit: Je größer der Durchmesser eines Sterns ist, desto mehr Energie strahlt er bei einer bestimmten Temperatur ab. Ein Weißer Zwerg ist etwa genauso groß wie die Erde, hat aber eine Million Mal so viel Masse. In ihrer größten Ausdehnung sind Rote Riesen im Durchmesser größer als die Umlaufbahn der Erde um die Sonne.

▷ Die Lebenszyklen zweier verschiedener Sterne. Die obere Hälfte des Diagramms zeigt die Entwicklung eines Sterns, der massereich genug ist, um als Supernova zu explodieren und entweder als Neutronenstern oder als Schwarzes Loch zu enden (vgl. S. 118–123). Die untere Hälfte zeigt die Entwicklung eines weniger massereichen Sterns, etwa unserer Sonne. Materie, die Sterne während ihrer Evolution abgeben, sammelt sich in Nebeln, in denen dann wieder Sterne entstehen. Diesen Prozess symbolisieren die breiten blauen Pfeile.

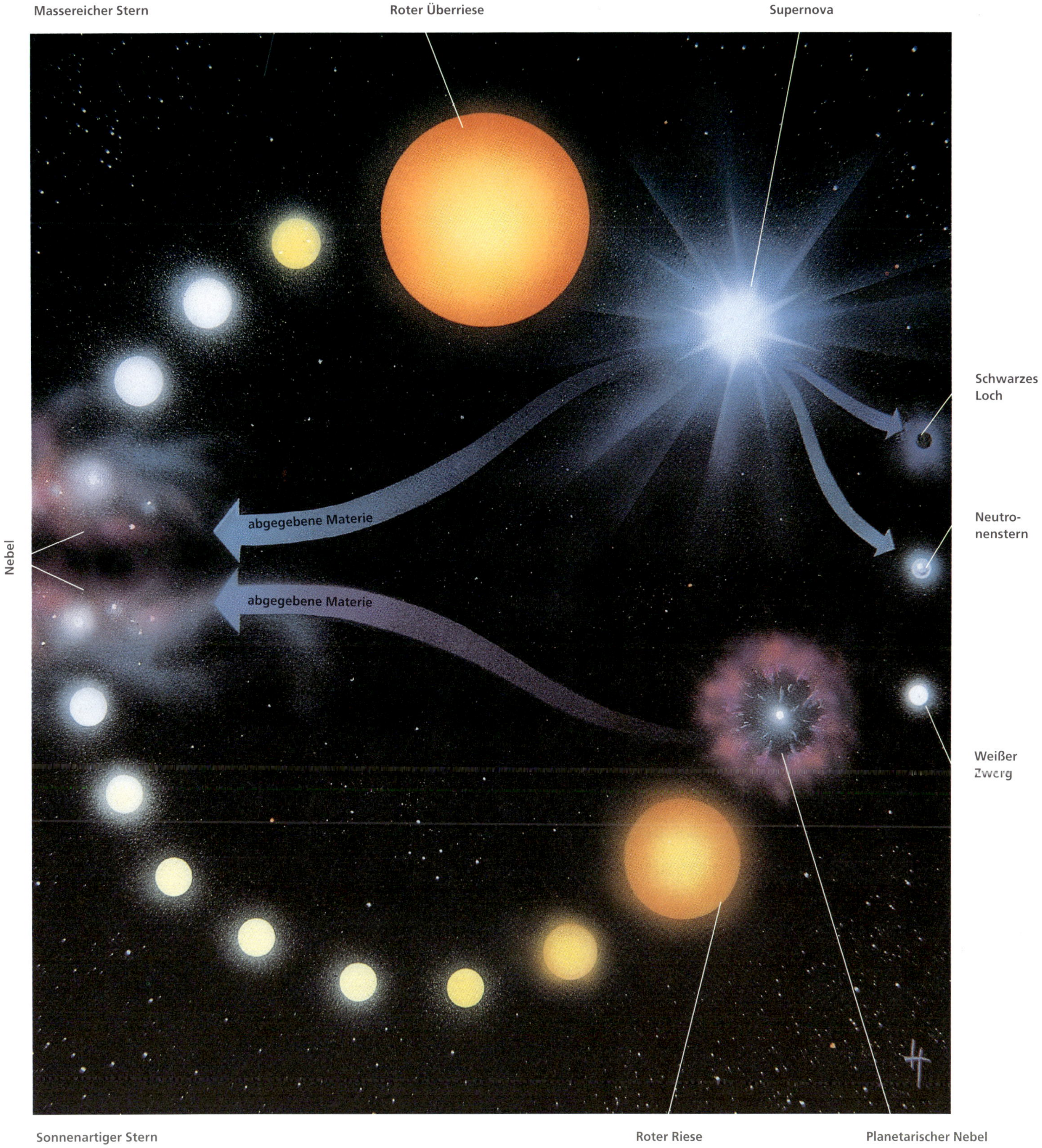
Massereicher Stern
Roter Überriese
Supernova
Schwarzes Loch
Neutronenstern
Weißer Zwerg
abgegebene Materie
abgegebene Materie
Nebel
Sonnenartiger Stern
Roter Riese
Planetarischer Nebel

Die Hauptreihe

Kleine Sterne sind leuchtschwach und rot. Große Sterne sind sehr leuchtstark und blau-weiß. Unsere gelbe Sonne steht irgendwo dazwischen. Wenn du ein paar Sterne nach dem Zufallsprinzip auswählst und für jeden von ihnen einen Punkt in ein Koordinatensystem mit der Farbe auf der einen und dem Energieausstoß auf anderen Achse einzeichnest, werden die meisten Punkte auf einer diagonalen Linie, der Hauptreihe, liegen. Die Punkte der Riesen (2) und Überriesen (1) liegen oberhalb der Hauptreihe, Weiße Zwerge (3) unter ihr. Wir wissen heute, dass ein Hauptreihenstern ein normaler Stern wie die Sonne ist, in dessen Inneren Wasserstoff verbrennt.

◁ Ein Planetennebel, M27. Dieser Stern nähert sich seinem Lebensende und hat seine äußeren Schichten abgeworfen. Der Stern im Mittelpunkt des Nebels hat eine Oberflächentemperatur von 100 000 °C. Die sich ausdehnende Hülle wird allmählich in der interstellaren Materie aufgehen.

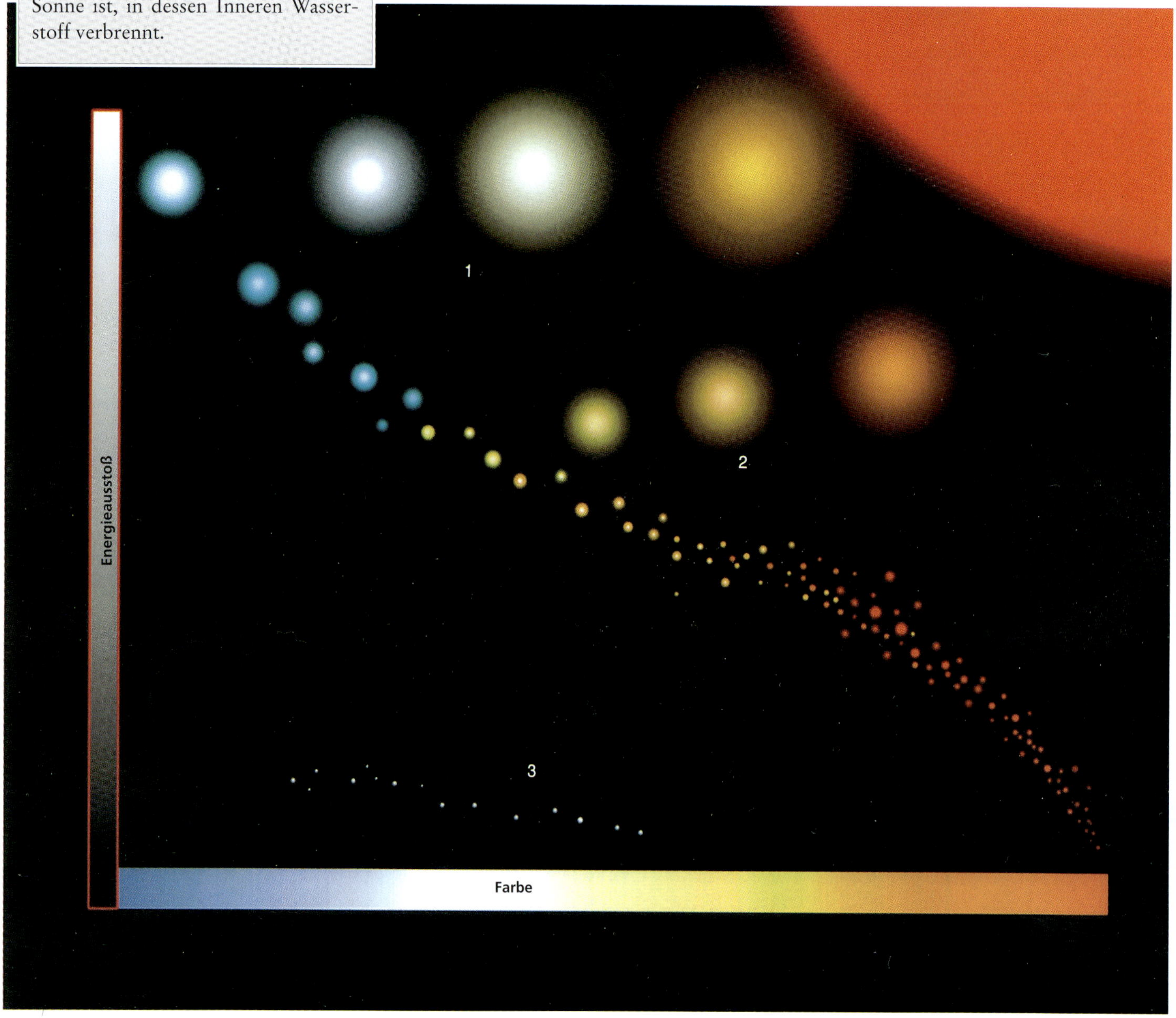

lerweise rund sind und durch ein kleines Fernrohr fast wie eine Planetenscheibe aussehen. In Wirklichkeit haben sie natürlich nichts mit Planeten zu tun!

Sternhaufen

Beinahe alle Sterne werden offenbar in Gruppen geboren. Deshalb überrascht es auch nicht, dass es sehr viele Sternhaufen gibt. Astronomen beschäftigen sich gern mit diesen Haufen, weil sie wissen, dass alle Sterne eines Haufens etwa zur gleichen Zeit entstanden und etwa gleich weit von der Erde entfernt sind. Alle feststellbaren Helligkeitsunterschiede sind damit tatsächliche Unterschiede. Egal, auf welcher Stufe die Sterne gerade angelangt sind, sie haben ihren Weg gemeinsam begonnen. Sternhaufen sind besonders geeignet, um die unterschiedlichen Eigenschaften von Sternen verschiedener Masse zu beobachten, weil die Masse der einzige Unterschied zwischen den Mitgliedern eines Sternhaufens ist.
Aber Sternhaufen gehören auch zu den schönsten Motiven astronomischer Fotografen und den beliebtesten Beobachtungsobjekten der Amateurastronomen. Es gibt zwei Typen, offene Haufen und Kugelhaufen, deren Namen schon ihr Aussehen beschreiben. In einem offenen Haufen kann man die einzelnen Sterne, die über einen Himmelsbereich verteilt sind, auch einzeln wahrnehmen, Kugelhaufen dagegen sind so dicht gepackt, dass man die Sterne nicht einzeln erkennen kann.

Offene Haufen

Der vielleicht berühmteste offene Haufen sind die Plejaden oder »Sieben Schwestern« im Sternbild Taurus. Trotz ihres Namens kann man ohne Teleskop meist nur sechs einzelne Sterne wahrnehmen. Ihre Gesamtzahl liegt irgendwo zwischen 300 und 500. Alle befinden sich in einem Umkreis von 30 Lichtjahren und sind etwa 400 Lichtjahre von uns entfernt. Der Haufen ist zirka 50 Millionen Jahre alt – nach astronomischen Standards also ziemlich jung – und enthält sehr massereiche, hell leuchtende Sterne, die noch nicht zu Riesen geworden sind.
Man kennt kaum offene Haufen mit einem Alter von über 100 Millionen Jahren, und die meisten sind sehr viel jünger. Es ist unwahrscheinlich, dass sich ihre Entstehungszahl geändert hat, sodass man wohl davon ausgehen muss, dass die Sterne in älteren Haufen allmählich auseinander driften, bis sie in der allgemeinen Menge der Nicht-Haufensterne aufgehen, von denen wir tausende am Nachthimmel sehen. Obwohl die Gravitation die offenen Haufen bis zu einem gewissen Grad zusammenhält, sind sie sehr instabil, und die Anziehungskraft eines anderen Objekts, wie etwa einer großen interstellaren Wolke, kann sie leicht auseinander reißen.
Einige Sterngruppen hängen nur so locker zusammen, dass sie besser Assoziationen als Haufen genannt werden. Sternassoziationen haben zwischen 10 und 100 Mitglieder, die im Umkreis von mehreren hundert Lichtjahren verstreut liegen.
Die Wolken, in denen Sterne entstehen, konzentrieren sich in der Scheibe unserer Milchstraße, und genau dort sind auch die offenen Haufen zu finden. Vor dem Hintergrund der riesigen Sternwolken der Milchstraße und mit so viel Staub im interstellaren Raum können die 1200 offenen Haufen, die wir kennen, nur ein Bruchteil der in der

◁ Die Plejaden (NGC 1432) sind ein junger Sternhaufen, der im Sternbild Taurus mit bloßem Auge zu sehen ist. Zu diesem etwa 400 Lichtjahre von uns entfernten Haufen gehören mindestens 300 Sterne. Sie liegen in einem Nebel aus kaltem Gas und Staub, der auf diesem Foto als blauer Schleier zu erkennen ist.

▷ Der Doppelhaufen im Sternbild Hercules. Interessant ist, wie weit gestreut die Sterne der beiden offenen Haufen erscheinen.

Galaxis tatsächlich vorhandenen sein, deren Zahl sich insgesamt vielleicht auf etwa 100 000 beläuft.

Kugelhaufen

In Kugelhaufen dagegen sind hunderttausende oder Millionen von Sternen so dicht gepackt, dass wir, wenn unsere Sonne in einem solchen Haufen läge, nachts mehr als eine Million einzelne Sterne mit bloßem Auge sehen könnten. Kugelhaufen sind normalerweise zwischen 20 und 400 Lichtjahre groß.

In ihrem Mittelpunkt schieben sich die Sterne so dicht aneinander vorbei, dass ihre gegenseitige Anziehungskraft sie zu Doppelsternen verbindet. Einige verschmelzen völlig miteinander, bei anderen werden durch sehr nahe Begegnungen die äußeren Schichten weggerissen und der nuklear aktive Kern enthüllt. Doppelsterne sind in Kugelhaufen 100-mal häufiger als sonst. Einige von ihnen geben Röntgenstrahlung ab.

Wir kennen etwa 200 Kugelhaufen, die sich in einem großen kugelförmigen Kranz, einem so genannten Halo, am Rande der Milchstraße verteilen. Alle sind sehr alt und entstanden in etwa zur selben Zeit wie die Galaxis selbst – vor etwa 10 bis 15 Milliarden Jahren. Wahrscheinlich bildeten sie sich, als Teile der Wolke, aus der die Galaxis entstand, in kleinere Stücke zerbrachen. Die Haufen lösen sich nicht auf, weil die Anziehungskraft zwischen den dicht zusammenliegenden Sternen so groß ist.

Kugelhaufen werden auch am Rand anderer Galaxien beobachtet. Der hellste Kugelhaufen, den man leicht auch mit bloßem Auge ausmachen kann, ist Omega Centauri im südlichen Sternbild Centaurus. Er liegt 16 500 Lichtjahre von der Sonne entfernt und hat einen Durchmesser von 620 Lichtjahren. Damit ist er der größte Kugelhaufen, den wir kennen. Der hellste Kugelhaufen auf der Nordhalbkugel ist M13 im Sternbild Hercules, den man gerade noch mit bloßem Auge erkennen kann.

▷ Der riesige Kugelhaufen Omega Centauri (NGC 5139) liegt 16 500 Lichtjahre von der Sonne entfernt. Mit einem Durchmesser von 620 Lichtjahren ist er der größte bekannte Kugelhaufen der Milchstraße. Er ist mehrere Milliarden Jahre alt und enthält hunderttausende von Sternen. Auf der Südhalbkugel ist Omega Centauri mit bloßem Auge zu sehen.

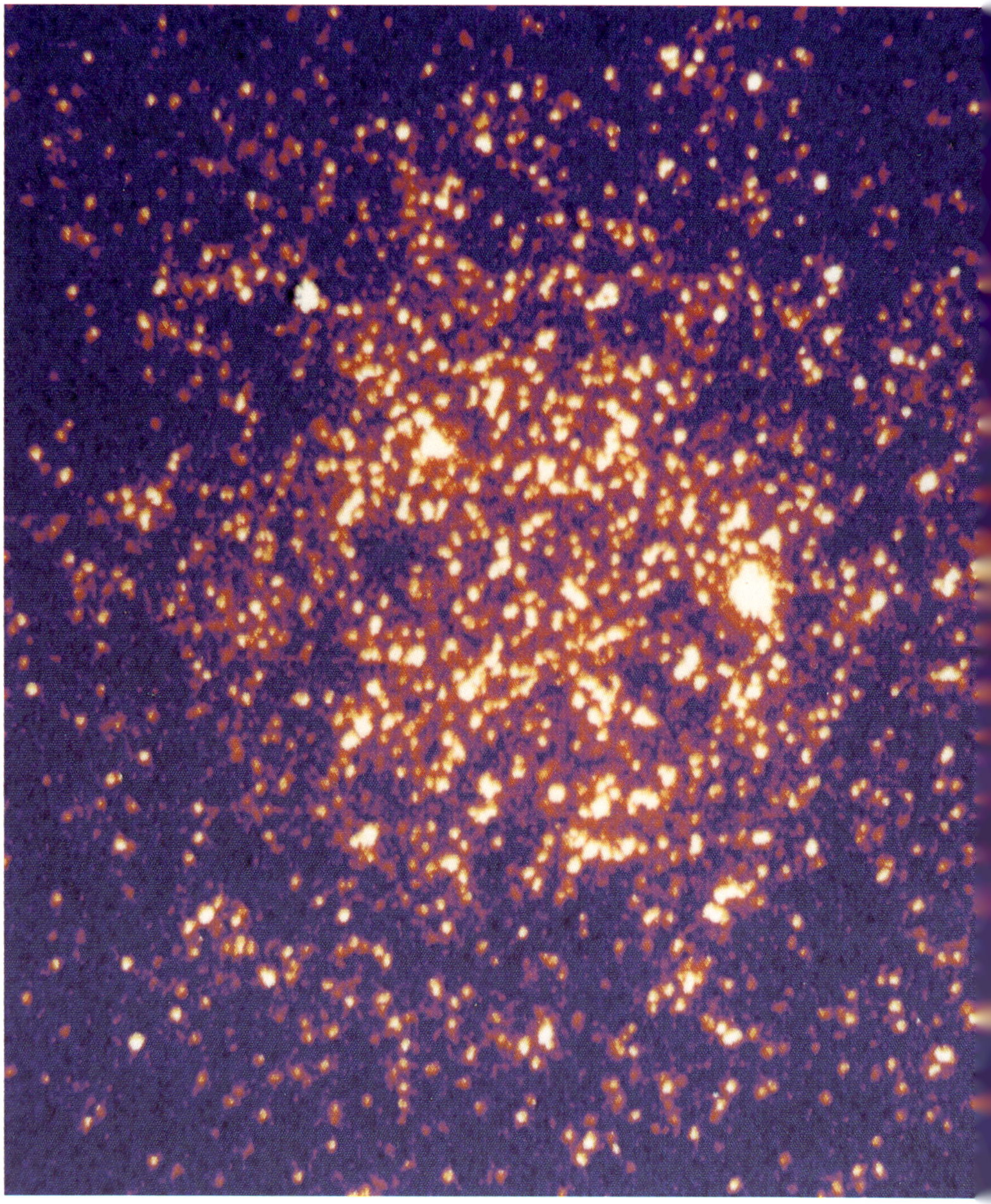

▷ Blick durch ein auf einer Raumsonde installiertes Ultraviolett-Teleskop auf die zentralen Sterne des Sternhaufens Omega Centauri. Vom Erdboden aus kann man solche Bilder nicht machen, weil die Atmosphäre die Lichtpunkte der Sterne zu stark verschwimmen lässt.

WIE MAN EINEN STERNHAUFEN FINDET

Das Bild unten zeigt, wo die Plejaden, eine unverkennbare kleine Sterngruppe, liegen. Wähle zur Beobachtung eine dunkle Nacht zwischen November und März. Auch andere bekannte offene Sternhaufen sind leicht mit bloßem Auge zu entdecken: Die Hyaden, die ebenfalls im Sternbild Taurus liegen, sind mit einer Entfernung von etwa 150 Lichtjahren der uns am nächsten liegende offene Haufen. Seine Sterne gruppieren sich locker um den Stern Aldebaran. Praesepe (Krippe) liegt in der Mitte des Sternbildes Cancer (Krebs).

Veränderliche und Doppelsterne

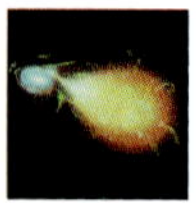

Während die Sonne jeden Tag mit der gleichen Helligkeit scheint, gibt es in unserer Galaxis auch Sterne, deren Lichtstärke schwankt. Bei einigen sind die Veränderungen voraussagbar und werden herangezogen, um Entfernungen in unserer Galaxis und darüber hinaus zu berechnen.

1596 bemerkte ein holländischer Himmelsbeobachter namens David Fabricius (1564–1617) einen relativ hellen Stern im Sternbild Cetus (Wal), der im Laufe mehrerer Wochen immer schwächer wurde, bis er schließlich völlig verschwand. Fabricius war der Erste, der nachweisbar einen veränderlichen Stern beobachtete.

Dieser Stern erhielt den Namen Mira – »die Wunderbare«. Innerhalb von 332 Tagen schwankt Mira in der Helligkeit zwischen der 2. Größenklasse (so hell wie der Polarstern) und der 10. Größenklasse, die man mit bloßem Auge nicht mehr wahrnehmen kann. Heute kennt man tausende Veränderliche, wobei die meisten nicht so starken Schwankungen unterworfen sind wie Mira.

Warum verändern sich manche Sterne

Es gibt verschiedene Gründe für diese Lichtschwankungen, die mehrere Größenklassen umfassen oder so gering sein können, dass nur sehr empfindliche Instrumente die Veränderung überhaupt wahrnehmen. Einige Sterne weisen regelmäßige oder beinahe regelmäßige Schwankungen auf, andere werden unvorherberechenbar plötzlich lichtschwächer oder haben überraschende Helligkeitssprünge. Die Veränderungen können sich im Laufe mehrerer Jahre entwickeln oder eine Sache von Sekunden sein. Um zu verstehen, warum ein Stern sich verändert, muss man zunächst einmal genau bestimmen, wie er sich verändert. Man zeichnet eine Lichtkurve, einen Graph, in dem die Schwankungen der Lichtstärke im Laufe der Zeit festgehalten sind. Dazu müssen regelmäßige Helligkeitsmessungen angestellt werden. Fachastronomen benutzen ein so genanntes Fotometer, um die Größenklasse genau zu bestimmen, aber viele Beobachtungen Veränderlicher werden auch von Amateurastronomen gemacht. Mit Hilfe einer besonderen Karte und einiger Übung ist es nicht übermäßig schwierig, die Größenklasse eines Veränderlichen mit dem Auge abzuschätzen, wenn man ihn mit Nichtveränderlichen in seiner Nähe vergleichen kann.

Der Lichtausstoß einiger einzelner Sterne schwankt, weil sie pulsieren oder Materiewolken abgeben. Daneben aber gibt es noch die Doppelsterne, bei denen der scheinbare Helligkeitswechsel auf verschiedene Abläufe zurückgeführt werden kann. So können die beiden Sterne aus unserer Perspektive hintereinander stehen, weil sie einander auf ihrer Umlaufbahn kreuzen. Solche Systeme werden als Bedeckungsveränderliche bezeichnet, und ihr bekanntestes Beispiel ist der Algol im Sternbild Perseus. Bei einem eng beieinander stehenden Paar kann Materie von einem Stern zum anderen strömen.

Pulsationsveränderliche

Einige der regelmäßigsten Veränderlichen pulsieren, sie vibrieren auf einer bestimmten Frequenz ähnlich wie die Saiten eines Musikinstruments. Besonders bekannt sind die Cepheiden, benannt nach Delta Cephei,

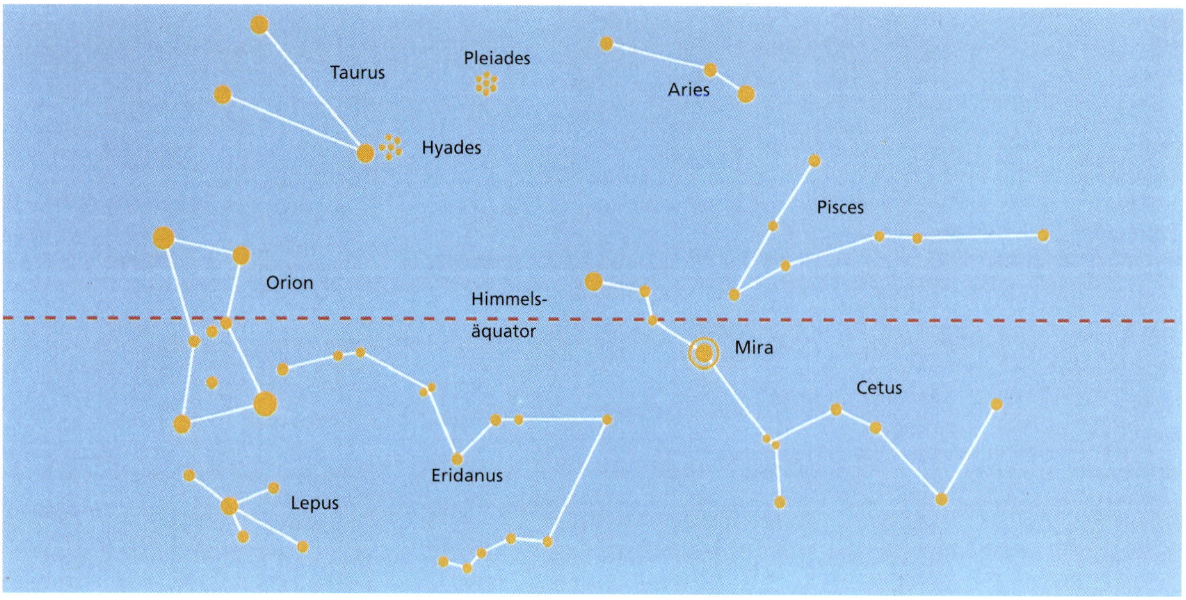

◁ Die Position des Veränderlichen Mira im Sternbild Cetus (Wal). Manchmal ist Mira der hellste Stern dieses Sternbilds, manchmal leuchtet er zu schwach, um überhaupt mit dem Auge wahrgenommen zu werden.

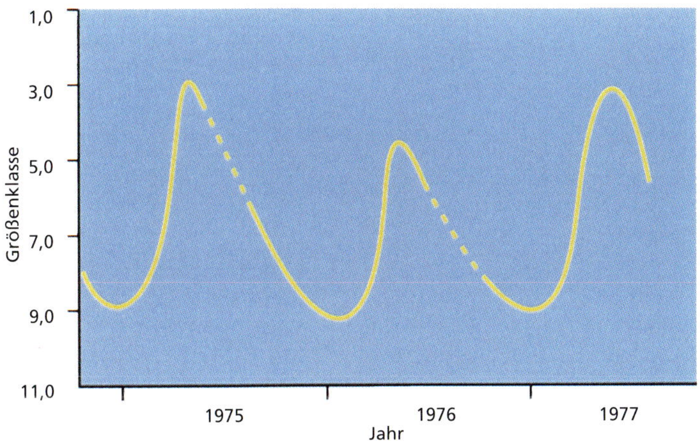

◁ Dieser Graph zeigt, wie stark die Helligkeit des Veränderlichen Mira im Laufe der Zeit schwankt. Die gestrichelte Linie gehört zu den Phasen, in denen Mira von der Erde aus nicht zu sehen ist.

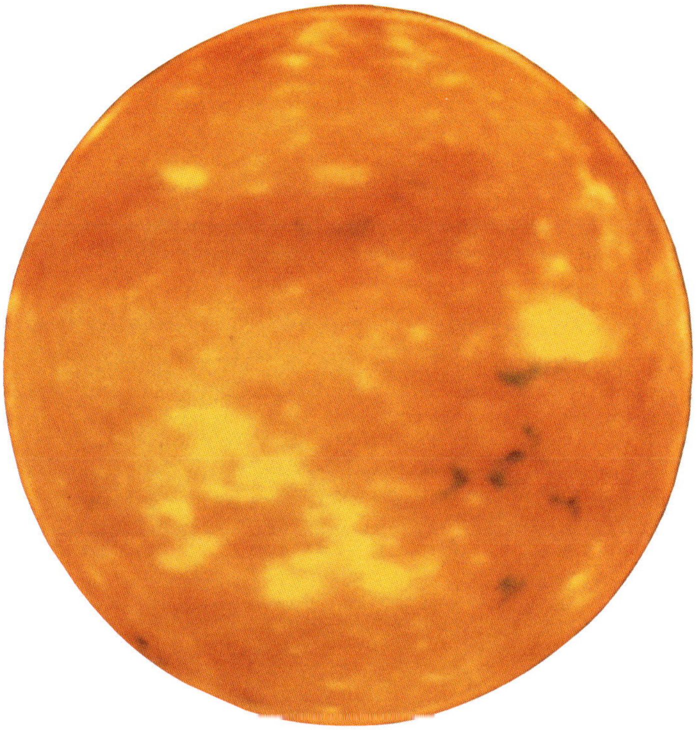

◁ Die aufgewühlte Oberfläche eines *Flare*-Sterns dürfte wahrscheinlich aus der Nähe betrachtet etwa so aussehen. Bei einem stellaren *Flare* wird in weniger als einer Minute plötzlich eine gewaltige Energie freigesetzt und die Temperatur steigt um mehrere tausend Grad.

einem aussagekräftigen Beispiel für diesen Typ. Die Cepheiden sind Überriesen mit 3- bis 10-facher Sonnenmasse und einer mehrere 100- bis 1000-mal so hohen Lichtstärke. Im Verlauf mehrerer Tage verändern sich Ausdehnung und Temperatur ihrer Oberfläche, was wiederum ihre Helligkeit beeinflusst.

Auch bei Mira, dem ersten entdeckten Veränderlichen, und anderen ähnlichen Sternen sind die Schwankungen auf ein solches Pulsieren zurückzuführen. Sie sind kühle Rote Riesen am Ende ihres Lebens und werden vielleicht bald ihre äußeren Schichten völlig abwerfen. Die meisten Roten Überriesen, wie etwa die Beteigeuze im Orion, schwanken in einem gewissen Maß. Astronomen haben große dunkle Flecken auf ihrer Oberfläche festgestellt.

RR-Lyrae-Sterne sind eine andere wichtige Gruppe von Pulsationsveränderlichen. Es sind alte Sterne mit einer ähnlichen Masse wie die Sonne, viele finden sich in Kugelhaufen. Sie schwanken typischerweise um etwa eine Größenklasse mit einer Pulsationsperiode von weniger als einem Tag. Wie bei den Cepheiden kann man auch ihre Eigenschaften nutzen, um astronomische Entfernungen zu berechnen.

Unregelmäßige Veränderliche

R Coronae Borealis und ähnliche Sterne sind in ihrem Verhalten völlig unberechenbar. Normalerweise kann man diesen Stern gerade noch mit bloßem Auge erkennen, aber alle paar Jahre fällt seine Helligkeit plötzlich um etwa 8 Größenklassen und nähert sich dann wieder der Normalität an.

Wahrscheinlich lässt sich das so erklären, dass der Überriese Kohlenstoffwolken ablässt, die zu Körnern kondensieren wie kleine Rußpartikel. Wenn eine dieser dicken schwarzen Wolken zwischen uns und den Stern gerät, verdunkelt sich sein Licht, bis sich die Wolke im All aufgelöst hat. Solche Sterne produzieren den dicken Staub, der in den Gebieten der Sternentstehung so wichtig ist.

Flare-Sterne

Auf der Sonne erzeugen Magnetfelder Sonnenflecken und *Flares*, die allerdings die Helligkeit unseres Sterns nicht wesentlich verändern. Bei einigen Roten Zwergen dagegen erreichen ähnliche *Flares* eine gewaltige Größenordnung und bewirken einen um eine Größenklasse oder mehr gesteigerten Lichtausstoß. Der der Sonne nächste Stern, Proxima Centauri, ist ein solcher *Flare*-Stern. Die Ausbrüche sind nicht vorausberechenbar und dauern nur ein paar Minuten.

Die Benennung Veränderlicher

Ein besonderes System der Namensgebung für Veränderliche wurde im 17. Jahrhundert entwickelt und wird von den Astronomen auch heute noch benutzt, obwohl es ziemlich kompliziert ist. Die Buchstaben R–Z werden verwendet, um die helleren Veränderlichen in einem Sternbild zu kennzeichnen. R Coronae Borealis ist also der hellste Veränderliche dieses Sternbilds und T Tauri ist der dritthellste Veränderliche im Sternbild Taurus. Mit den Buchstaben R–Z kann man so die neun hellsten Sterne bezeichnen. Für den zehnten und alle folgenden Veränderlichen werden Buchstabenpaare benutzt (außer J): AA, AB, AC usw. Damit ergeben sich 334 Namen. Danach werden sie einfach V335, V336 usw. genannt. Damit sind also zum Beispiel T Tauri, RR Lyrae, UV Ceti und V1500 Cygni durchaus typische Namen für bekannte Veränderliche. Es gibt einige Ausnahmen, vor allem bei den helleren Sternen. Delta Cephei und Alpha Orionis sind zum Beispiel Veränderliche, obwohl sie keine typischen Namen tragen.

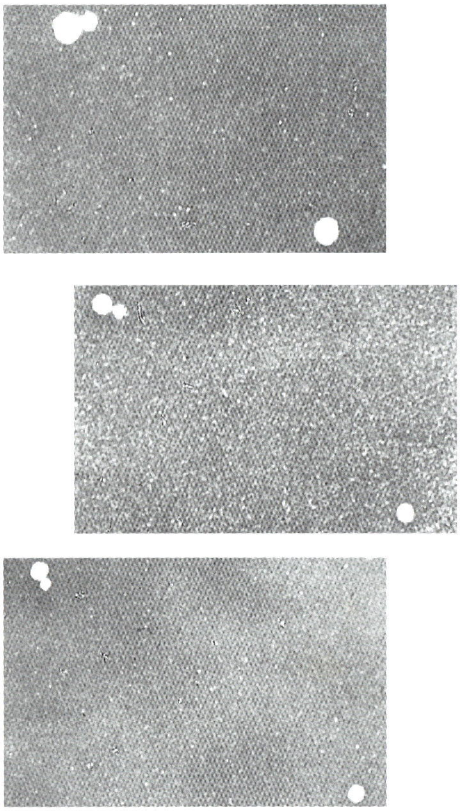

△ Die Umlaufbahn dieses Doppelsterns namens Krüger 60 im Sternbild Cepheus können wir quasi aus der Vogelperspektive verfolgen. Die beiden Sterne brauchen 44 Jahre, um sich einmal umeinander herum zu bewegen. Diese drei Fotos stammen aus den Jahren 1908, 1915 und 1920.

Doppelsterne

Etwa die Hälfte aller Sterne unserer Galaxis gehört zu Doppelsternsystemen, bei denen zwei Sterne umeinander kreisen. Materie, die von einem Stern zum anderen strömt, bewirkt dramatische Ausbrüche wie etwa Nova- und Supernova-Explosionen.

Doppelsterne werden durch ihre gegenseitigen Anziehungskräfte zusammengehalten. Sie kreisen in elliptischen Umlaufbahnen um einen Punkt im Raum, der als ihr Gravitationszentrum bezeichnet wird. Je weiter die Sterne voneinander entfernt sind, desto länger brauchen sie für eine Umdrehung.

Die meisten Doppelsterne stehen zu nahe beieinander, um sie einzeln zu erkennen. Wenn die Entfernung zwischen ihnen groß genug ist, um sie als einzelne Sterne wahrzunehmen, beträgt die Umlaufzeit viele Jahre, etwa ein Jahrhundert oder länger. Solche Sterne werden als visuelle Doppelsterne bezeichnet.

Die Entdeckung von Doppelsternen

Wenn ein einzelner Stern auf seinem Weg über den Himmel regelmäßig zu wackeln scheint, hat er einen unsichtbaren Gefährten. Solche Systeme nennt man astrometrische Doppelsterne, weil sie durch eine Positionsmessung entdeckt wurden. Spektroskopische Doppelsterne werden durch Veränderungen und Besonderheiten in ihren Spektren aufgespürt. Das Spektrum eines normalen Sterns sieht aus wie ein durchgehender Regenbogen, der von zahlreichen schmalen Lücken, den so genannten Absorptions- oder Spektrallinien, gekreuzt wird. Der Farbbereich, in dem diese Lücken auftreten, schwankt leicht, wenn der Stern sich auf uns zu oder von uns weg bewegt – ein Phänomen, das als Doppler-Effekt bezeichnet wird.

Da die Sterne in einem Doppelsystem eine Umlaufbahn haben, bewegen sie sich abwechselnd auf uns zu und von uns weg. Deshalb verschieben sich die Linien in ihrem Spektrum und weisen so auf die Existenz des Doppelsterns hin.

Die Geschwindigkeitsmessung bei Doppelsternen unter Anwendung der Gravitationsgesetze ist eine wichtige und die einzige direkte Methode zur Feststellung von Sternmassen. Doch auch sie ist nicht ganz einfach.

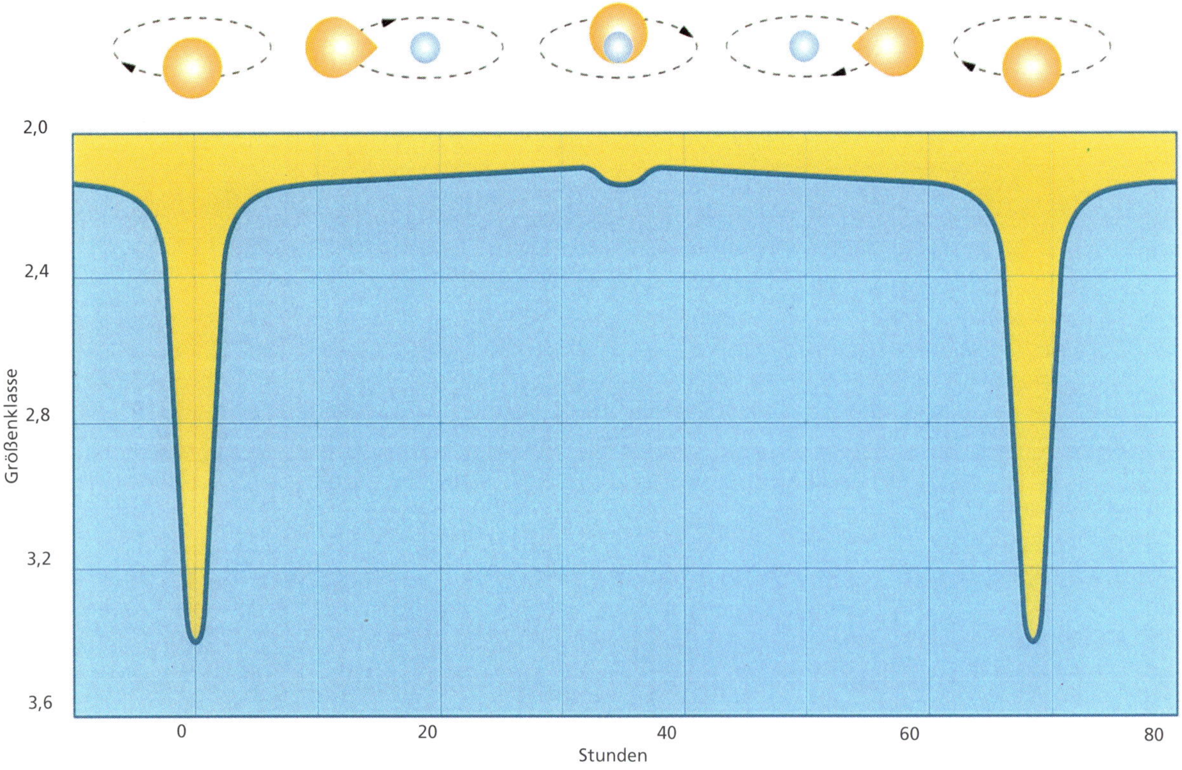

◁ Algol ist der zweithellste Stern im Sternbild Perseus. Alle 69 Stunden fällt seine Lichtstärke um eine Größenklasse. Innerhalb von 4 Stunden sinkt die Helligkeit dann auf ein Minimum, das etwa 20 Minuten lang anhält, bevor der 5-stündige Anstieg zur normalen Helligkeit wieder beginnt. Algol besteht in Wirklichkeit aus zwei Sternen, einem heißen blauweißen und einem leuchtschwächeren gelben Stern. Der heiße Stern verfinstert sich, wenn der kühlere sich vor ihn schiebt. Auch wenn der gelbe Stern verdeckt wird, sinkt die Helligkeit, allerdings nur so leicht, dass man es mit bloßem Auge nicht erkennen kann.

Nahe zusammenstehende Doppelsterne

Bei nahe zusammenstehenden Doppelsternen werden die beiden Partner durch die Anziehungskraft in eine birnenähnliche Form gezogen. Wenn die Kraft stark genug ist, wird irgendwann ein kritischer Punkt erreicht, an dem Materie von einem Stern zum anderen strömen kann. Die beiden Sterne sind umgeben von einem Gebiet in Form einer dreidimensionalen 8, dessen Oberfläche als kritische Grenze fungiert. Die beiden birnenförmigen Teile der 8 um die beiden Sterne werden als Roche-Volumen bezeichnet. Wenn einer der Sterne wächst und sein Roche-Volumen ganz ausfüllt, strömt Materie dort, wo sich die beiden »Birnen« berühren, zu seinem Gefährten. Oft fällt diese Materie nicht direkt auf den anderen Stern, sondern bewegt sich in Spiralen, der so genannten Akkretionsscheibe. Wenn beide Sterne sich ausdehnen und ihr Roche-Volumen füllen, entsteht ein Kontaktsystem. Die Materie der beiden Sterne vermischt sich in einem großen Ball um die beiden stellaren Zentren. Da alle Sterne letztendlich zu Riesen anwachsen und viele Sterne als Doppelsterne auftreten, sind solche interagierenden Doppelsterne nichts Ungewöhnliches.

Das Leben eines nahe zusammenstehenden Doppelsterns

Der berühmte Bedeckungsveränderliche Algol ist ein gutes Beispiel für ein Sternenpaar, das Materie austauscht. Wenn die beiden Sterne einzeln stünden, würden sie sich völlig anders entwickeln.

1 Algol begann als Sternenpaar, dessen größerer Partner mehr als die 3-fache Sonnenmasse und dessen kleinerer etwa die 1,5-fache Sonnenmasse hatte.

2 Der größere Stern verbrauchte seine Wasserstoffreserven sehr viel schneller als sein Gefährte und wuchs allmählich zu einem Roten Riesen an, wobei er sein Roche-Volumen füllte. Der Rote Riese begann Materie an seinen Partnerstern abzugeben.

3 Jetzt haben die beiden Sterne die Rollen getauscht. Der ehemals größere Stern ist jetzt weniger massereich als die Sonne, während die Masse des anderen auf 3,7 Sonnenmassen angewachsen ist. Eine sehr kleine Materiemenge fließt immer noch zwischen ihnen.

4 In der Zukunft wird auch der andere Stern sich ausdehnen, bis die beiden in Kontakt treten und ihre Materie sie beide umhüllt.

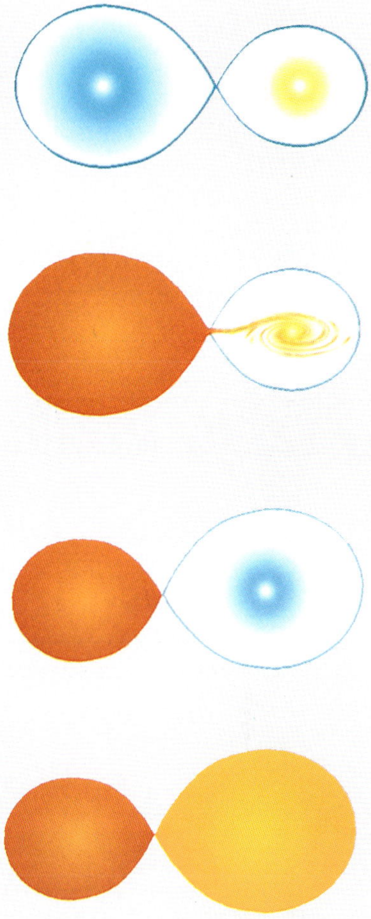

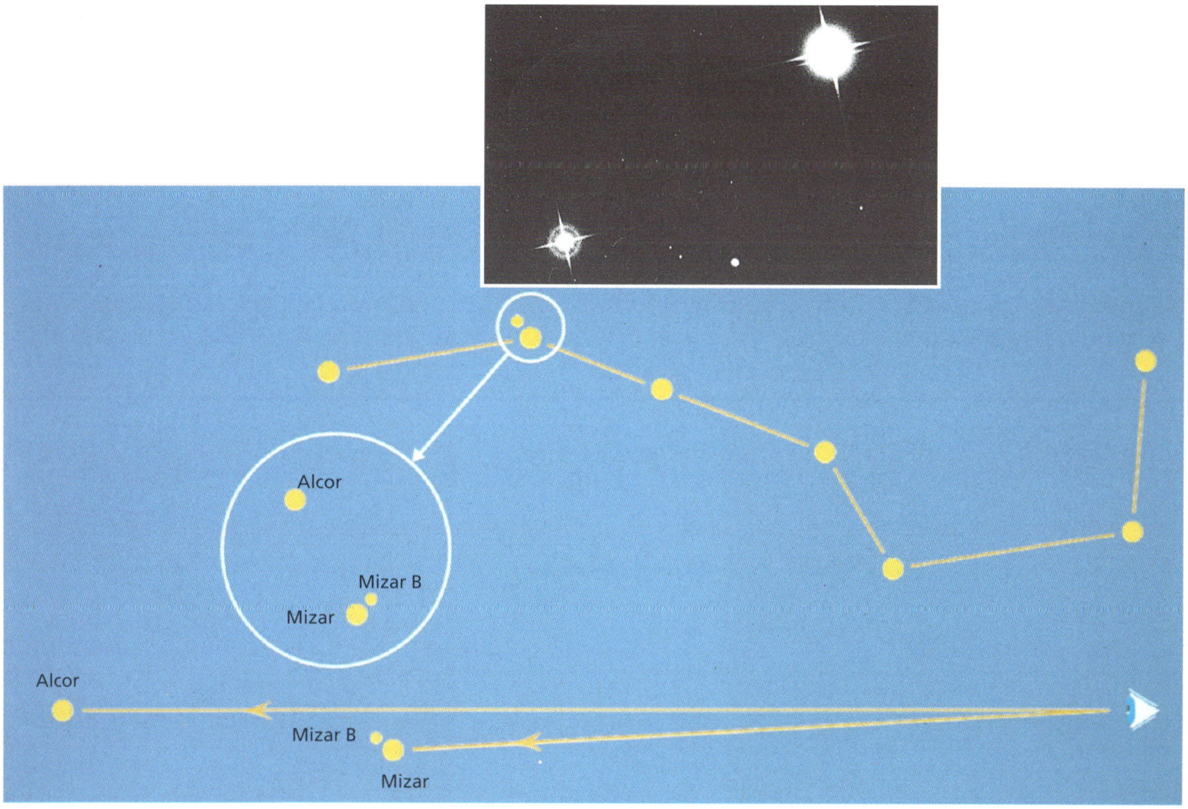

◁ Die Sterne Mizar und Alcor im Sternbild Ursa Major (Großer Bär) sehen nur zufällig so aus, als stünden sie sehr nahe beieinander. In Wirklichkeit sind sie 10 Lichtjahre voneinander entfernt. Mizar hat allerdings einen echten Gefährten, Mizar B. Auf dem Foto sind gerade noch zwei Gruppen von Zacken sichtbar. Sie entstehen durch Spiegelungen im Teleskop, helfen hier aber, das Vorhandensein eines weiteren Sterns aufzuzeigen. Die Spektren von Mizar A und Mizar B ergeben, dass beide spektroskopische Doppelsterne sind, sodass das gesamte System also vier Sterne umfasst.

Ein Stern quillt über

Nova-Explosionen sind ein spektakuläres Ergebnis des Massentransfers zwischen Doppelsternen. Ein Stern schwillt an und füllt sein Roche-Volumen. Der Partnerstern ist ein winziger Weißer Zwerg. Plötzlich entsteht eine Nova mit einer Helligkeit von 10 Größenklassen. Innerhalb sehr kurzer Zeit ist durch eine massive nukleare Explosion auf der Oberfläche des Weißen Zwerges eine enorme Energie freigesetzt worden. Während Materie aus dem sich ausdehnenden Stern zum Zwerg hinströmt, wächst auch der Druck, und die Temperatur unter der neuen Schicht steigt auf etwa 1 Million °C.
Bei manchen Novae hat man wiederholte Explosionen nach Jahrzehnten oder Jahrhunderten verzeichnet. Andere hat man bisher erst einmal explodieren sehen, aber vielleicht wiederholt sich das Geschehen nach einigen tausend Jahren. Die so genannten Zwerg-Novae sind weniger dramatische Ausbrüche, die sich im Laufe von Tagen oder Monaten wiederholen.

△ Der Stern im Zentrum dieser beiden Fotos liegt im Sternbild Cygnus (Schwan) und explodierte im Jahre 1975 als Nova. Die Fotos zeigen die Nova zur Zeit ihrer größten Helligkeit und einige Monate später (Pfeil), nachdem sie einen Großteil ihrer Helligkeit wieder verloren hatte.

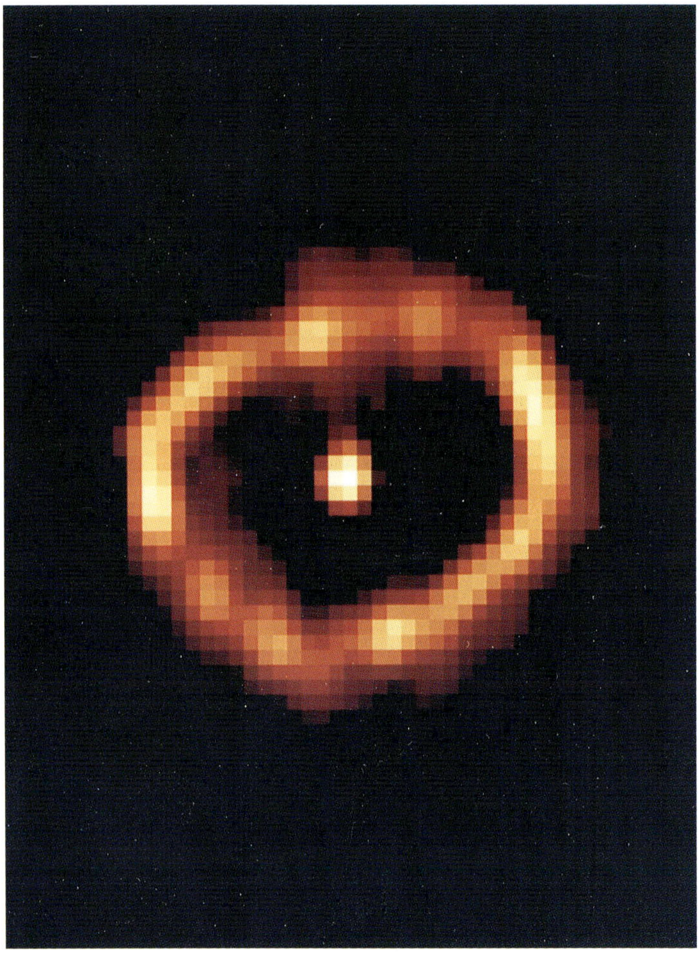

◁ Dieser Stern im Sternbild Cygnus explodierte 1994 als Nova. Der helle Ring ist der Rand einer Gasblase, die sich während der Nova löste. Aufnahme des Hubble-Weltraumteleskops vom Januar 1994.

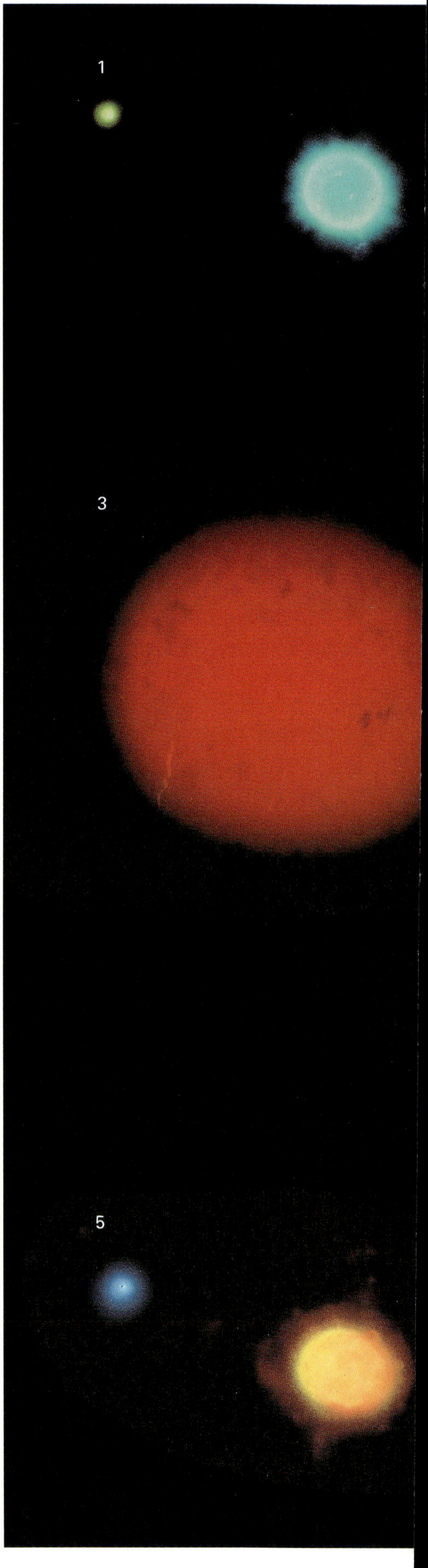

2

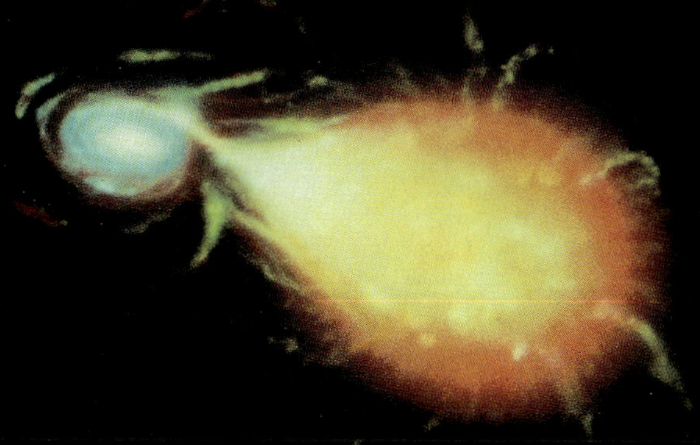

Eine Nova-Explosion

1 In diesem neu entstandenen Doppelsystem hat ein gelber Stern wie unsere Sonne einen größeren und heißeren Begleiter mit einer Masse von 4 Sonnen.

2 Der massereichere Stern dehnt sich aus, Materie quillt über und formt eine Akkretionsscheibe um den Partnerstern.

3 Mit der Zeit verschwinden beide Sterne im Inneren eines gewaltigen Roten Riesen.

4 Schließlich wird die äußere Schicht als riesige Gashülle weggeblasen. Die beiden Sterne bilden den winzigen Punkt in der Mitte; sie sind zu nahe beieinander, um bei diesem Maßstab einzeln hervorzutreten.

5 Wenn wir das verbliebene Sternenpaar stärker vergrößern, sehen wir einen Weißen Zwerg und einen Roten Zwerg, der durch die intensive Strahlung seines sehr viel heißeren Gefährten überhitzt wird.

6 Materie vom Roten Zwerg strömt auf den Weißen Zwerg und formt einen Bogen und eine Akkretionsscheibe.

7 Der Weiße Zwerg kann nicht mehr Materie aufnehmen und detoniert in einer gewaltigen nuklearen Explosion, einem Nova-Ausbruch.

4

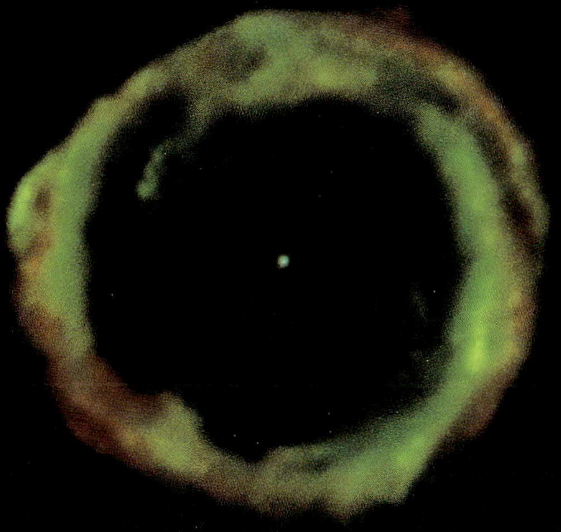

6

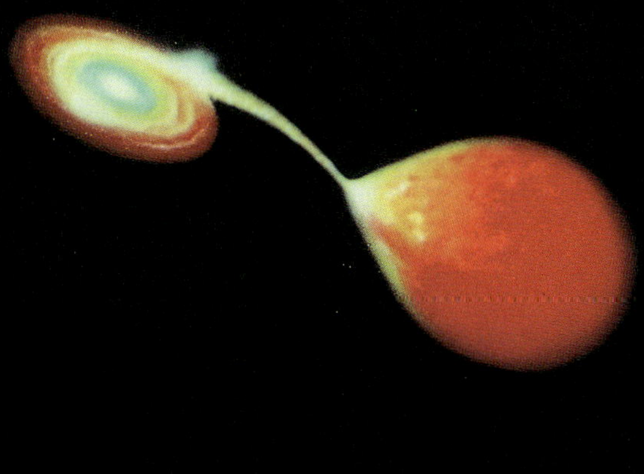

7

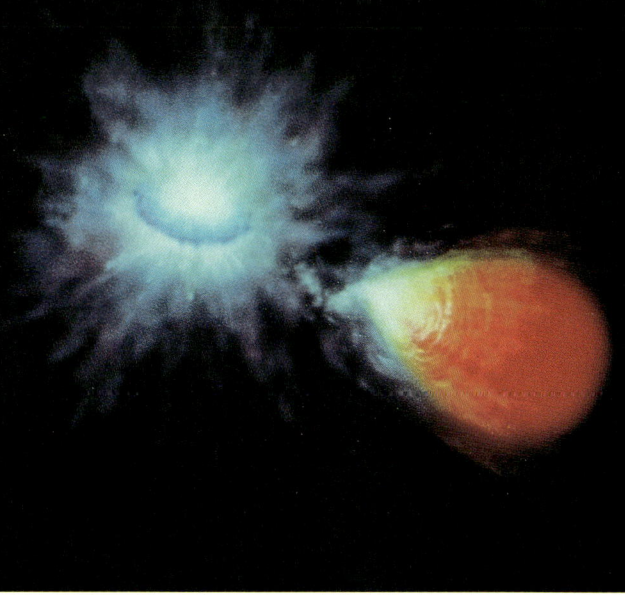

EXOTISCHE STERNE

Wenn ein Stern seine gesamten Wasserstoffreserven aufgebraucht hat, wird die Gravitation zu stark, und der Stern schrumpft. Er beendet seinen Lebenszyklus entweder ruhig als allmählich verschwindender Weißer Zwerg oder dramatisch in einer Explosion. Durch solche Explosionen riesiger Sterne können kleine Schwarze Löcher im All entstehen.

Wenn ein Stern all seinen Kernbrennstoff verbraucht hat und in seinem Zentrum keine Energie mehr freisetzt, beginnt er in sich zusammenzufallen, weil die Schwerkraft in seinem Inneren nicht mehr von der Fliehbewegung des heißen Gases ausgeglichen wird. Der nächste Entwicklungsschritt hängt von der Masse der in sich zusammenfallenden Materie ab.

Wenn er weniger als 1,4 Sonnenmassen aufweist, stabilisiert sich der Stern als Weißer Zwerg. Der katastrophale Zusammenbruch der Materie kommt durch eine grundlegende natürliche Eigenschaft der Elektronen zum Stillstand: An einem gewissen Punkt entwickeln sie auch ohne Wärmequelle einen gewissen Gegendruck, doch ist dieser Punkt erst erreicht, wenn die Elektronen und Atomkerne schon eine extrem dichte Materie gebildet haben.

Ein Weißer Zwerg mit der Masse der Sonne ist nur etwa so groß wie die Erde. Eine Hand voll Materie von einem Weißen Zwerg würde hier auf der Erde hundert Tonnen wiegen. Besonders seltsam ist, dass Weiße Zwerge umso kleiner sind, je mehr Masse sie haben.

Ein Weißer Zwerg sieht aus wie ein einziger riesiger Kristall, der allmählich abkühlt und dabei immer lichtschwächer und rötlicher wird. Obwohl die Astronomen immer von Weißen Zwergen als Gruppe sprechen, sind nur die heißesten von ihnen, die mit einer Oberflächentemperatur von etwa 10 000 °C, wirklich weiß. Letztendlich verwandelt sich jeder Weiße Zwerg in einen dunklen Ball aus radioaktiver Asche, in die letzten abgestorbenen Überreste eines Sterns.

Weiße Zwerge sind so klein, dass selbst die heißeren unter ihnen nicht viel Licht abgeben und daher schwer zu finden sind. Dennoch sind heute mehrere hundert Exemplare bekannt, und Astronomen schätzen, dass sogar etwa ein Zehntel aller Sterne der Galaxis Weiße Zwerge sein könnten. Der Sirius zum Beispiel, der hellste Stern am Himmel, hat als Gefährten einen Weißen Zwerg, den so genannten Sirius B.

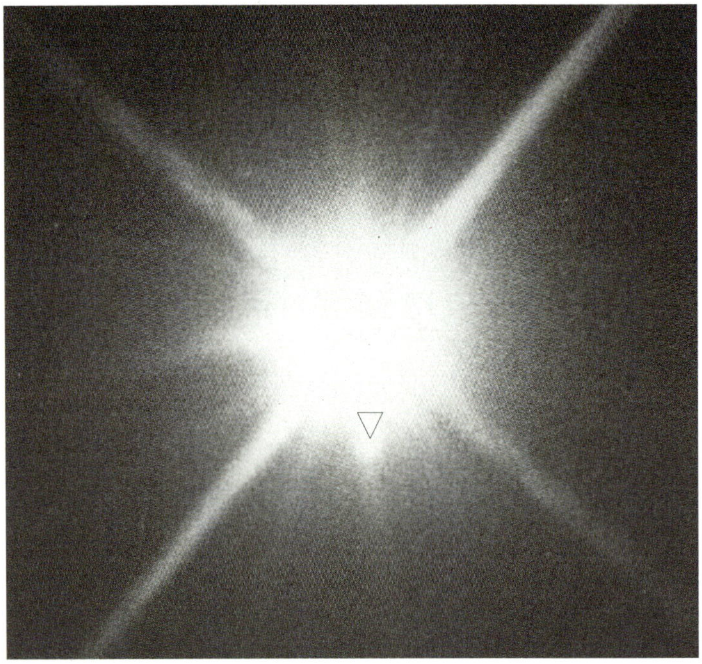

◁ Der schwach leuchtende Weiße Zwerg, der den Sirius, den hellsten Stern am Himmel, begleitet, ist auf diesem Foto gerade noch sichtbar. Er wird als Sirius B bezeichnet. Das Paar braucht 50 Jahre für einen Umlauf umeinander.

Neutronensterne

Aus unserem physikalischen Wissen heraus können wir sagen, dass ein in sich zusammenfallender Stern mit mehr als 1,4 Sonnenmassen nicht auf der Stufe eines Weißen Zwerges endet. Seine Gravitation ist so stark, dass die Elektronen in die Atomkerne hineingezogen werden. Dabei werden Protonen und Elektronen zu Neutronen (vgl. S. 20–21), die wiederum ohne irgendeinen Zwischenraum zusammengepresst sind. Neutronensterne sind noch dichter als Weiße Zwerge, aber wie Elektronen können auch Neutronen den Zusammenbruch stoppen, wenn nicht mehr als 3 Sonnenmassen Materie vorhanden sind. Ein typischer Neutronenstern hat einen Durchmesser von nur 10 bis 15 km; ein Kubikzentimeter seiner Masse wiegt eine Milliarde Tonnen.

Zwei andere Besonderheiten von Neutronensternen machen es möglich, sie zu finden, obwohl sie so klein sind: ihre schnelle Rotation und ihr starkes Magnetfeld. Alle Sterne drehen sich, aber wenn ein Stern zusammenbricht, erhöht sich seine Rotationsrate gewaltig, manchmal bis auf mehrere Umdrehungen pro Sekunde. Zudem haben Neutronensterne Magnetfelder, die billionenfach stärker sind als das der Erde.

Pulsare

Die ersten Pulsare wurden 1968 entdeckt, als Radioastronomen sehr regelmäßige Impulse aufspürten, die von vier Punkten in unserer Galaxis ausstrahlten. Sie wunderten sich, dass etwas nicht von Menschen Gemachtes solche regelmäßigen und schnellen Radiopulse produzieren konnte, und hielten es eine Zeit lang für möglich, dass intelligente Wesen irgendwo in unserer Galaxis dafür verantwortlich seien. Aber bald gab es

auch für dieses Phänomen eine natürliche Erklärung.

In dem starken Magnetfeld eines Neutronensterns erzeugen Elektronen, die sich in Spiralen drehen, Radiowellen. Der Stern rotiert schnell und sendet dabei wie ein Leuchtturm einen Strahl, den wir nicht die ganze Zeit im Blickfeld haben. Einige Pulsare geben neben Radiowellen auch Licht, Röntgen- und Gammastrahlen ab. Die langsamsten unter ihnen pulsieren ungefähr im Vier-Sekunden-Takt, die schnellsten im Millisekunden-Bereich. Die Rotation dieser Neutronensterne hat sich aus irgendeinem Grund beschleunigt, wahrscheinlich weil sie in Doppelsysteme eingebunden sind.

Röntgen-Doppelsterne

In der Milchstraße gibt es wenigstens 100 helle Röntgenstrahlungsquellen. Astronomen nehmen an, dass Materie, die auf die Oberfläche eines winzigen Neutronensterns strömt, eine solche besonders energiereiche und daher seltene Strahlung hervorrufen kann. Sie glauben, dass Doppelsysteme mit einem sehr kleinen, aber massereichen Stern – in vielen Fällen ein Neutronenstern, manchmal vielleicht auch ein Weißer Zwerg oder ein Schwarzes Loch – und einem Stern mit 10 bis 20 Sonnenmassen oder weniger als 2 Sonnenmassen diese Röntgenstrahlen erzeugen. Eine komplizierte Geschichte der Entwicklung und des Masseaustauschs zwischen den Sternpartnern führt schließlich zu solchen Situationen. Das Endergebnis hängt von den Ausgangsmassen und der ursprünglichen Entfernung zwischen den Sternen ab.

In Doppelsternen mit niedriger Masse formt sich eine Gasscheibe um den Neutro-

△ Das Magnetfeld eines Pulsars ist in einem gewissen Winkel zur Rotationsachse geneigt. Wenn der Stern sich dreht, schweifen die Radiowellen, die entlang der Magnetachse strahlen, wie ein Leuchtfeuer umher. Wir entdecken die Radiopulse, wenn der Strahl die Erde berührt.

▷ Wenn nur ein Stern in einem Doppelsystem ein Neutronenstern ist, werden enorme Energiemengen in Form von Röntgenstrahlen frei, sobald Materie von seinem Begleiter auf den Neutronenstern strömt. Es gibt zwei Arten von Röntgen-Doppelsternen: Der Partner des Neutronensterns kann entweder ein Weißer Zwerg oder ein massereicher Blauer Riese sein. Dieses Bild zeigt beide Formen im richtigen Größenverhältnis zueinander. Die Größe der Sonne ist zu Vergleichszwecken angegeben, der Weiße Zwerg ist vergrößert dargestellt.

nenstern. In Systemen mit hoher Masse strömt die Materie, von dessen Magnetfeld geleitet, direkt auf den Neutronenstern. Häufig wird er auch zum Röntgen-Pulsar.

Schwarze Löcher

Theoretischen Berechnungen zufolge kann die Masse eines Neutronensterns 3 Sonnenmassen nicht übersteigen. Wenn ein massereicherer Stern kollabiert, wird er wahrscheinlich zu einem Schwarzen Loch.

Schwarze Löcher haben faszinierende Eigenschaften. Im Umfeld der komprimierten Masse ist das Gravitationsfeld so stark, dass sich nicht einmal Licht ihm entziehen kann. Die Grenze dieser Umgebung wird Ereignishorizont genannt, weil ein äußerer Beobachter nicht sehen kann, was jenseits davon passiert. Im Inneren gibt es nichts – außer vielleicht etwas, das wir mit unserer Physik noch nicht ganz verstehen –, was die Materie davon abhalten könnte, zu einem unendlich kleinen Punkt in sich zusammenzufallen. Der Ereignishorizont ist natürlich nicht irgendwie markiert, und ein Astronaut, der ihn überschritte, würde zunächst nichts besonderes bemerken, aber er funktioniert wie ein Einwegventil. Alles kann hineingehen, aber nichts kommt wieder hinaus, und der Astronaut wäre dem Untergang geweiht. Bei einem Schwarzen Loch mit 3 Sonnenmassen hat der Ereignishorizont einen Radius von 9 km.

Diese Schwarzen Löcher gibt es wohl wirklich. In zahlreichen Doppelsystemen, bei denen es möglich ist, die Masse der Sterne zu errechnen, indem man ihre Bewegung erforscht, sind sehr kompakte Sterne gefunden worden, die selbst für Neutronensterne eindeutig zu massereich sind. In einem Röntgen-Doppelstern namens A0620-00 hat man die Masse des kompakten Sterns sehr genau errechnet, indem man verschiedene Beobachtungen miteinander kombinierte. Es ergab sich eine Größe von 16 Sonnenmassen, bei weitem zu viel für einen Neutronenstern. Ein anderer Röntgen-Doppelstern, V404 Cygni, weist ein Schwarzes Loch von wenigstens 6,3 Sonnenmassen auf.

Neben den Schwarzen Löchern aus stellarer Masse existieren so gut wie sicher auch supermassereiche Schwarze Löcher im Mittelpunkt der Galaxien. Nur ein Schwarzes Loch mit der dorthin strömenden Materie kann den enormen Energieausstoß von Galaxien mit sehr aktiven Kernen erklären.

Supernovae

Sterne mit weniger als 1,4 Sonnenmassen verlöschen einfach, wenn sie sterben, aber was geschieht mit den massereicheren Sternen? Und wie entstehen Neutronensterne und stellare Schwarze Löcher?

Das explosive Ende eines massereichen Sterns ist wirklich spektakulär – das beein-

Der Crab-Nebel

Der Crab-Nebel, einer der berühmtesten Supernova-Überreste, verdankt seinem Namen dem Dritten Earl of Rosse, der ihn 1844 als Erster beobachtete. Wir wissen heute, dass es sich um die Überreste einer Supernova handelt, die chinesische Astronomen im Jahr 1054 beobachteten und beschrieben. Der Crab-Nebel ist ein ausgefranstes Oval mit roten und grünen Filamenten aus glühendem Gas, eingebettet in einen bleichen weißen Lichtfleck.

Die glühenden Gasbänder liegen wie ein Netz um einen Hohlraum herum. Das weiße Licht stammt von Elektronen, die sich in diesem stark magnetisch geladenen Gebiet in Spiralen bewegen. Zudem ist der Nebel auch eine starke Quelle von Radio- und Röntgenstrahlen.

Als man feststellte, dass Pulsare in Supernovae entstandene Neutronensterne sind, hielt man Supernova-Überreste wie den Crab-Nebel für einen guten Ort, um dort nach ihnen zu suchen. 1969 entdeckte man, dass einer der Sterne im Zentrum des Nebels alle 33 Millisekunden nicht nur Radioimpulse, sondern auch Licht und Röntgenstrahlen zur Erde sendet. Diese selbst für einen Pulsar hohe Geschwindigkeit verringert sich langsam. Pulsare, die sich langsamer drehen, sind sehr viel älter als dieser im Crab-Nebel gefundene.

◁ Dieser Trichter veranschaulicht die Anziehungskraft eines Schwarzen Loches, das einem Strudel ähnelt. Die Materie im äußeren Bereich (hellste Farbe) kann ihre Entfernung vom Schwarzen Loch beibehalten. Die Materie im mittleren Bereich kann der Anziehung entkommen, wenn sie sich schnell genug in die richtige Richtung bewegt. Dem inneren Bereich (dunkelste Farbe) kann dagegen nicht einmal das Licht entfliehen.

Die Benennung von Supernovae

Auch wenn moderne Astronomen in unserer Galaxis noch keine Supernova gesehen haben, konnten sie 1987 immerhin eine in der Großen Magellanschen Wolke beobachten, einer Nachbargalaxie, die von der Südhalbkugel aus sichtbar ist. Sie gaben ihr den Namen SN 1987 A. Supernovae werden nach dem Jahr ihrer Entdeckung benannt und bekommen einen Großbuchstaben des Alphabets zugeordnet. Wenn mehr als 26 in einem Jahr beobachtet werden, fährt man mit AA, BB usw. fort. SN ist eine Abkürzung für Supernova.

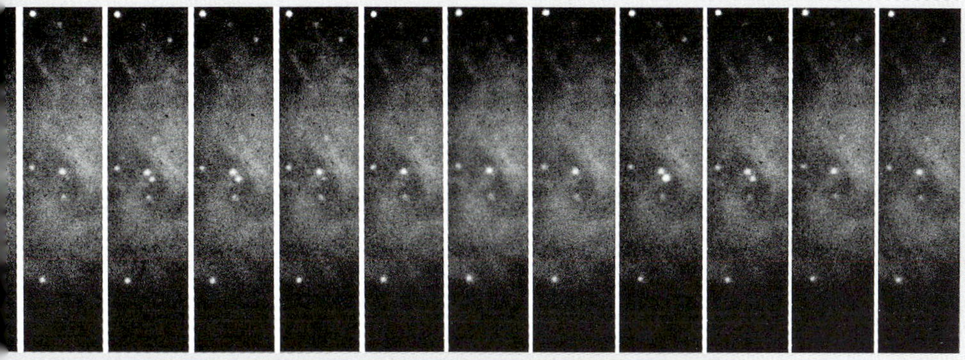

△ Diese Bilder, die sehr schnell hintereinander aufgenommen wurden, zeigen einen Lichtblitz des Pulsars im Crab-Nebel. Der Pulsar befindet sich jeweils in der Mitte des Bildes.

◁ Der Crab-Nebel, fotografiert mit dem 5-m-Hale-Teleskop auf dem Mount Palomar, Kalifornien.

druckendste natürliche Ereignis, das der Himmel zu bieten hat. In wenigen Momenten wird mehr Energie freigesetzt, als unsere Sonne in über 10 Milliarden Jahren ausstrahlen wird, der Lichtausstoß eines einzigen sterbenden Sterns entspricht dem einer ganzen Galaxie, und was wir als Licht wahrnehmen, ist nur ein Teil der gesamten Energie. Bruchstücke des ursprünglichen Sterns werden mit einer Geschwindigkeit von bis zu 20 000 km pro Sekunde weggesprengt.

Diese atemberaubenden stellaren Explosionen, die so genannten Supernovae, sind ziemlich selten. Etwa 20 bis 30 werden jedes Jahr in anderen Galaxien entdeckt, meist als Ergebnis einer systematischen Suche. In jeder Galaxie gibt es etwa eine bis vier Supernovae pro Jahrhundert, in der Milchstraße allerdings ist seit 1604 keine mehr registriert worden. Wahrscheinlich hat es welche gegeben, aber wir konnten sie durch die gewaltigen Staubmengen zwischen den Sternen unserer Galaxis nicht sehen. Radioastronomen haben einen Gasring, den Überrest einer Supernova, im Sternbild Cassiopeia entdeckt und die Explosion etwa auf das Jahr 1658 datiert. Niemand hat zu dieser Zeit von einem außergewöhnlich hellen Stern berichtet, obwohl ein schwach leuchtender Stern, der 1680 nicht mehr auffindbar war, in einer Sternkarte dieses Gebiets verzeichnet wurde.

◁ Der Zirrus-Nebel im Sternbild Cygnus ist Teil einer gewaltigen Gashülle, die in einer Supernova vor etwa 30 000 Jahren entstanden ist.

Der Supernova-Sternentod

Um zu verstehen, wie eine Supernova entsteht, müssen wir die letzten Stufen in der Entwicklung eines massereichen Sterns betrachten. Wenn der Wasserstoff im Kern zur Heliumproduktion aufgebraucht ist, starten neue nukleare Prozesse, und das Helium verwandelt sich in Kohlenstoff. Weiter draußen können in der Hülle immer noch Wasserstoffatome zu Helium verschmelzen. Wenn das Helium aufgebraucht ist, wird der Kohlenstoff zum Brennstoff. Eine ganze Reihe verschiedener nuklearer Reaktionen läuft in den Schichten um den Kern ab, bis der Stern wie eine Zwiebel mehrere Hüllen aufweist. Das Ende naht, wenn der Stern einen Kern aus Eisen und Nickel bildet, während in den anderen Schichten Silicium, Neon, Sauerstoff, Kohlenstoff und Helium als Kernbrennstoffe fungieren. Im Zentrum des Sterns entsteht ein Weißer Zwerg, bis die maximale Masse, 1,4 Sonnenmassen, erreicht ist. Dann folgt sofort der katastrophale Kollaps des Kerns. In weniger als einer Sekunde schrumpft er von Erdgröße auf einen Durchmesser von weniger als 100 km. Seine Dichte entspricht der des Atomkerns (etwa 1000 Millionen Millionen Millionen Mal dichter als Wasser). Die Materie verschmilzt zu einem einzigen gigantischen Atomkern – ein Neutronenstern ist entstanden.

An dem Punkt, an dem die Neutronen im Inneren des Kerns ein weiteres Kollabieren verhindern, kommt der Prozess plötzlich zum Stillstand. Schockwellen durchlaufen die Materie, die immer noch einströmt, und unglaubliche Mengen an Neutrinos führen dem Stern neue Energie zu. Daraufhin lösen sich die äußeren Schichten ab und lassen den Kern des Neutronensterns zurück, der jetzt sichtbar wird. Unter bestimmten Bedingungen kann dieser Kern massereich genug sein, um sich in ein Schwarzes Loch zu verwandeln.

Wir können uns relativ gut vorstellen, wie massereiche Sterne ihr Leben als Supernova beenden – aber nur ein Viertel aller Supernovae wird so ausgelöst. Sie lassen sich durch ihre Spektren und das besondere Muster, nach dem sie mal heller und mal weniger hell leuchten, gut erkennen. Wie die anderen Supernovae entstehen, ist nicht so klar. Die gängigste Theorie besagt, dass sie ihr Leben als Weiße Zwerge in Doppel-

Supernova 1987A

Als SN 1987A am 24. Februar 1987 entdeckt wurde, sorgte das für große Aufregung unter den Astronomen, weil es die hellste beobachtete Supernova seit 1604 war. Obwohl sie in unserer Nachbargalaxie, der Großen Magellanschen Wolke, stattfand, erreichte sie eine Lichtstärke der 2,9. Größenklasse und konnte auf der Südhalbkugel problemlos mit bloßem Auge verfolgt werden. Zum ersten Mal waren moderne Instrumente im Einsatz, um die Entwicklung einer Supernova zu untersuchen. Selbst der Stern, der explodierte, konnte mit Hilfe älterer Fotos identifiziert werden – ein blauer Überriese von etwa 17 Sonnenmassen, der auf ein Alter von ungefähr 20 Millionen Jahren geschätzt wurde.

Die Explosion ereignete sich wahrscheinlich am Tag vor der Entdeckung. Auf einem früheren Foto fanden sich deutliche Anzeichen, und Wissenschaftler, die das All nach Neutrinos durchforschten, verzeichneten am 23. Februar eine extreme Konzentration der Teilchen.

Neutrinos sind beinahe masselose Elementarteilchen. Sie sind sehr schwer zu finden, aber äußerst wichtig, weil sie bei ihrer Entstehung in Kernreaktionen enorm viel Energie transportieren. Das Auffinden der Neutrinos bestätigte unsere Theorie zur Entstehung einer Supernova. Allerdings wurde im Umfeld dieser Supernova nach der Explosion kein Pulsar oder Neutronenstern ausgemacht.

◁▽ Supernova 1987A explodiert in der Großen Magellanschen Wolke (links). Auf einem früher aufgenommenen Foto war nur ein schwach leuchtender Stern der 12. Größenklasse zu sehen (unten).

◁ Diese wirre Gasmasse ist der Überrest einer Supernova, die vor etwa 10 000 Jahren explodierte. Sie liegt in dem südlichen Sternbild Vela (Segel) und weist einen der stärksten Radio-Pulsare auf.

▷ Ein alter Stern gibt allmählich den größten Teil seiner äußeren Schichten ab, die dann einen planetarischen Nebel bilden. Dies ist ein Weg, auf dem die in Sternen entstandenen chemischen Elemente in interstellare Gaswolken zurückwandern. Das Gas kann später wieder Bestandteil eines neuen Sterns werden.

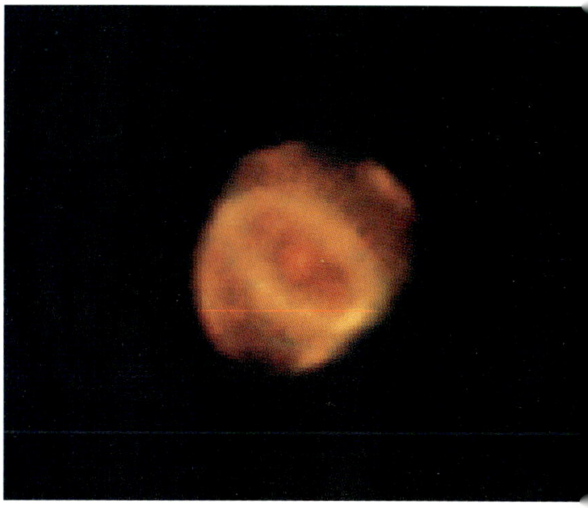

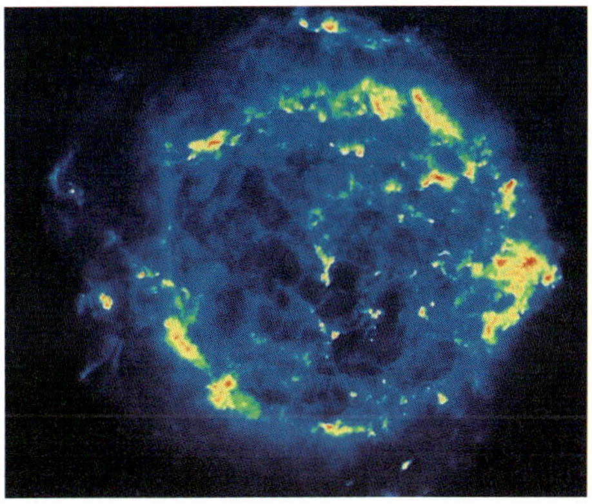

◁ Cassiopeia A ist die nach der Sonne stärkste Radioquelle am Himmel, der Überrest einer Supernova, die etwa 1667 explodierte und nicht bemerkt wurde, weil dicke Staubwolken sie überlagerten. Dargestellt ist eine Radiokarte in Falschfarben.

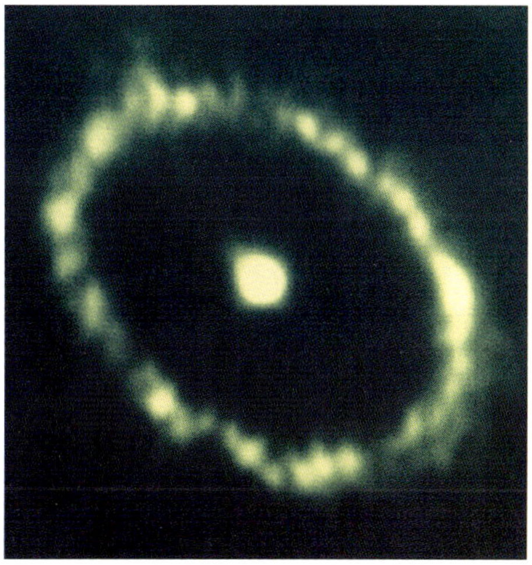

◁ Ein Ring aus glühendem Gas wurde in den interstellaren Raum geblasen, als die Supernova 1987A explodierte. Auf diesem vier Jahre nach der Explosion entstandenen Bild hat er schon einen Durchmesser von 1,37 Lichtjahren. Er wird sich weiter ausdehnen und sich schließlich mit dem interstellaren Gas vermischen.

systemen beginnen. Materie fließt von seinem Begleitstern zu dem Weißen Zwerg, bis die Grenze von 1,4 Sonnenmassen überschritten ist. In der Supernova-Explosion, die dann folgt, wird wahrscheinlich der ganze Stern zerstört.

Der Ursprung der Elemente

Beinahe 100 verschiedene chemische Elemente formen unsere Welt, die feste Erde mit ihren Ozeanen, ihrer Atmosphäre, ihren Pflanzen und Tieren.

Im Universum verbinden sich die kosmischen Elemente zu einer Unzahl von verschiedenen Substanzen. Aber woher stammten die chemischen Bausteine überhaupt? Astronomen können heute erschließen, wie die verschiedenen Elemente entstanden sind und sich im Universum verteilten (vgl. auch S. 20–21).

Das einfachste Element ist der Wasserstoff. Ein Wasserstoffatom hat ein einziges Proton als Kern und ein Elektron, das es umkreist. Verschiedene Elemente weisen unterschiedlich viele Protonen im Kern auf, und bei allen Elementen außer dem Wasserstoff finden sich dort auch Neutronen.

Bei Kernreaktionen können atomare Kerne und Partikel, etwa Neutronen, verschmelzen und neue Elemente bilden. Dazu sind sehr hohe Temperaturen notwendig, die in der Anfangszeit des Universums ebenso zu finden waren wie heute im Inneren der Sterne, in Supernova-Explosionen oder bei einem Materiestrom auf einen sehr dichten Stern wie etwa einen Weißen Zwerg.

Der gesamte Wasserstoff im Universum und ein großer Teil des Heliums entstanden in den ersten paar Minuten nach dem Urknall. Die ersten Sterne bestanden fast nur aus Wasserstoff und Helium. Wir haben gesehen, wie Sterne Energie produzieren, indem sie Wasserstoff zu Helium transformieren, um später dann aus dem Helium schwerere Elemente zu bilden, darunter auch Kohlenstoff, Sauerstoff, Silicium, Eisen usw. Wenn ein Stern als Supernova explodiert, wird der Großteil seiner Materie ins All geblasen, und in der Explosionshitze entstehen noch weitere Elemente.

Nach zahlreichen Supernovae gibt es im interstellaren Raum beträchtliche Mengen der in den Sternen produzierten Materie, dazu die schon ursprünglich vorhandenen Elemente Wasserstoff und Helium. Selbst die Sterne, die nicht explodieren, liefern Material, wenn sich ihre äußeren Schichten als »Sternwind« oder als planetarische Nebel ablösen.

Jetzt müssen wir uns daran erinnern, wie Sterne entstehen, als Wolken aus interstellarer Materie. Sterne, die heute in unserer Galaxis geboren werden, formen sich aus einer sehr viel reicheren Mischung chemischer Elemente als die ersten Sterne. Selbst unsere Sonne gehört nicht zur ersten Sternengeneration. Sie entstand aus einer Wolke, die schon so viel Kohlenstoff, Wasserstoff, Silicium, Eisen usw. enthielt, dass diese Elemente sich in dem wirbelnden Nebel sammeln konnten, der sich zu unserem Sonnensystem ausbildete und unseren Planeten schuf. Es ist ein seltsamer Gedanke, aber die meisten Atome unseres Körpers entstanden in längst vergangenen Sternen.

Galaxien und das Universum

Was ist die Milchstraße, und wann können wir sie sehen? Was ist ein Quasar? Was geschah beim Urknall, und wie wird das Weltall in der Zukunft aussehen? Überall im Universum bewegen sich die Galaxien voneinander fort. Indem sie diese Galaxien erforschten, haben die Astronomen die Geschichte des Universums zurückverfolgt.

Die Milchstrasse

Die Milchstraße ist unsere Heimatgalaxie, eine Familie von insgesamt 100 Milliarden Sternen. Ihr Licht bildet eine schwach leuchtende Straße im Nachthimmel. Spiralarme, Sterne, Gas und Staub prägen unsere Galaxis. In ihrem Mittelpunkt liegt vielleicht ein riesiges Schwarzes Loch. Ein gigantischer Halo aus unsichtbarer Materie umgibt ihre sichtbare Scheibe.

Wenn du die Milchstraße sehen willst, suche mit Hilfe der Sternkarten (S.150–153) nach einem der auffälligen Sternbilder, durch die sie sich bewegt. Es sind Cassiopeia, Perseus, Auriga (Fuhrmann), Monoceros (Einhorn), Vela (Segel), Crux (Kreuz des Südens), Scorpius (Skorpion), Sagittarius (Schütze) und Cygnus (Schwan). Deine Augen brauchen mindestens 15 Minuten, um sich an die Dunkelheit anzupassen.

Durch das Fernglas kommen fantastische Sternwolken in dein Blickfeld. Jetzt siehst du deine Galaxis genau so wie Galilei von vierhundert Jahren. Er war fasziniert von den Unmengen schwach leuchtender Sterne und ihm wurde klar, dass der Himmel sehr viel größer sein musste, als man sich je vorgestellt hatte. Die reichsten Sternenfelder liegen in der südlichen Milchstraße und sind in Südamerika, Südafrika, Australien und Neuseeland ein begeisternder Anblick.

Der Blick von innen auf die Galaxis

Was genau ist die Milchstraße? Es ist der Blick von innen auf die große, sternenreiche Galaxis, zu der die Sonne gehört – insgesamt 100 Milliarden Sterne, verteilt auf einer dünnen Scheibe mit Spiralarmen. Weil wir innerhalb der Galaxis leben, ist es schwer, sich die äußere Form vorzustellen, denn wir schauen genau auf den Querschnitt der Scheibe.

Unser Blick wird außerdem von Gas und Staubwolken behindert. Radiowellen können diese Wolken durchdringen, und so konnten Radioastronomen beweisen, dass die Galaxis eine große Spirale ist. Die Sonne steht etwa 25 000 Lichtjahre vom Mittelpunkt dieser Spirale entfernt. Die Sternenscheibe hat einen Durchmesser von etwa 100 000 Lichtjahren, aber eine sehr viel geringere Dicke. In Bereich der Sonne ist sie nur ein paar hundert Lichtjahre dick.

▷ Die Form der Milchstraße von oben (links) und von der Seite (rechts). Verschiedene Spiralarme drehen sich aus dem zentralen *Bulge* heraus. Die Arme sind Teile einer dünnen Scheibe, die ansonsten aus Staub besteht. Die ganze Galaxis ist von einem kugelförmigen Halo umgeben, der sowohl Kugelsternhaufen wie auch einige Einzelsterne enthält.

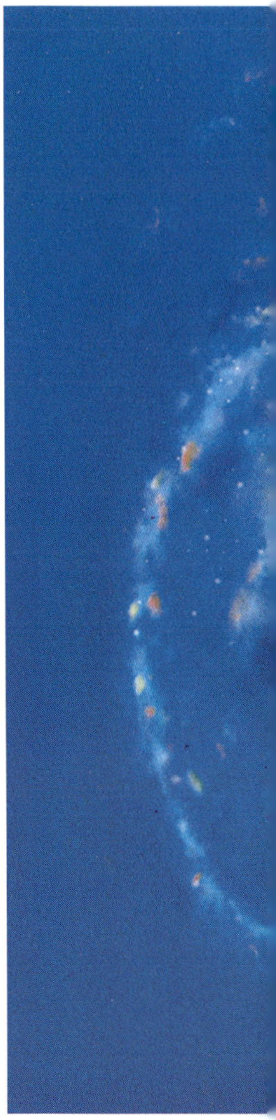

▽ So könnte die Milchstraße aussehen, wenn man sie von einem imaginären Planeten aus betrachtet, der sich in einer Umlaufbahn um einen Stern im Halo der Galaxis, ein gutes Stück über der Hauptscheibe mit ihren Spiralarmen, bewegt.

▷ Dieses Infrarot-Bild der Milchstraße, aufgenommen von Instrumenten des COBE-Satelliten, zeigt den zentralen *Bulge* unserer Galaxis und ihre dünne Scheibe.

Milchstrassen-Daten

Durchmesser: 100 000 Lichtjahre
Dicke der Scheibe in der Nähe der Sonne: 500 Lichtjahre
Zentraler *Bulge*: 20 000 Lichtjahre Durchmesser, 3000 Lichtjahre Dicke
Enthält 100 Milliarden Sterne

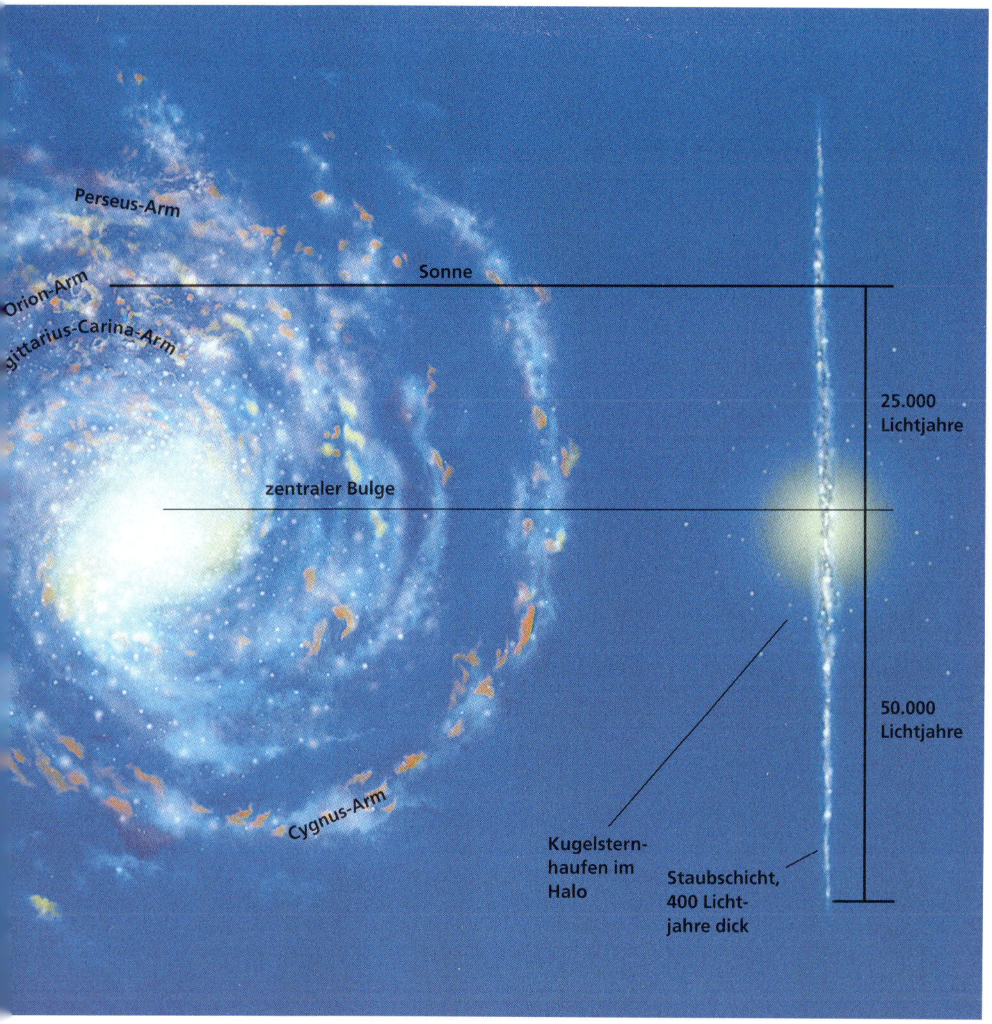

Der innere Teil der Scheibe hat eine zentrale Verdickung (den so genannten *Bulge*), eine Sternenkugel mit einer Dicke von etwa 3000 Lichtjahren. In diesem Gebiet stehen die Sterne sehr viel dichter beieinander als in der Scheibe. *Bulge* und Spiralscheibe sind von einem gewaltigen Halo aus freier Materie umgeben, der sich etwa 150 000 Lichtjahre vom Mittelpunkt aus ins All erstreckt.

In der Scheibe

Die Scheibe der Galaxis hat vier Spiralarme, in denen Gas, Staub und junge Sterne zu finden sind. Unsere Sonne liegt im Orion-Arm, zu dem auch der Orion-Nebel und der Nordamerika-Nebel gehören. Zwischen der Sonne und dem *Bulge* liegt noch der Sagittarius Carina Arm, der etwa 75 000 Lichtjahre lang ist.

Die Galaxis rotiert, und ihre inneren Teile vollenden ihre Umlaufbahn in sehr viel kürzerer Zeit als die äußeren Gebiete. Die Reise unserer Sonne um das Zentrum der Milchstraße dauert etwa 200 Millionen Jahre, sie ist also etwa 25 galaktische Jahre alt, weil sie 25 Umdrehungen um die Galaxis vollendet hat.

Weil die dem galaktischen Zentrum näher liegenden Regionen sich sehr viel schneller drehen, stellt sich die Frage, warum die Spiralarme sich nicht immer wieder wie in einem kosmischen Strudel um die Galaxis gelegt haben. Die Antwort lautet: Die Spiralarme sind eine »Dichtewelle«, sie sind eine Art Stau auf einer kosmischen Autobahn, die ständig verstopft ist, auch wenn einzelne »Fahrzeuge« (die Sterne der Milchstraße) sich hindurchschlängeln können.

Wenn sich die Sterne und das Gas, die sich im Inneren der Galaxis drehen, einem Spiralarm nähern, rasen sie in die Materie des Armes, die sich langsamer bewegt. In der Kollisionszone allerdings kommt es zu Sterngeburten. Gas und Staub bleiben im »Stau« stecken, zusammengedrückte Wolken kollabieren unter der Schwerkraft und bilden neue Sterne. Wenn wir andere Spiralgalaxien betrachten, finden wir offene Sternhaufen (Familien junger Sterne) und strahlende Emissionsnebel in den Spiralarmen.

Die unsichtbare Galaxis

Astronomen messen die Materiemenge der Galaxis mit Hilfe der Umlaufgeschwindigkeiten der Sterne und des Gases. Je schneller ein Stern bei einem vorgegebenen Radius rotiert, desto massereicher muss seine Galaxie sein. Dieselbe Methode wurde auch benutzt, um die Masse der Sonne zu errechnen, indem man die Umlaufgeschwindigkeit eines Planeten mit seiner Entfernung zur Sonne und ihrer Masse in Beziehung setzte. Mit Hilfe der Geschwindigkeit und der Entfernung der Sonne vom Mittelpunkt der Galaxis kann man ausrechnen, dass die Galaxis innerhalb der Umlaufbahn der Sonne eine Masse von etwa 100 Milliarden Sonnenmassen besitzen muss. Das entspricht etwa der Masse, die wir als Sterne und Gas wahrnehmen können.

Die Sterne jenseits der Sonne erzählen allerdings eine ganz andere Geschichte. Statt sich bei größerer Entfernung vom Zentrum langsamer zu bewegen (wie die Planeten im Sonnensystem), bleiben ihre Geschwindigkeiten mehr oder weniger konstant. Das kann nur daran liegen, dass die Sterne von der sehr viel größeren Gravitationskraft einer gewaltigen Menge unsichtbarer Materie angezogen werden. Sternhaufen im galaktischen Halo bewegen sich so schnell, als würden sie von der 10-fachen Materiemasse angezogen.

Die Milchstraße hat zwei Begleitgalaxien, die Große und die Kleine Magellansche Wolke. Die Umlaufbahn einer dieser Galaxien verrät uns, dass die Masse im Halo 5- bis 10-mal größer ist als die, die wir in der Scheibe sehen.

Dunkle Materie im Halo

Der größte Teil der Materie im Halo ist unsichtbar, kann also nicht aus ganz normalen Sterne bestehen. Auch Gas würde von Radio- oder Ultraviolett-Teleskopen entdeckt werden. Das Licht weiter entfernter Galaxien erreicht uns direkt durch den Halo, also ist die zusätzliche Masse kein Staub. Die dunkle Materie könnte aus seltsamen atomaren Teilchen bestehen, wie man sie auf der Erde noch nicht entdeckt hat. Andererseits könnten auch enorme Mengen von kalten »Planeten« oder Schwarzen Löchern für die fehlende Masse verantwortlich sein. Im Moment sind neun Zehntel der Milchstraße unsichtbar. Wir werden später noch feststellen, dass dieses Problem der fehlenden Masse sich auch auf andere Galaxien und das Universum als Ganzes erstreckt.

Das Zentrum

Das Zentrum der Milchstraße liegt in Richtung des Sternbildes Sagittarius. Man kann es mit optischen Teleskopen nicht sehen, weil gewaltige Staubwolken das Licht verschlucken. Radiowellen und Infrarotstrahlung können diese Wolken jedoch durchdringen.

1000 Lichtjahre um den Mittelpunkt herum ist die Sterndichte sehr, sehr hoch. Von einem Planeten dieser überfüllten Region aus könnte man eine Million hell leuchtender Sterne im Nachthimmel sehen, und es wäre nie richtig dunkel. Die nächsten Sterne würden nur ein paar Lichttage entfernt liegen.

Das Zentrum der Milchstraße ist eine starke Quelle von Radio-, Infrarot- und Röntgenstrahlen. Die starke Infrarotemission entspringt einem Gebiet mit einem Durchmesser von nur 20 Lichtjahren. Radiokarten der Region zeigen einen unregelmäßigen Gasring, der um das Zentrum der Milchstraße herumwirbelt, und immer wieder strömt heißes Gas vom inneren Rand dieses Ringes in Richtung Mittelpunkt.

Das Herz unserer Galaxis

Im Inneren der Milchstraße verbirgt sich eine mysteriöse Energiequelle von unvorstellbarer Kraft. Sie leuchtet wie hundert Millionen Sonnen und ist dabei klein genug, um ganz in die Umlaufbahn des Jupiters hineinzupassen. Ihre gesamte Masse ist etwa eine Million Mal größer als die der Sonne. Diese Materie ist beinahe sicher ein Schwarzes Loch, das gierig die interstellaren Staub- und Gaswolken verschlingt und sich immer wieder Nachschub aus dem Ring holt. Während dieses Gas auf das Schwarze Loch zufällt, heizt es sich auf und setzt die Energie frei, die wir wahrnehmen.

Nicht alle Astronomen sind jedoch davon überzeugt, dass die Energie in einem zentralen Schwarzen Loch entsteht. Sie behaupten, dass eine starke Explosion bei der Sterngeburt die Energie freigesetzt haben könnte.

Unsere Nachbarn

Die beiden Begleitgalaxien der Milchstraße, die Große und die Kleine Magellansche Wolke, wurden im 16. Jahrhundert von portugiesischen Seeleuten entdeckt, die Richtung Südafrika segelten. Später wurden sie nach Ferdinand Magellan (1480–1521), dem ersten Weltumsegler, benannt. Die Magellanschen Wolken sind von der Südhalbkugel aus zu sehen. Die Große Wolke liegt etwa 165 000 Lichtjahre entfernt, die Kleine 200 000 Lichtjahre.

Die Große Magellansche Wolke hat einen zentralen Sternenbalken, aber keine Spiralstruktur. Sie umfasst etwa 20 Milliarden Sterne und ist damit eine Galaxie mittlerer Größe, die uns 10-mal näher liegt als das nächste große Sternensystem.

In der Großen Wolke gibt es einen gigantischen Emissionsnebel, den Tarantel-Nebel, der vor allem aus Überriesen und Gas besteht und eine wichtige »Sternenfabrik« ist. Eine berühmte Supernova explodierte 1987 in dieser Umgebung (S.122).

Galaktischer Kannibalismus

Die beiden Magellanschen Wolken umkreisen unsere Galaxis. Weil sie weit von uns entfernt sind, ist ihre Bewegung kaum wahrnehmbar. Allerdings gelang es Astronomen im Jahr 1993, ihre Geschwindigkeit zu messen, indem sie Fotos miteinander verglichen, die im Abstand von 17 Jahren aufgenommen worden waren. Die Sterne der Großen Wolke hatten sich gerade so viel bewegt, dass überhaupt eine Veränderung feststellbar war. Aus der Geschwindigkeit errechneten die Astronomen die Umlaufbahn der Großen Wolke und stießen dabei auf zwei überraschende Befunde.

Erstens war die Geschwindigkeit größer als erwartet, was man nur dadurch erklären kann, dass die Milchstraße auch größer sein

◁ Unzählige Sterne bevölkern dieses Foto der Milchstraße im Sternbild Sagittarius. Unser Blick ist hier auf das Zentrum der Galaxis ausgerichtet, in dem die Konzentration der Sterne am größten ist.

muss, als man zuvor gedacht hatte. Der Halo aus unsichtbarer Materie scheint einen etwa 10-mal so großen Durchmesser zu haben wie die Spiralscheibe der Galaxis. Die Große Magellansche Wolke braucht etwa 2,5 Milliarden Jahre, um die Milchstraße einmal zu umrunden.

Zweitens kommt die Große Wolke dem massereichen Halo auf ihrer Umlaufbahn sehr nahe. Deshalb verliert sie bei jeder Umdrehung Materie durch die enormen Gravitationskräfte. Ein gewaltiger Trümmerschweif aus Sternhaufen und Wasserstoff wird von ihr weggesogen. Daraus ist ein großer ausgefranster Materiebogen entstanden, der jetzt von der Großen Magellanschen Wolke auf die Milchstraße zuströmt. Die Kleine Magellansche Wolke erleidet ein ähnliches Schicksal. Beide Begleitgalaxien ziehen wie riesige Kometen – in galaktischer Größenordnung – Trümmerschweife hinter sich her. Astronomen rechnen damit, dass die Milchstraße innerhalb weiterer 10 Milliarden Jahre die gesamte Materie der Wolken in einem Akt des galaktischen Kannibalismus in sich aufgesogen haben wird.

Ein Pfad ins Universum

Alle Sterne der Großen Magellanschen Wolke sind (mehr oder weniger) gleich weit von uns entfernt, etwa so, wie alle Menschen in New York gleich weit von London entfernt sind. Das bedeutet, dass Unterschiede in der Leuchtkraft der Sterne in den Wolken einzig und allein auf Unterschiede in ihrem Alter und ihrer chemischen Zusammensetzung zurückzuführen sind. Wenn wir die Sterne unserer eigenen Galaxis betrachten, müssen wir immer die Entfernungsunterschiede im Auge behalten, und es ist sehr schwer, Entfernungen genau zu messen. Bei den Sternen in den Magellanschen Wolken können wir sagen, dass die Entfernungsunterschiede quasi vernachlässigbar sind. 1912 entdeckte Henrietta Leavitt (1868–1921) vom Harvard-College-Observatorium in Cambridge, USA, über 20 Cepheiden-Veränderliche in der Großen Wolke. Vier Jahre später zeigte sie, dass die Pulsationsperiode eines Cepheiden mit seiner Helligkeit zusammenhängt. Diese unglaublich wichtige Entdeckung erlaubt es den Astronomen auszurechnen, wie viel Licht ein solcher Stern aussendet. Indem sie diese wirkliche Helligkeit mit der scheinbaren Helligkeit in Beziehung setzen, können sie außerdem die Entfernung des Sterns von unserer Galaxis bestimmen.

◁△ Die Große Magellansche Wolke (links) und die Kleine Magellansche Wolke (oben) sind zwei kleine irreguläre Galaxien im Gefolge der Milchstraße. Sie sind von der Südhalbkugel der Erde aus als neblige Flecken am Nachthimmel zu erkennen.

GALAXIEN IM UNIVERSUM

Die Milchstraße hat eine Familie von Nachbargalaxien, die so genannte Lokale Gruppe, die einen Galaxienhaufen bildet. Zu unseren Nachbargalaxien gehören wundervolle Spiralsysteme, darunter die Andromeda-Galaxie, das entfernteste Objekt, das man mit bloßem Auge erkennen kann. Die meisten Galaxien des Universums sind Spiralen oder Ellipsen, und viele sind Teil eines Galaxienhaufens.

Im 19. und Anfang des 20. Jahrhunderts waren die Astronomen im Zweifel über die nebligen Lichtflecke, die sie mit ihren Teleskopen beobachten konnten. Die Sterne waren ganz offenkundig Teil der Milchstraße, ebenso wie die strahlenden Gaswolken etwa des Orion-Nebels. Aber auf ihrer Suche nach Kometen und Planeten hatten Astronomen wie Charles Messier und William Herschel tausende lichtschwächerer Nebel ausgemacht, darunter viele Spiralnebel. Die Astronomen überlegten, ob es sich dabei um Galaxien weit jenseits der Milchstraße oder um Gaswolken in unserer Galaxis handele. Nur durch eine neue Methode zur Entfernungsmessung konnten diese Fragen beantwortet werden.

1924 bewies der amerikanische Astronom Edwin Hubble, dass die Spiralnebel gewaltige Galaxien ähnlich wie die Milchstraße sind. Auf einen Schlag entdeckte er die atemberaubende Ausdehnung des Universums.

Hubble ortete zunächst Cepheiden-Veränderliche in der Andromeda-Galaxie. Sie waren sehr viel lichtschwächer als die Cepheiden in den Magellanschen Wolken, mussten also, wie er feststellte, etwa 10-mal so weit entfernt liegen wie unsere Begleitgalaxien.

Die Andromeda-Galaxie kann man mit bloßem Auge erkennen, sie ist das am weitesten entfernte Objekt, das noch ohne Fernglas oder Teleskop sichtbar ist. Zahllose andere Galaxien sind sehr viel lichtschwächer, also auch weiter entfernt. Edwin Hubble hatte das Reich der Galaxien entdeckt. In den nächsten Jahren maß er die Entfernungen zu anderen Spiralnebeln aus und konnte zeigen, dass selbst die uns nächstliegenden Galaxien viele Millionen Lichtjahre entfernt sind. Die Dimensionen des bekannten Universums überstiegen alle vorherigen Annahmen bei weitem.

Galaxientypen

Es gibt viele Arten von Galaxien. Sie unterscheiden sich nach Form, Größe, Masse und Energieausstoß. Zunächst wollen wir uns die normalen Galaxien ansehen, die ihre Energie oder ihr Licht aus Kernreaktionen in den Sternen beziehen. Im nächsten Kapitel betrachten wir dann aktive Galaxien, in denen die Energie gewonnen wird, etwa indem Schwarze Löcher Sterne verschlucken.

△ Unsere Lokale Gruppe von Galaxien wird dominiert von der Andromeda-Galaxie (1) und unserer Milchstraße (2), zwei großen Spiralen. Beide haben Haufen von Zwerggalaxien um sich (1a, 2a, 2b).

◁ Jede Galaxie ist anders. Hier sind drei Spiralgalaxien abgebildet: die mittlere sieht man quasi im Querschnitt, die rechte ist eine Balkenspirale.

Hubble teilte die normalen Galaxien ihrer Form nach in drei Familien ein: elliptische, spiralförmige und irreguläre.
Elliptische Galaxien haben keine Spiralarme, sondern ein Formenspektrum von fast kugelförmig (sog. E0) bis hin zu gedrängt zigarrenförmig (sog. E7). Etwa drei Viertel aller Galaxien im Universum sind elliptisch, von Zwerg- bis zu Überriesengalaxien. Die größten elliptischen Galaxien haben einen Durchmesser von mehreren Millionen Lichtjahren und sind die massereichsten, die wir kennen.
Bei den Spiralgalaxien unterscheiden Astronomen zwischen Balkenspiralen mit einer zentralen Brücke aus Sternen, die die inneren Enden der beiden Spiralarme miteinander verbindet, und normalen Spiralen, bei denen die Arme direkt aus dem Kern herausragen. Sie haben einen Durchmesser zwischen 20 000 und 100 000 Lichtjahren. Die Milchstraße steht schon am oberen Ende dieser Größenskala.
Ein kleiner Prozentsatz von Galaxien passt nicht in diese Kategorien. Diese irregulären Galaxien sind oft Begleiter größerer Sternensysteme, wie das Beispiel der beiden Magellanschen Wolken verdeutlicht.
Die Gesamtmenge von Sternen, Gaswolken und Staub innerhalb einer Galaxie bildet eine Familie, die durch die Gravitation zusammengehalten wird.

Die Lokale Gruppe

Unsere eigene Familie ist die Lokale Gruppe. Bei etwa 25 Mitgliedern verteilt über eine Entfernung von 3 Millionen Lichtjahren wirken die Familienbande sehr zart, aber das ist in Galaxienhaufen normal. Ihre größten Mitglieder sind die Milchstraße und die Spiralen M31 im Sternbild Andromeda und M33 im Sternbild Triangulum (Dreieck). Die Milchstraße hat etwa neun Zwerggalaxien in ihrer Nähe, die Andromeda-Galaxie weitere acht. Noch immer finden Astronomen neue lichtschwache Galaxien in unserer Lokalen Gruppe.
Jedes Mitglied der Lokalen Gruppe bewegt sich im Gravitationsfeld aller anderen Mitglieder. Alle Galaxienhaufen werden durch die Gravitation, die wichtigste physikalische Kraft mit großer Reichweite im Universum, zusammengehalten. Durch Geschwindigkeitsmessung der Galaxien in der Lokalen Gruppe kann man deren Gesamtmasse berechnen, und dabei hat sich herausgestellt, dass diese Masse etwa 10-mal so hoch ist wie

die Masse der sichtbaren Sterne, sodass also in der Lokalen Gruppe gewaltige Mengen dunkler Materie vorhanden sein müssen.

Der Virgo-Haufen

Außerhalb der Lokalen Gruppe finden wir andere kleine Galaxienhaufen wie etwa Stephans Quintett, in dem zwei Spiralgalaxien miteinander verschmolzen sind. Und weiter draußen locken sehr viel größere Haufen. Der mächtige Virgo-Haufen in etwa 50 Millionen Lichtjahren Entfernung ist der uns nächstliegende große Galaxienhaufen, aber schon zu weit weg, um die Entfernung mit Hilfe von Veränderlichen zu messen. Stattdessen benutzt man dazu die Größenklassen der hellsten Sterne und der größten Sternhaufen. Deren Leuchtkraft wird mit der Leuchtkraft ähnlicher Objekte verglichen, deren Entfernung bereits bekannt ist.

Der Virgo-Haufen ist riesig; er erstreckt sich über einen Bereich der Himmelssphäre, der beinahe 200-mal so groß ist wie der Vollmond, und hat ein paar tausend Mitglieder. Im Mittelpunkt liegen drei elliptische Galaxien, die Charles Messier als Erster katalogisiert hat: M84, M86 und M87 – wirklich gewaltige Galaxien. Die größte, M87, ist in der Ausdehnung etwa unserer gesamten Lokalen Gruppe vergleichbar. Der Virgo-Haufen ist so massereich, dass seine Schwerkraft nicht nur die ganze riesige Familie zusammenhält, sondern auch unsere Lokale Gruppe in seine Richtung zieht.

Der Coma-Haufen

Noch weiter draußen, in einer Entfernung von etwa 350 Millionen Lichtjahren, erreichen wir eine gewaltige galaktische Stadt im Sternbild Coma Berenices (Haar der Berenike). Zu diesem Coma-Haufen gehören über 1000 leuchtstarke elliptische Galaxien und vielleicht viele tausend leuchtschwächere Mitglieder, die wir bisher nicht entdecken konnten. Der Haufen hat einen Durchmesser von 10 Millionen Lichtjahren und wird beherrscht von zwei übergroßen elliptischen Galaxien in seiner Mitte. Astronomen gehen davon aus, dass zu dieser Familie zehntausende von Mitgliedern gehören. Sie alle werden durch die Schwerkraft im Haufen gehalten. In diesem Fall lassen die Geschwindigkeiten der Galaxien vermuten, dass die Sterne, die wir sehen, nur ein paar Prozent der Gesamtmasse ausma-

▷ Die Galaxien konzentrieren sich im Zentrum des Coma-Haufens. Es finden sich kaum Spiralgalaxien; vielleicht sind sie zu elliptischen Galaxien miteinander verschmolzen.

▽ Die Spiralgalaxie M33 im Sternbild Triangulum ist eine Nachbargalaxie der Milchstraße und gehört zur Lokalen Gruppe.

△ Der Virgo-Haufen ist der nächstgelegene wirklich große Galaxienhaufen und bildet das Zentrum eines gewaltigen Superhaufens. Der Virgo-Haufen hat tausende von Mitgliedern.

▷ Eine Gruppe von fünf Galaxien, die nach dem Astronomen, der sie 1877 als Erster entdeckte, Stephans Quintett genannt wird. Eine der Galaxien ist uns viel näher als die anderen vier und liegt nur zufällig in der gleichen Blickrichtung.

chen. Der Coma-Haufen und andere ähnliche Haufen bestehen zu einem großen Teil aus dunkler Materie.
In großen Haufen wie dem im Sternbild Coma Berenices finden sich kaum Spiralgalaxien im zentralen Gebiet. Es könnte sein, dass die Spiralgalaxien, die es einst dort gab, zu elliptischen Galaxien miteinander verschmolzen sind. Der Coma-Haufen ist eine sehr starke Quelle von Röntgenstrahlen, die von sehr heißem Gas bei einer Temperatur von 10–100 Millionen °C freigesetzt werden. Dieses Gas findet sich im Zentrum des Haufens und gleicht in seiner chemischen Zusammensetzung der Materie, aus der Sterne bestehen.
Vielleicht sind Galaxien im Zentrum des Haufens zusammengestoßen und haben dabei ihre Gashüllen verloren. Das Gas wird durch Reibung erhitzt, während die Galaxien mit Geschwindigkeiten von bis zu mehreren tausend Kilometern pro Sekunde hindurch rasen. Weil die Galaxien ihr Gas verloren haben, sind auch ihre Spiralarme allmählich verschwunden.

Superhaufen

Fotos zeigen, dass es immer mehr Galaxien gibt, je weiter wir ins Universum vorstoßen. Fast überall sind winzige Galaxien wie Staub verstreut. Es gibt Objekte, die bis zu 10 Milliarden Lichtjahre entfernt liegen. Diese zahllosen Galaxien beherbergen jeweils mehrere tausend Millionen Sterne.
Fast alle Galaxien liegen in Haufen, die manchmal nur eine Hand voll, manchmal aber auch viele tausend Galaxien umfassen. Das Massenzentrum des so genannten Lokalen Superhaufens, zu dem unsere Lokale Gruppe gehört, befindet sich im Virgo-Haufen, wir liegen irgendwo am Rand. Astronomen setzen alles daran, den Lokalen Superhaufen zu kartieren, um seine dreidimensionale Struktur zu erfassen. Zu ihm gehören beinahe 400 verschiedene Galaxienhaufen.
Im Sternbild Hercules, etwa 700 Millionen Lichtjahre entfernt, gibt es einen anderen Superhaufen. Dazwischen liegt eine Lücke von 300 Lichtjahren Durchmesser, in der kaum Galaxien nachzuweisen sind.
Offenbar sind die Superhaufen durch riesige leere Räume voneinander getrennt. In ihrem Inneren wiederum befinden sich runde Blasen mit einem Durchmesser von mehreren Millionen Lichtjahren, die keine Galaxien enthalten.

▷ Diese Karte zeigt die Verteilung von 2 Millionen Galaxien in einem Teil des Himmels. Die Galaxien sind zu Superhaufen in Streifen- oder Bänderform zusammengeschlossen. Dazwischen liegen riesige leere Räume, sodass sich insgesamt eine schwammartige Struktur ergibt.

Hubble-Gesetz und Rotverschiebung

Wir wissen heute, dass unser Universum sich ausdehnt, ständig größer und größer wird. Hubble spielte bei dieser Entdeckung eine wichtige Rolle, er maß die Entfernungen naher Galaxien mit Hilfe der Cepheiden-Sterne und ihre Geschwindigkeiten mit Hilfe der Rotverschiebung, in einem nächsten Schritt zeichnete er einen Graph mit der Geschwindigkeit auf der einen und der Entfernung auf der anderen Achse und stellte dabei fest, dass die Entfernung einer Galaxie mit ihrer Geschwindigkeit korrespondiert. Je weiter eine Galaxie von uns entfernt ist, desto schneller bewegt sie sich von uns weg (vgl. S.47).

Mit Hilfe dieses so genannten Hubble-Gesetzes wurden zwei Größen miteinander verbunden, die bei nahen Galaxien ohne Probleme gemessen werden können, die Entfernung und die Rotverschiebung (aus der sich die Geschwindigkeit ergibt). Sobald diese Verbindung, die so genannte Hubble-Konstante, gefunden war, konnte das Gesetz auch anders herum angewandt werden. Indem sie die Rotverschiebung für eine Galaxie weit draußen im Universum feststellen, können Astronomen mit Hilfe der Hubble-Konstante auch deren Entfernung berechnen.
Natürlich gibt es Unsicherheitsfaktoren bei der Anwendung des Hubble-Gesetzes. Wenn wir zum Beispiel Fehler bei der Entfernungsberechnung nahe liegender Galaxi-

en machen, wird die Konstante nicht ganz korrekt sein: Alle Irrtümer werden sich bis tief in das All hinein fortsetzen, wenn wir die Lage der entferntesten Galaxien ableiten wollen.
Dennoch ist das Hubble-Gesetz eine sehr wichtige Methode bei der Beschäftigung mit den größeren Strukturen des Universums.

Das sich ausdehnende Universum

Warum zeigt das Hubble-Gesetz, dass sich das Universum ausdehnt?
Alle Galaxien entfernen sich von uns. Beweist das nicht, dass die Milchstraße die Mitte des Universums sein muss? Wenn zum Beispiel ein Feuerwerkskörper am Himmel explodiert, sehen wir, dass alles vom Zentrum der Explosion wegfliegt. Wenn sich also alles von uns wegbewegt, müssen wir uns doch eigentlich im Mittelpunkt befinden, oder? Aber diese Überlegung ist falsch.
Wenn die Trümmer bei einer Explosion auseinander fliegen, wachsen auch die Entfernungen zwischen den Bruchstücken. Das heißt, dass jedes Stück auch die anderen Fragmente wegfliegen »sieht«.
Um dir das vorzustellen, nimm einen Ballon und zeichne ein paar Galaxien als spiralförmige und elliptische Muster darauf. Blase den Ballon langsam auf. Während er sich ausdehnt, werden die Entfernungen zwischen den Galaxien größer, egal, welche Galaxie du als Bezugspunkt auswählst.
Wir können das auch mathematisch erklären. Die Haut des Ballons ist eine gekrümmte Oberfläche beinahe ohne jede Dicke. Wenn du ihn aufbläst, dehnt er sich in den Raum hinein aus, sodass sich die gekrümmte Oberfläche von einem zweidimensionalen in einen dreidimensionalen Raum verwandelt – und dabei streben die Galaxien, die auf der Oberfläche markiert sind, weiter auseinander.
Im Falle des Universums dehnen sich die drei Dimensionen des normalen Raums in einen besonderen vierdimensionalen Raum aus, in die so genannte Raum-Zeit. Die zusätzliche Dimension ist die Zeit. Während die Zeit vergeht, weisen die drei Raumdimensionen eine immer größere Ausdehnung auf. Die Galaxienhaufen befinden sich in einem dreidimensionalen Rahmenwerk, das immer weiter auseinander strebt.

Das Alter des Universums

Wie können Astronomen das Alter des Universums messen? Das Alter eines Baumes kann man bestimmen, indem man die Ringe im Holz zählt, denn jedes Jahr kommt ein Ring dazu. Geologen können das Alter von Felsen durch die Fossilien schätzen, die sie in ihren Sedimenten finden. Das Alter des Mondes ergab sich bei der Untersuchung seines mit radioaktiven Elementen durchsetzten Gesteins, indem man einfach feststellte, wie viel Radioaktivität noch vorhanden war. All diese Methoden erfordern eine Datensammlung, etwa der Zahl der Jahresringe, der Fossilienarten, der Höhe der freigesetzten Radioaktivität.
Um das Alter des sich ausdehnenden Universums zu errechnen, betrachten wir die Entfernungen und Geschwindigkeiten einer großen Beispielmenge von Galaxien. Sie verraten uns, dass je Million Lichtjahre, die wir ins Universum vordringen, die Geschwindigkeit der Galaxien um etwa 20 km pro Sekunde wächst (die Annahmen der Astronomen schwanken um 2–3 km pro Sekunde). Davon ausgehend können wir errechnen, dass vor 17 Milliarden Jahren alle Materie des Universums an einem Ort zusammengedrängt war. Das ist ein Weg, das Alter des Universums zu schätzen, denn es ist die Zeit, die seit dem Urknall vergangen sein muss, mit dem die Ausdehnung begann.

AKTIVE GALAXIEN

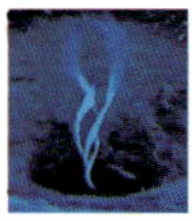

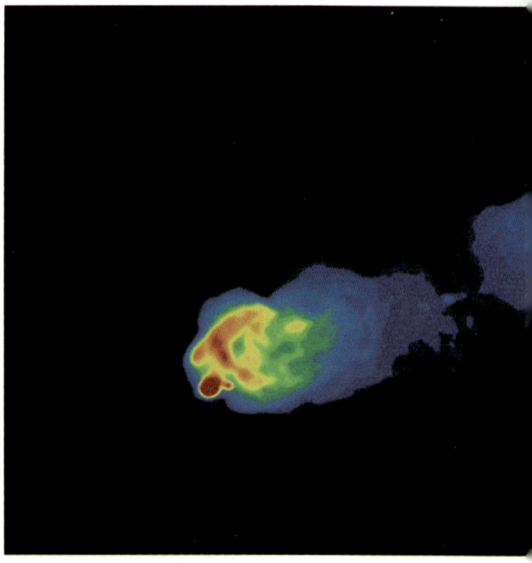

Im Herzen einiger Galaxien kommt es zu gewaltigen Explosionen. Sie setzen mehr Energie frei, als andere Sterne in der Galaxie können, und lassen Materieströme hervorschießen. Vielleicht werden solche aktiven Galaxien von Schwarzen Löchern in ihrer Mitte mit Energie versorgt.

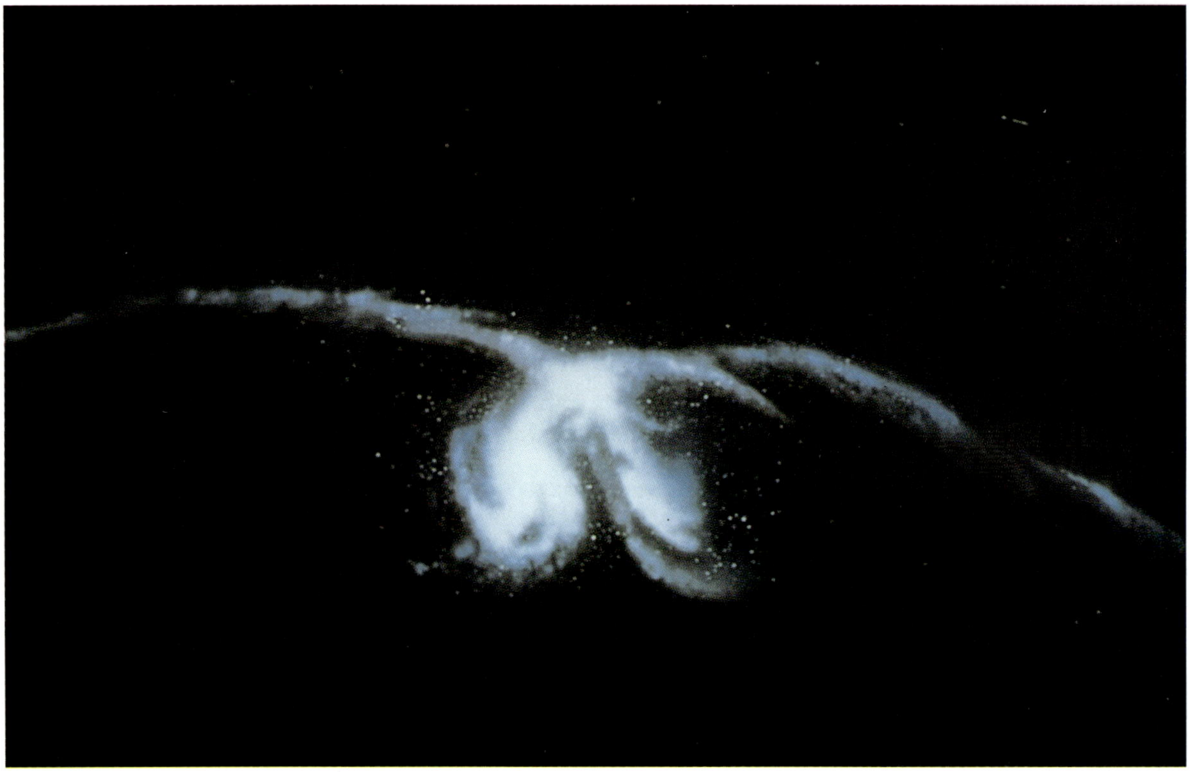

◁ Ein Treffen zweier Galaxien, dargestellt von einem Künstler. Bei einem solchen Treffen bewegen sich Gas und Staub von einer Galaxie zur anderen. Ein Teil der Materie fällt in das Schwarze Loch in der Mitte und lässt gewaltige Energiemengen entstehen.

Astronomen haben festgestellt, dass einige Galaxien – nur ein paar Prozent – über extreme Energiemengen verfügen. Normale Galaxien, also die überwältigende Mehrheit, setzen die Energie frei, die ihre Sterne produzieren: Das Licht der Galaxie ist im Grunde genommen das Licht der Milliarden Sterne, aus denen sie sich zusammensetzt. Aktive Galaxien dagegen beziehen den größten Teil ihrer Energie aus anderen Quellen.

Wie können wir feststellen, dass eine Galaxie über eine zusätzliche Energiequelle verfügt? Normale Sterne setzen Licht frei, weil sie heiß sind, und sie haben ein »thermisches« Spektrum. Das Spektrum einer aktiven Galaxie sieht ganz anders aus: Sie weist typischerweise viel mehr Infrarot-, Radio-, Ultraviolett- und Röntgenstrahlung auf als eine normale Galaxie. Natürlich verfügen auch normale Galaxien manchmal über geringe Mengen dieser Strahlen, in einer aktiven Galaxie aber sind die Radiowellen, die ultraviolette Emission oder die Röntgenstrahlen die Hauptenergieform. Außerdem kann die Energiemenge, die wir wahrnehmen, selbst innerhalb weniger Tage sehr stark schwanken.

Die Energie der meisten aktiven Galaxien entspringt ihrem Zentrum oder Kern, der eine Milliarde Mal heller sein kann als die Sonne.

Radiogalaxien

Es gibt verschiedene Typen von aktiven Galaxien; die ersten Beispiele wurden von Radioastronomen in den Fünfzigerjahren gefunden. Die Radioastronomie war damals eine noch junge Wissenschaft. Zunächst glaubten die Radioastronomen, dass ihre einfachen Teleskope Radiowellen von Sternen auffingen. 1951 jedoch lokalisierten Martin Ryle und Graham Smith an der Universität Cambridge eine der stärksten Radioquellen, Cygnus A, und auf Mount

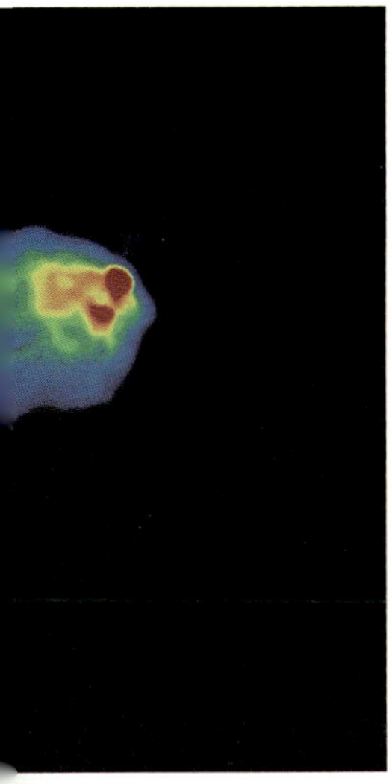

△ Cygnus A ist eine der stärksten Radioquellen am Himmel. In der Radiokarte links wäre die Galaxie selbst ein kleiner Punkt in der Mitte zwischen den beiden riesigen Radiowolken, die sie im All freigesetzt hat. Das Foto rechts zeigt die Zentralgalaxie in normalem Licht.

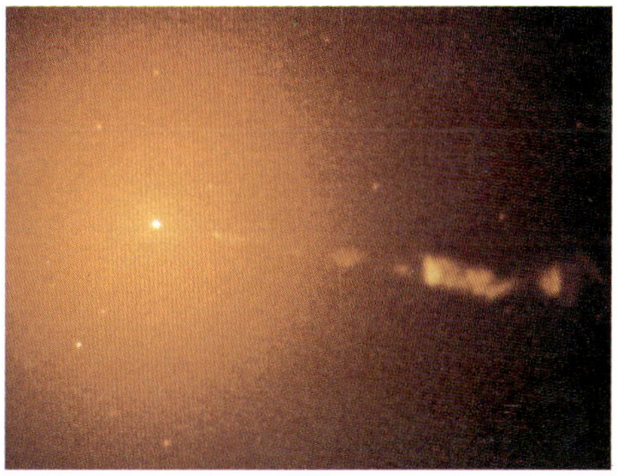

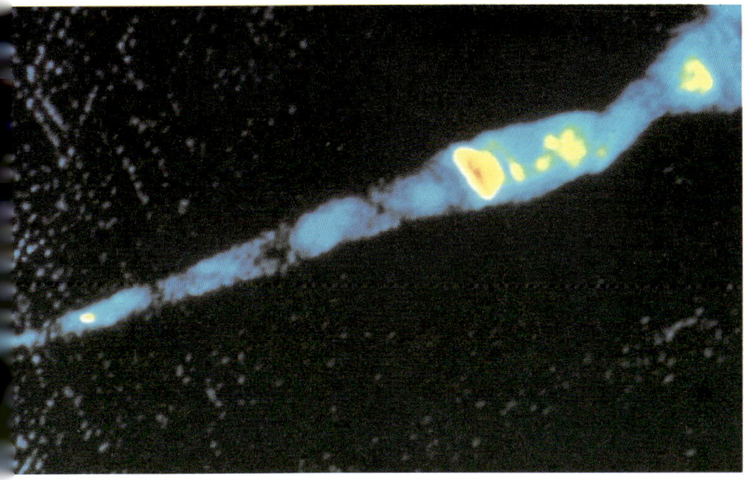

◁△ Die riesige elliptische Galaxie M87 (links) hat wahrscheinlich ein sehr massereiches Schwarzes Loch in ihrer Mitte. Die Infrarotaufnahme des Hubble-Weltraumteleskops (oben) zeigt das Herz der Galaxie als einen strahlenden Punkt und den Materie-Jet, der nach außen schießt. Der Jet ist ebenfalls eine starke Radioquelle, wie man auf der Radiokarte (unten links) erkennen kann.

Palomar in Kalifornien entdeckten Astronomen eine verschwommen wahrnehmbare Galaxie im Gebiet dieser Radioquelle. Sie maßen die Rotverschiebung und errechneten mit Hilfe der Hubble-Konstante die Entfernung.

Es stellte sich heraus, dass die seltsame Radiogalaxie etwa 1000 Millionen Lichtjahre, 500-mal so weit wie die Andromeda-Galaxie, von uns entfernt liegt. Diese fantastische Entfernung überraschte die Astronomen, denn das Radiosignal der Galaxie war dem der Sonne durchaus ähnlich und etwa 10 Millionen Mal stärker als die Radiowellen der Andromeda-Galaxie.

Bedenkt man, wie stark die Radiowellen auf dem unglaublich langen Weg zu uns gestreut werden, muss Cygnus A eine ungewöhnlich kraftvolle Energiequelle in seinem Zentrum besitzen, um so starke Radiowellen über so weite Strecken zu verbreiten. Er ist eine der stärksten Radiogalaxien des Universums.

Zwei Wolken mit hoher Radioemission umspannen die Zentralgalaxie von Cygnus A. Bei Radiogalaxien dieses Typs erstrecken sich die Radiowolken über Millionen von Lichtjahren.

Galaxie M87

Im Zentrum des Virgo-Haufens, etwa 50 Millionen Lichtjahre von der Erde entfernt, gibt die Riesengalaxie M87 so viel Röntgenstrahlung ab wie eine Milliarde Sonnen. Aus dem Herzen dieser Überriesengalaxie strömt ein unregelmäßiger Materie-Jet von etwa 6000 Lichtjahren Länge, der etwa so viel Licht aussendet wie 10 Millionen Sonnen und aus einer Serie von jeweils 10 Lichtjahre großen Blasen besteht.

Radioastronomen kennen M87 als Virgo A, die stärkste Radioquelle im Sternbild Virgo. Radiokarten zeigen einen schmalen Energiestrahl, der aus dem Zentrum von M87 hervorschießt. Er entspricht dem Jet, den man mit optischen Teleskopen wahrnehmen kann. Nach sehr genauen Karten der Radioastronomen hat die aktive Zentralregion von M87 einen Durchmesser von nur 45 Lichttagen. Die Umlaufbahnen der Sterne werden von einer starken Massekonzentration – bis zu 5 Milliarden Sonnenmassen – in diesem kleinen Zentrum der Galaxie kontrolliert.

Galaxie Centaurus A

Auf der Südhalbkugel ist eine aktive Galaxie in nur 10 Millionen Lichtjahren Entfernung von uns zu sehen – Centaurus A, eine elliptische Galaxie, die von einem Staubband durchzogen wird. Zwei große Wolken mit Radiostrahlung liegen auf beiden Seiten der sichtbaren Galaxie, es gibt einen Radio-Jet und einen Röntgen-Jet, mit denen Energie aus dem aktiven Kern herausschießt.

Seyfert-Galaxien

Beinahe alle aktiven Radiogalaxien sind elliptisch oder irregulär. Aber auch einige nahe gelegene aktive Spiralgalaxien weisen winzige strahlende Punkte in ihrem Zentrum auf. Von diesen so genannten Seyfert-Galaxien kennt man bisher etwa 600. In ihren Zentralregionen befinden sich große heiße Gaswolken, deren hohe Temperatur auf die aus dem Kern ausströmende Energie zurückzuführen ist.

Ein heißer Galaxienhaufen

Eine besonders bekannte aktive Galaxie ist NGC1275 im Herzen des Perseus-Haufens, etwa 180 Millionen Lichtjahre von uns entfernt. Dieser Galaxienhaufen, dessen Mitglieder sich durch das All ziehen wie Perlen an einer Schnur, erstreckt sich über 250 000 Lichtjahre hinweg. Die Radioquelle in NGC1275 ist 1000-mal stärker als die der Milchstraße, und durch den ganzen Haufen hindurch strahlen Röntgenwellen, die ein mehrere Millionen Grad heißes glühendes Gas abgibt. Dichte Ströme dieses heißen Gases stürzen zur Zentralgalaxie dieses Haufens hin.

Quasare

Seyfert-Galaxien sind uns relativ nah, die meisten Radiogalaxien liegen in einer mitt-

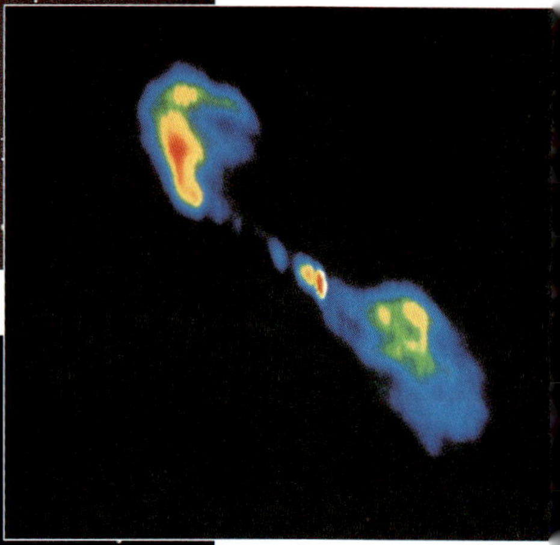

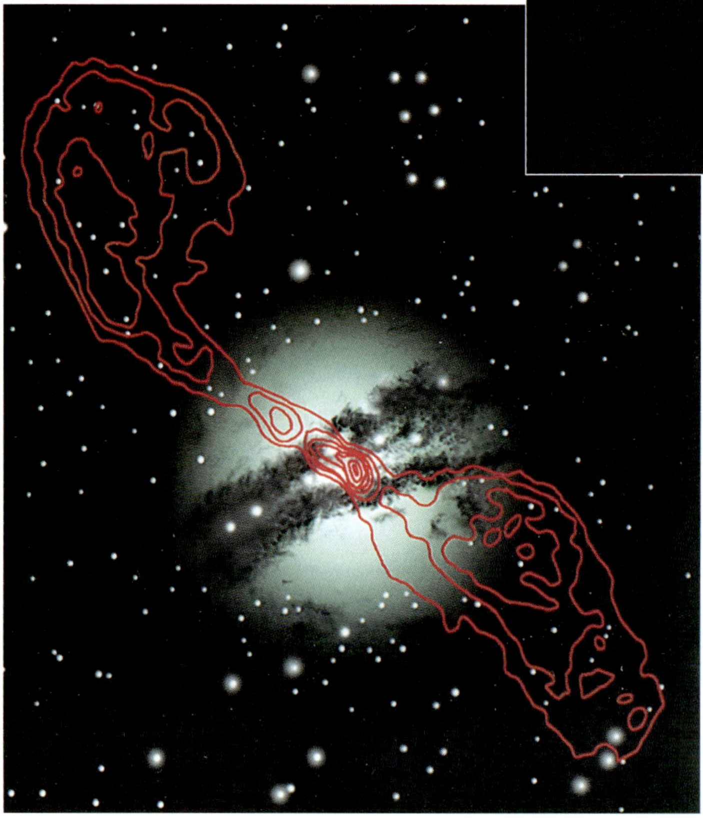

△◁ Centaurus A (oben links) ist die uns nächstgelegene Radiogalaxie. Ihre Radio-Jets, die man auf der Radiokarte oben sehen kann, liegen im rechten Winkel zu der schwarzen Staubstraße, die sie umgibt, dargestellt im Diagramm links.

◁▷ Die Seyfert-Galaxie NGC1275 (links) ist eine starke Radio- und Röntgenquelle. Sie gibt Materie ab, die sich mit einer Geschwindigkeit von 1600 km pro Sekunde von ihr entfernt. NGC1275 liegt im Perseus-Haufen (rechts) und wird auch Perseus A genannt.

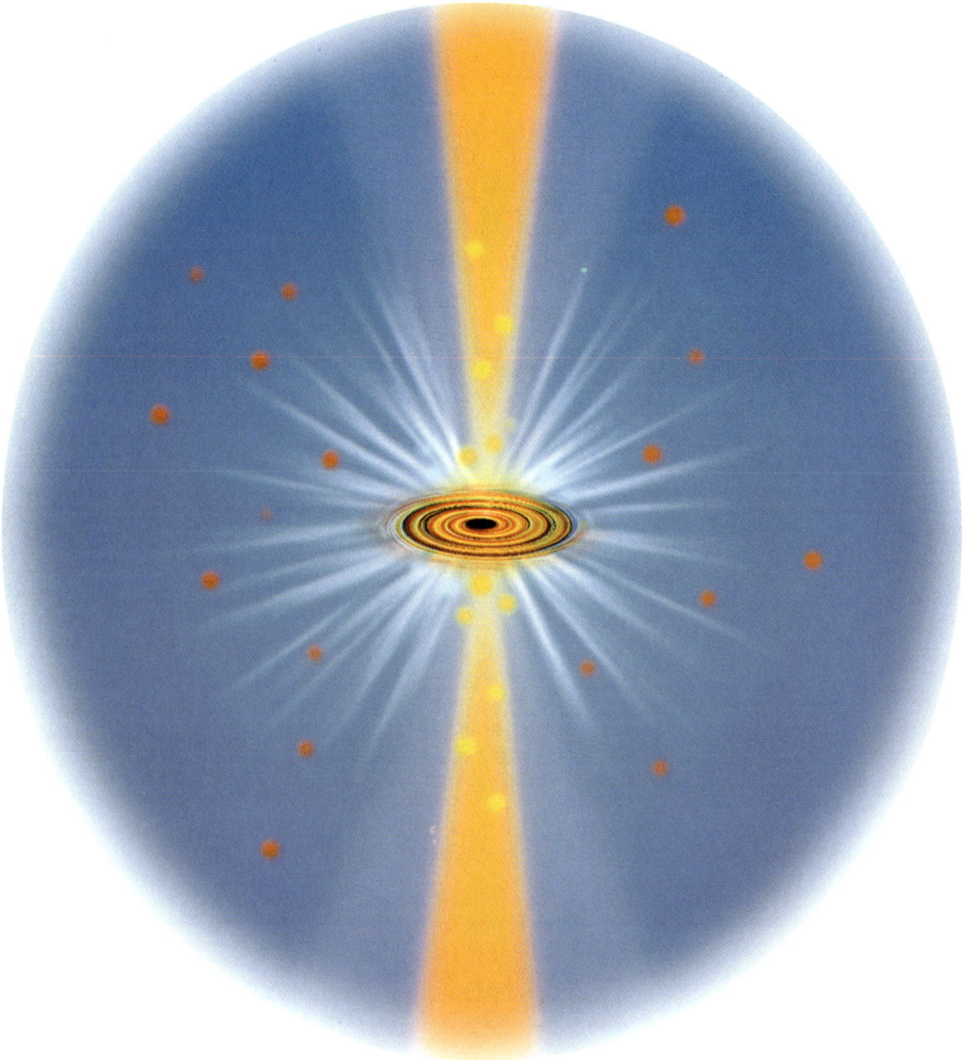

△ Quasare sind in Galaxien eingebettet. Beinahe immer scheint der Quasar allerdings so hell, dass er das sehr viel schwächere Licht seiner Heimatgalaxie schluckt. Deshalb ist auf Fotos nur der Lichtpunkt des aktiven Galaxienkerns zu sehen. Im Mittelpunkt des Quasars befindet sich eine extrem starke Energiequelle, beinahe sicher ein Schwarzes Loch. Es ist umgeben von einer einige Lichtjahre großen Materiescheibe. In der Nähe dieser Scheibe liegen sich sehr schnell bewegende Gaswolken, und weiter draußen, bei ungefähr 100 Lichtjahren, verschmilzt der Quasar mit seiner Heimatgalaxie, und es bilden sich dünnere kühlere Wolken.

Die Benennung von Galaxien

Viele der helleren normalen Galaxien tragen vertraute Namen, etwa die Andromeda-Galaxie oder die Magellanschen Wolken. Die aktiven Galaxien habe oft Namen, die an Code-Nummern erinnern, weil sie häufig bei Himmelsdurchmusterungen entdeckt und dann auf einer Liste neuer Objekte veröffentlicht wurden.
Vor über 200 Jahren stellte Charles Messier Listen von Objekten zusammen, die man leicht mit Kometen verwechseln konnte, wenn man sie durch ein Teleskop beobachtete. Sein 87. Objekt, heute bekannt als M87, ist eine energiereiche aktive Galaxie im Mittelpunkt des Virgo-Haufens. 1959 listete Martin Ryle, der Radioastronom in Cambridge, 471 Radioquellen auf. Dies war die dritte Durchmusterung von Radioquellen durch die Universität Cambridge, und die aufgelisteten Objekte tragen 3C-Nummern: Cygnus A ist 3C 405. Heute finden die Astronomen bei ihren Durchmusterungen so gewaltige Mengen von Objekten, dass sie dazu übergegangen sind, Nummern zu verwenden, die einen Bezug zur Position des Objektes haben und wirklich wie Geheimcodes aussehen! Eines der am weitesten entfernten Objekte im Universum trägt zum Beispiel den Namen 10214+4724.

leren Entfernung. Sehr viel weiter draußen im Weltall finden wir die extrem energiereichen Quasare. Ihrer Entdeckung ging eine sorgfältige Detektivarbeit voran.
Die Geschichte beginnt im Jahr 1960. Radioastronomen waren gerade dabei, die Methoden zur genauen Lokalisierung von Radioquellen am Himmel zu verbessern. Radioquelle 3C 48 fiel mit einem Stern zusammen, der ganz anders war als alle anderen: Er hatte helle Linien in seinem Spektrum, die nicht mit irgendwelchen bekannten Atomen in Übereinstimmung gebracht werden konnten. 1962 schließlich schien sich ein weiterer seltsamer Stern mit einer anderen Radioquelle, 3C 273, zu decken.
Ein Jahr später zeigte ein Astronom auf Mount Palomar in Kalifornien, Maarten Schmidt, dass dessen seltsames Spektrum mit Wasserstoff in Übereinstimmung gebracht werden konnte, wenn man für das Licht des sternähnlichen Objektes eine Rotverschiebung um 16 Prozent annahm. Damals war diese Rotverschiebung gewaltig im Vergleich zu der der meisten anderen Galaxien. 3C 273, so stellte sich heraus, war kein exotischer Stern in der Milchstraße, sondern bewegte sich mit 16 Prozent der Lichtgeschwindigkeit von uns fort. Andere sternähnliche Radioquellen wie etwa 3C 48 wiesen, wie sich herausstellte, ebenfalls hohe Rotverschiebungen auf. Diese kompakten Objekte mit hoher Rotverschiebung, die auf Fotografien wie Sterne aussehen, sind Quasare.
Das Wort Quasar ist ursprünglich eine Abkürzung für quasi-stellare Radioquelle. Quasi-stellar heißt, dass das Objekt wie ein Stern aussieht, aber keiner ist. Astronomen glauben heute, dass Quasare die hellste Form aktiver Kerne sind, die in Galaxien vorkommt. Sie haben bisher mehrere tausend Quasare identifiziert.
Obwohl die ersten von Radioastronomen gefunden wurden, setzt nur ein Zehntel der heute bekannten Quasare Radiowellen frei. Sie sehen auf Fotos sehr viel kleiner aus als Galaxien, haben aber Rotverschiebungen bis beinahe 5 vorzuweisen, was bedeutet, dass die Lichtwellen, die der Quasar aussendet, beinahe auf die sechsfache Länge gedehnt werden. Damit ist die Verschiebung sehr viel größer als die der meisten Galaxien, obwohl die größten Teleskope auch ab und zu Licht von ein paar sehr leuchtschwachen Galaxien mit hohen Rotverschiebungen auffangen.

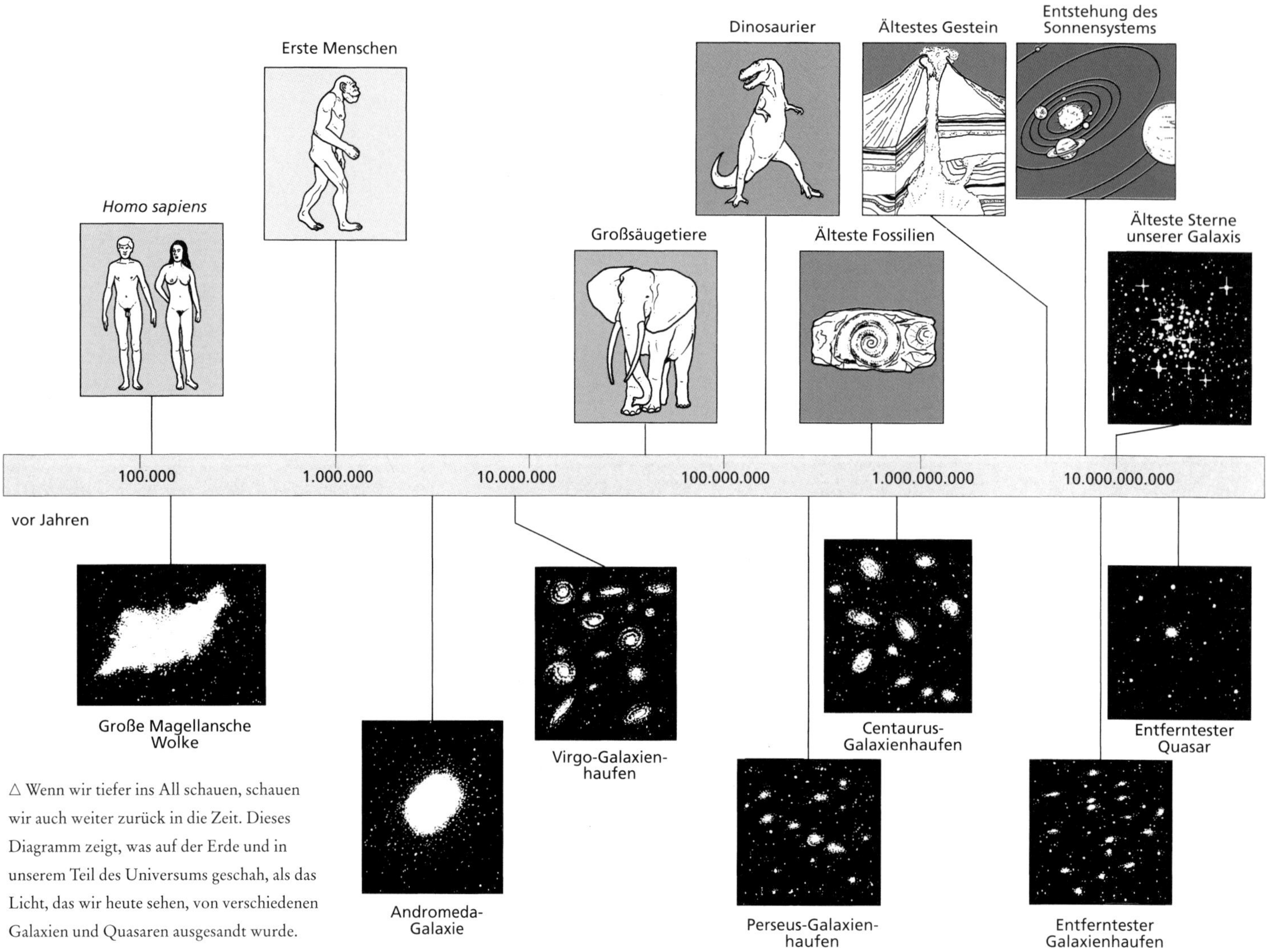

△ Wenn wir tiefer ins All schauen, schauen wir auch weiter zurück in die Zeit. Dieses Diagramm zeigt, was auf der Erde und in unserem Teil des Universums geschah, als das Licht, das wir heute sehen, von verschiedenen Galaxien und Quasaren ausgesandt wurde.

Wo liegen Quasare?

Edwin Hubble hat gezeigt, wie man mit Hilfe der Rotverschiebung von Galaxien ihre Entfernung messen kann. Kann man das Hubble-Gesetz auch bei Quasaren mit ihrer extremem Rotverschiebung anwenden? Viele Astronomen halten das für wahrscheinlich. Es würde bedeuten, dass die Quasare bis zu 10 000 Millionen Lichtjahre oder noch weiter von uns entfernt sind.

Quasare sind für die Astronomen aus zwei Gründen wichtig. Erstens müssen sie unglaublich energiereich sein, wenn unsere Teleskope sie auf solche gewaltigen Distanzen hin wahrnehmen können. Zweitens hat ihr Licht Milliarden von Jahren gebraucht, um uns zu erreichen, und verrät uns einiges über die Bedingungen in den Anfängen des Universums. Astronomen wollen wissen, was die Quasare so zum Leuchten bringt, und sie können durch die Beobachtung der entferntesten Quasare erschließen, wie das Universum aussah, lange bevor unsere Sonne existierte.

Aktive Kerne

Aktive Galaxien und Quasare produzieren sehr viel mehr Energie als normale Galaxien, in denen das gesamte Licht aus der Energieproduktion normaler Sterne stammt. In energiereichen Galaxien übertrifft der Gesamtausstoß an Energie die von Sternen produzierte Energiemenge bei weitem. Sehr genaue Radiokarten haben gezeigt, dass der größte Teil der zusätzlichen Energie aus den Zentralregionen der Galaxien stammt.

Mit dem Very Long Baseline Array (VLBA), einem gewaltigen Radioteleskop in den USA, können Astronomen die aktiven Zentren der energiereichen Galaxien beobachten. Es besteht aus 10 Parabol-Schüsseln, verteilt über den gesamten Kontinent und über den Pazifik bis nach Hawaii. Mit einer Basislinie von 8000 km kann es Gebiete bis hin zu einem Durchmesser von nur wenigen Lichttagen untersuchen. Außerdem hat das Hubble-Weltraumteleskop große Scheiben aus heißem Gas aufgenommen, die um die Kernregionen einiger aktiver Galaxien kreisen. Zusammen erlauben diese modernen Teleskope einen Blick auf die zentralen Energielieferanten der aktiven Galaxien.

Schwarze Löcher in Galaxien

Heute geht man davon aus, dass sich im Herzen energiereicher Galaxien gigantische Schwarze Löcher befinden. Diese haben wahrscheinlich ein Größenspektrum von ein paar tausend bis zu ein paar Milliarden Sonnenmassen. Das Hubble-Weltraumteleskop hat Materiestrudel aufgenommen, die um die Schwarzen Löcher rotieren. Sobald sich einmal ein Schwarzes Loch gebildet hat, wächst es, indem es immer mehr Materie aus den umliegenden Regionen anzieht. Damit

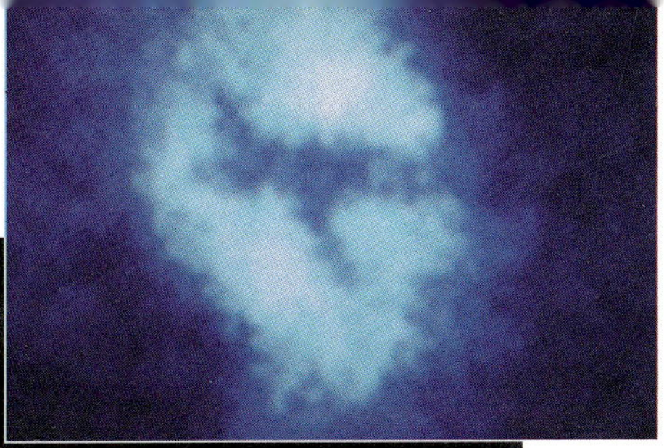

◁△ Nahaufnahme (oben) vom Zentrum der Spiralgalaxie M51 (links). Das dunkle Kreuz ist auf absorbierenden Staub zurückzuführen. Der dunkelste Balken ist wahrscheinlich ein Staubring mit einem Durchmesser von 100 Lichtjahren, der ein Schwarzes Loch umgibt.

△ Wenn Materie in ein Schwarzes Loch fällt, wird eine enorme Energie frei. Das Schwarze Loch strahlt seine Energie in Jets aus, die es entlang seiner Rotationsachse hinausschleudert.

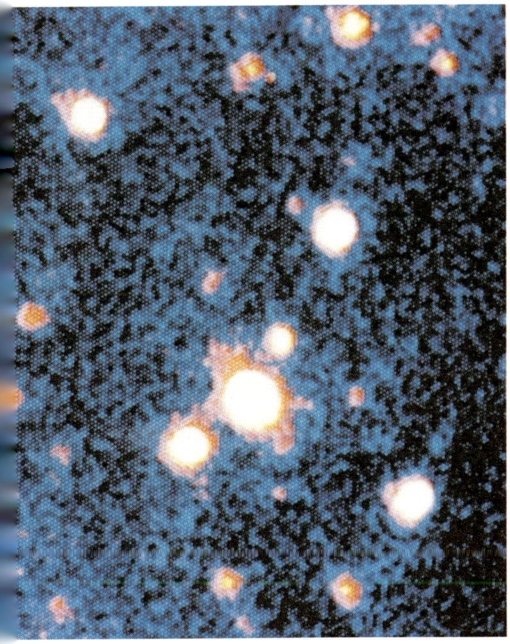

◁ Der Quasar 3C 275.1 ist das hellste Objekt etwa in der Mitte dieses Bildes. Der Quasar-Kern ist von einer rotierenden elliptischen Gaswolke umgeben. 3C 275.1 liegt 7 Milliarden Lichtjahre von uns entfernt. Das Licht, das wir heute von ihm empfangen, wurde 2 Milliarden Jahre vor Entstehung des Sonnensystems ausgesandt.

◁ Einer der Parabolspiegel des Very Long Baseline Array Teleskops in Pie Town, Texas, USA.

wächst wiederum seine Anziehungskraft, und es kann weitere Materie ansaugen. In Riesengalaxien wie M87 verschluckt das zentrale Schwarze Loch vielleicht täglich die Masse mehrerer Sterne.

Mit dem VLBA kann die Anatomie dieser zentralen Energiemaschinen genauer untersucht werden. Ziel ist es festzustellen, ob riesige Schwarze Löcher die Energieströme antreiben. Wenn Materie auf ein Schwarzes Loch zufällt, wird sie zunächst in eine Umlaufbahn gezwungen, weil sie erst einmal etwas Bewegungsenergie verlieren muss. Deshalb ist das Schwarze Loch von einer rotierenden Scheibe einströmender Materie verdeckt. Am inneren Rand der Scheibe fällt diese Materie schließlich in den Schlund des Schwarzen Lochs. Ganz in der Nähe des Lochs, aber noch außerhalb, werden unglaubliche Energiemengen in Jets entlang der Rotationsachse des Schwarzen Lochs abgestrahlt. Solche Jets kann man bei Objekten wie M87 mit optischen und Radioteleskopen beobachten.

Das Schwarze Loch und die umgebende Scheibe werden ständig mit neuer Materie versorgt. Die Zentralregionen der Galaxien sind voller Sterne. Diese dichten Sternhaufen liefern wahrscheinlich den Brennstoff, zum Beispiel Gas, das während der Entwicklung normaler Sterne von deren Oberfläche weggeblasen wird, oder Schutt aus einer großen Zahl von Supernova-Explosionen. Je massereicher das Schwarze Loch wird, desto einfacher kann es dank seines Gravitationsfeldes Sterne einfangen und sie zermalmen.

In normalen Sternen wird Energie frei, wenn Wasserstoff durch Kernfusion in Helium umgesetzt wird. Bei diesem Prozess wird weniger als 1 Prozent der Masse in Energie umgewandelt. Ein rotierendes Schwarzes Loch ist da sehr viel effektiver. Theoretisch kann fast die Hälfte der einfallenden Materie in Energie umgesetzt werden. In den meisten energiereichen Galaxien im Universum produzieren wahrscheinlich nicht Kernreaktionen der normalen Sterne, sondern rotierende Schwarze Löcher den überwiegenden Teil der Energie.

QUASARE

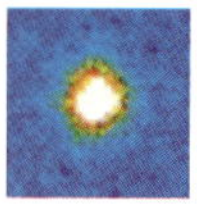

Quasare sind mit bis zu 15 Milliarden Lichtjahren die entferntesten Himmelskörper, die man durch ein Teleskop sehen kann. Wenn das Licht eines fernen Quasars auf dem Weg zu uns einen Galaxienhaufen passiert, kann es durch dessen Gravitation gekrümmt werden.

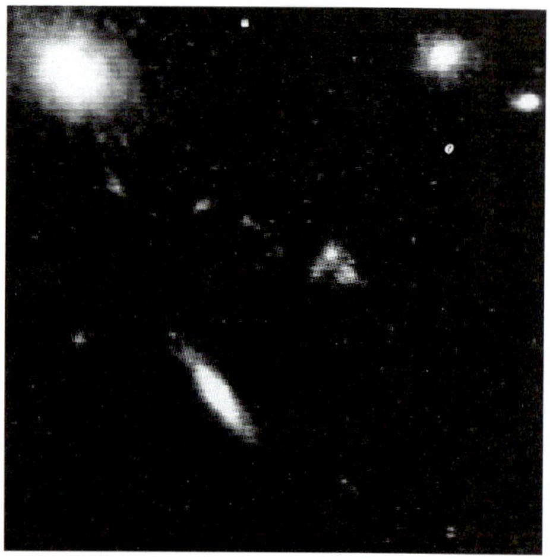

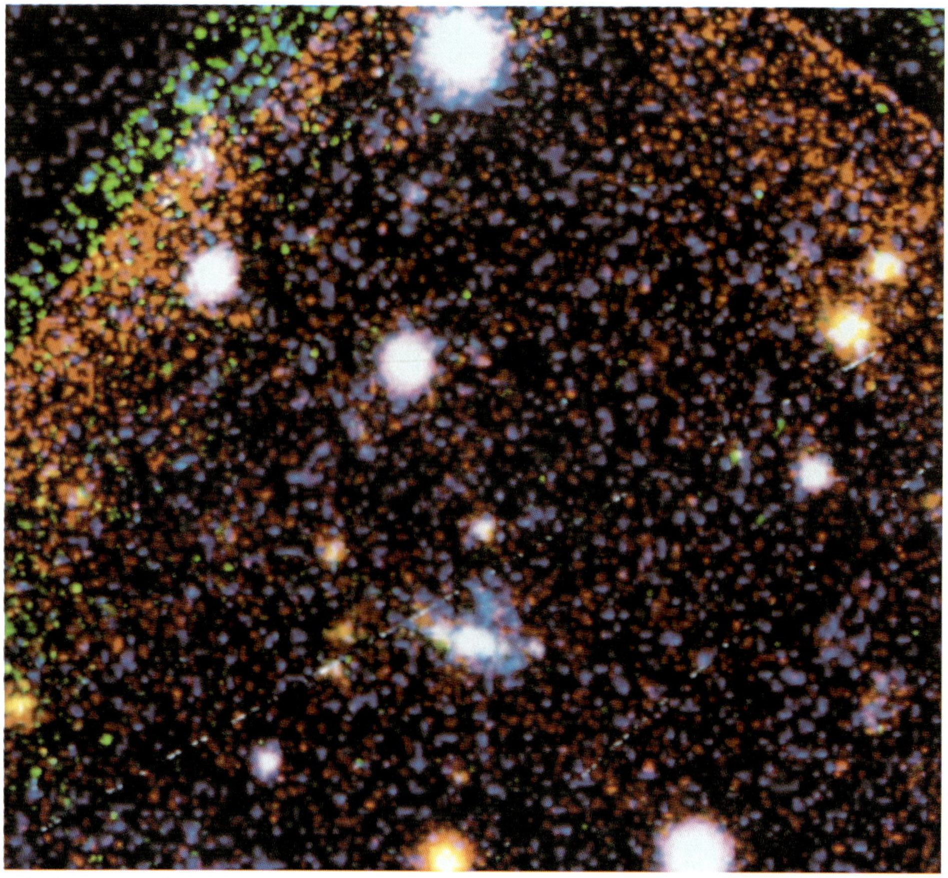

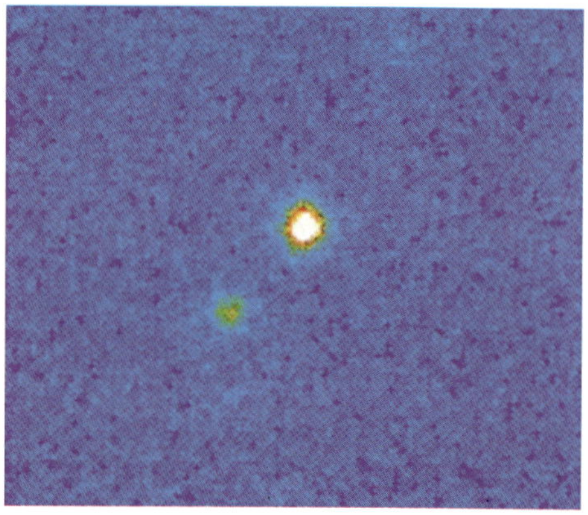

△◁ Ganz oben: ein Galaxienhaufen, der mindestens 7 Milliarden Lichtjahre entfernt ist, entdeckt vom Hubble-Weltraumteleskop. Darunter: der am weitesten entfernte Quasar, den wir kennen, PC1247+34. Seine Rotverschiebung beträgt 4,9.
Links: 4C41.17, die fernste bekannte Galaxie in unserem Universum. Ihre Rotverschiebung beträgt 3,8, und man schätzt, dass sie etwa 12 Milliarden Lichtjahre von uns entfernt ist.

Abertausende von Quasaren sind heute bekannt; fast alle befinden sich mehrere Milliarden Lichtjahre von unserer Galaxis entfernt und bewegen sich mit bis zu neun Zehnteln der Lichtgeschwindigkeit von uns weg. Um weitere dieser fernen Himmelskörper zu entdecken, untersuchen Astronomen eine große Anzahl sehr schwach leuchtender Objekte. Ein großes optisches Teleskop kann heute in einer Nacht das Spektrum von vielen hundert Himmelskörpern aufnehmen und beschleunigt dadurch die Suche nach Quasaren mit starker Rotverschiebung.
Wenn wir einen Stern oder eine Galaxie sehen, die 10 Milliarden Lichtjahre von uns entfernt ist, betrachten wir etwas, das 10 Milliarden Jahre jünger ist als unser Sonnensystem heute, weil das Licht so lange gebraucht hat, um zu uns zu kommen. Indem sie also weit entfernte Galaxien beobachten, können Astronomen etwas tun, was für Historiker unmöglich ist: Sie können direkt auf das frühe Universum zurückschauen und dabei unmittelbar die Bedingungen in der Vergangenheit beobachten. Historiker dagegen sind auf die unvollständigen Zeugnisse angewiesen, die aus der Vergangenheit noch vorhanden sind. Darum können wir mit Hilfe größerer und effizienterer Teleskope viel über die Frühzeit des Universums lernen, indem wir seine entferntesten Mitglieder erforschen.

Die Gravitationslinse

Einsteins Theorie der Schwerkraft besagt, dass Licht gebogen wird, wenn es ein Feld mit starker Anziehungskraft passiert. 1919 bot eine Sonnenfinsternis Gelegenheit, diese Theorie zu bestätigen. Die Position der Sterne, die während der Finsternis neben der Sonne sichtbar wurden, war im Vergleich zu ihren Koordinaten bei Nacht etwas verschoben, da die Lichtstrahlen abgelenkt wurden, als sie nahe an der Sonne vorbeikamen.

Quasare zeigen manchmal den gleichen Effekt, nur noch viel spektakulärer. Man sieht sie nur sehr selten nah bei einander am Himmel stehen, doch 1979 entdeckten Astronomen ein Paar identischer Quasare direkt nebeneinander. In Wirklichkeit handelt es sich um ein einziges Objekt, dessen Licht durch Gravitationseinwirkungen verzerrt wird. Eine kleine, aber sehr dichte Masse befindet sich irgendwo in der Sichtlinie zu diesem Quasar. Ihre Schwerkraft spaltet das Licht in ein doppeltes Abbild.

Man kennt noch viele weitere solche Gravitationslinsen. Einige von ihnen erzeugen gleich mehrfache Abbildungen von fernen Lichtquellen. In anderen Fällen sieht der Quasar wie ein wunderbarer Lichtbogen aus. Diese optischen Täuschungen entstehen, wenn das Licht der entfernten Quasare auf dem Weg zur Erde einen Galaxienhaufen mit einer dichten Massenkonzentration – vielleicht mit einem großen Schwarzen Loch oder einer riesigen elliptischen Galaxie – passiert.

In einem Fall wird das Licht des Quasars von der störenden Masse so gebrochen, dass das Radiobild dieses Quasars einen nahezu perfekten Ring ergibt.

◁ Das große Foto zeigt einen riesigen Galaxienhaufen (gelb gefärbt), der etwa 2 Milliarden Lichtjahre entfernt ist, und über 30 Galaxien, die noch weiter weg sind (blau gefärbt) und durch die starke Gravitation des Galaxienhaufens bogenförmig verzerrt werden. Das Diagramm oben links erklärt, wie Galaxien als Gravitationslinsen wirken und so das Bild von weiter entfernt liegenden Himmelskörpern verzerren können. Unten rechts sieht man das mehrfache Abbild eines Quasars, das auch Einstein-Kreuz genannt wird.

Vom Anfang bis zum Ende

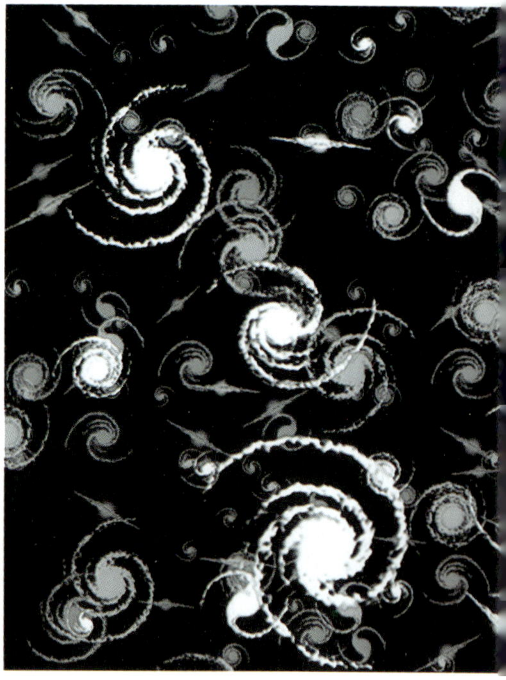

Unser Universum ist extrem groß, die entlegensten noch sichtbaren Galaxien darin befinden sich etwa 15 Milliarden Lichtjahre von uns entfernt. Diese fernen Objekte können uns bei der Erforschung der Geschichte des Universums helfen, die einst mit einer gewaltigen Explosion begann. Die Zukunft des Universums ist ungewiss: Es könnte sich grenzenlos ausdehnen oder aber im Lauf der Zeit unter dem Druck seiner eigenen Schwerkraft zusammenbrechen.

Da sich mit dem Universum keine Experimente durchführen lassen, kann man nur seinen Inhalt untersuchen und dabei mit den Mitteln der Wissenschaft herauszufinden versuchen, was es uns über seinen Ursprung und seine Zukunft zu erzählen vermag. Um die Naturwissenschaften dabei als Werkzeug verwenden zu können, müssen wir jedoch drei Prinzipien als gegeben ansehen.

Erstens gilt die Annahme, dass die Naturgesetze überall im Universum gleichermaßen anwendbar sind. Das bedeutet, dass das Gesetz der Schwerkraft, das wir hier auf der Erde geprüft haben, auch im restlichen Universum Gültigkeit hat. Ebenso müssen die Eigenschaften von Atomen und Molekülen überall im Kosmos gleich sein. Ohne diese Prämisse, dass Physik, Chemie und Mathematik überall im Weltall gleichermaßen funktionieren, bliebe das Universum für den Mensch immer ein unverständliches Konstrukt.

Zweitens gilt das Prinzip der Homogenität, das besagt, dass sich das Universum mehr oder weniger gleichförmig im All erstreckt. Es gibt zwar Galaxienhaufen mit Gruppen, Klumpen und Löchern, aber im Großen und Ganzen gehen wir davon aus, dass Materie und Strahlung überall gleichmäßig verteilt sind.

Drittens gilt das Prinzip der Isotropie. Man nimmt an, dass es im Weltall keinen bevorzugten Ort, insbesondere keine Mitte, und

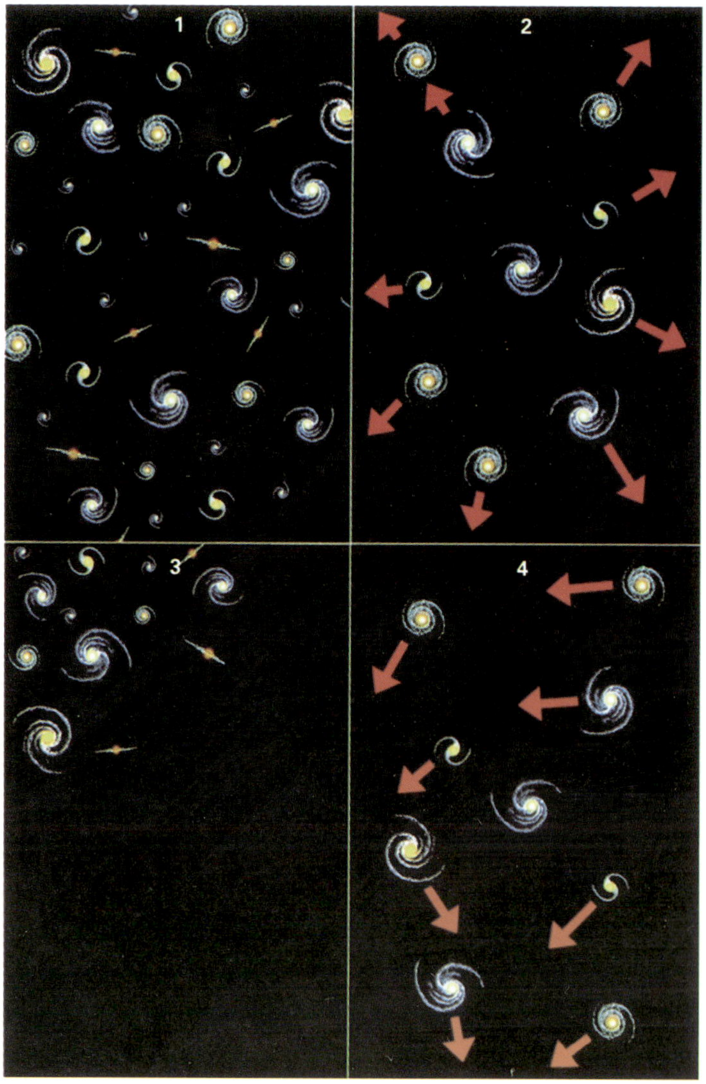

◁ Um das Universum zu verstehen, gehen Astronomen von bestimmten kosmologischen Prinzipien aus: Homogenität (1): die Materie und die Strahlung sind mehr oder weniger gleichmäßig verteilt, und Isotropie (2): das All hat keine bevorzugte Richtung. In einem nicht homogenen Universum (3) wären Materie und Strahlung nicht überall gleich und in einem nicht isotropen Universum (4) würde sich der Kosmos in verschiedene Richtungen jeweils unterschiedlich ausbreiten.

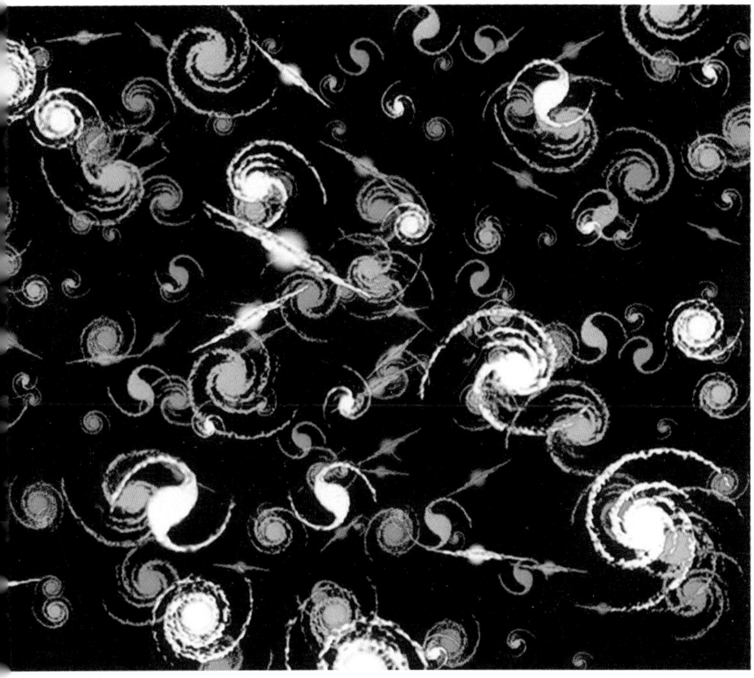

◁ Da sich die Galaxien alle voneinander wegbewegen, ist ihr Licht sehr geschwächt, wenn es uns erreicht. Die am weitesten entfernten Galaxien, die auch am kleinsten aussehen, bewegen sich am schnellsten von uns fort und leuchten daher nur sehr schwach.

auch keine bevorzugte Richtung gibt. Von jedem Punkt aus sieht das Universum in jeder Richtung gleich aus.

Kosmologie

Es gibt viele verschiedene Theorien zur Natur des Universums. Im antiken Ägypten, Griechenland und Rom glaubten die Menschen, dass verschiedene Götter über den Kosmos herrschten. Im Mittelalter vertraten die Gelehrten die Ansicht, das Universum sei sehr klein und vom Himmel und der Sphäre Gottes mit den Engeln umgeben. Seit Newton jedoch haben Wissenschaftler versucht, Modelle des Universums zu entwerfen, die nicht auf Religion, Mythen oder Überlieferungen, sondern auf mathematischen und physikalischen Überlegungen gründen. Dieser Wissenschaftszweig, der das Universum als Ganzes erforscht und Theorien dazu bildet, heißt Kosmologie.

Kosmologen hoffen, den Aufbau des gesamten Universums beschreiben und erklären zu können, wie die Bedingungen dort in der Vergangenheit aussahen und wie es sich im Lauf der Zeit verändert hat.

Das gekrümmte Universum

Wenn du mit einer Taschenlampe einen Lichtstrahl weit in das Universum hineinwerfen könntest, wäre dieser Strahl gebogen. Das liegt daran, dass die Materie des Universums sich gekrümmt ausbreitet. Die Situation im Universum ist ähnlich wie auf der Oberfläche der Erde: Dort, wo man sich befindet, scheint die Erde flach zu sein, aber vom gesamten Erdball her betrachtet ist sie rund. Du kannst, so lange du willst, auf der Erde herumlaufen und in alle Richtungen gehen, du wirst dabei aber niemals an eine Grenze stoßen. Theoretisch könntest du auch eine Reise rund um das Universum machen und würdest dabei auf Grund der Krümmung irgendwann wieder an deinen Ausgangspunkt zurückkommen.

Wissenschaftler sind sich nicht sicher, wie diese Krümmung im All tatsächlich aussieht. Wenn es, wie auf der Erde, eine sphärische Krümmung wäre, dann wäre das Universum »geschlossen«, also endlich, obwohl es keine Grenzen hat. Andererseits könnte sich die Oberfläche auch nach außen biegen wie bei einem Pferdesattel. Ein Universum, das so aussähe, wäre »offen«, da die gekrümmte Oberfläche sich endlos weit erstrecken würde, ohne irgendwann einmal wieder auf sich selbst zu stoßen. Ein solches Universum würde sich ins Unendliche erstrecken und wäre dabei noch grenzenlos.

Die Beobachtung sehr weit entfernter Galaxien und Quasare konnte uns dabei helfen herauszufinden, wie die Krümmung des Alls aussieht. Das ist einer der Gründe, warum Astronomen so erpicht darauf sind, große Teleskope zu bauen, die diese wichtige Frage beantworten könnten.

Der dunkle Nachthimmel

Eine sehr einfache Beobachtung gibt uns Aufschluss über die Natur des Universums: die Dunkelheit des Nachthimmels.

Wenn die Sonne untergegangen ist, geben die Sterne nur einen matten Lichtschein, der nicht einmal ausreicht, um einen Schatten zu werfen. Natürlich sind viele Sterne sehr weit weg, sodass ihr Licht oft nur sehr schwach ist. Im 18. Jahrhundert erkannten einige Astronomen jedoch, dass die Dunkelheit des Nachthimmels eine wichtige Tatsache ist, für die es eine Erklärung geben muss. Der Deutsche Heinrich Olbers (1758–1840) machte sich 1823 Gedanken zu diesem Problem.

Olbers und andere dachten darüber nach, wie der Nachthimmel aussehen würde, wenn das Universum unendlich wäre, immer existiert und sich nicht im Lauf der Zeit verändert hätte. Dann müsste man eigentlich an jeder Stelle des Himmels einen Stern sehen, auch wenn er sich extrem weit weg von uns befände, denn selbst bei noch so weit entfernten Sternen müsste sich jeder Lichtstrahl aus dem All bis zu einer Sternenoberfläche zurückverfolgen lassen. Zwar können wir entfernte Sterne nicht mehr einzeln erkennen, wohl aber zum Beispiel die Milchstraße, obwohl die meisten Sterne dort zu schwach leuchten, um sie einzeln wahrzunehmen. Wenn also jeder Sternenschein irgendwo bei einem Stern endet, dann müsste der Himmel auch immer in strahlendes Licht getaucht sein. Warum also ist der Himmel bei Nacht dunkel?

Die Lösung dieses Rätsels liegt darin, dass die Vermutungen, die lange Zeit über das Universum angestellt wurden, falsch sind. Das Universum und die darin befindlichen Objekte verändern und entwickeln sich mit der Zeit. Das heißt, dass die meisten unserer theoretischen Lichtlinien eben nicht auf einem Stern enden. Die Dunkelheit des Nachthimmels verrät uns also etwas sehr Wichtiges über die Geschichte des Universums.

Die Expansion des Universums

Eine der wichtigsten Beobachtungen der Kosmologie ist die Bewegung der Galaxien, die von uns und voneinander wegfliegen. Die Distanz zwischen den Galaxienhaufen vergrößert sich ständig; das Universum dehnt sich immer weiter aus, während proportional dazu seine Dichte abnimmt. In

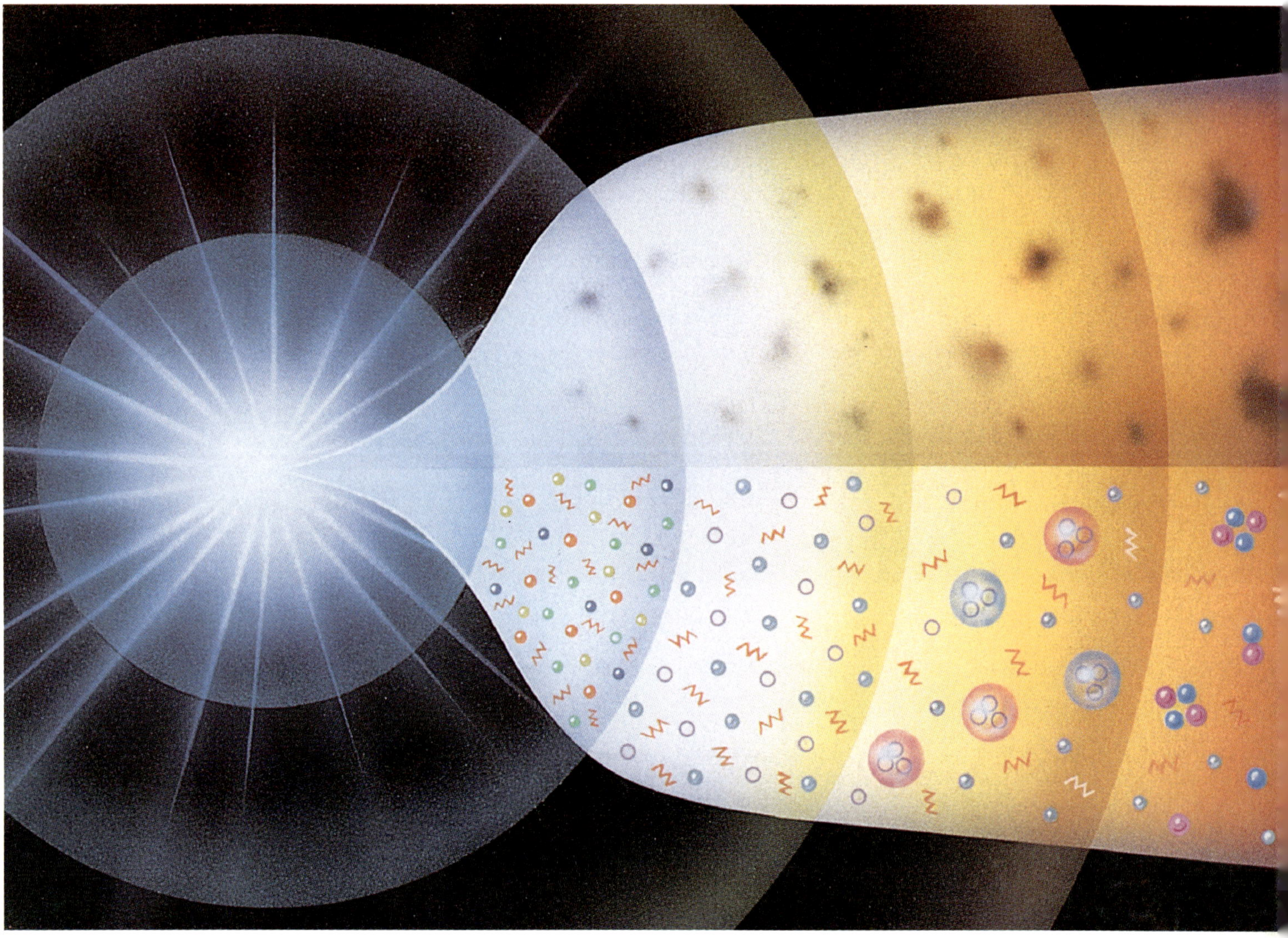

einem Video über die Geschichte des Universums könnten wir darstellen, wie die Galaxien immer weiter auseinander fliegen. Wenn wir dieses Video zurücklaufen lassen würden, könnten wir sehen, wie sich die Galaxien wieder zusammenziehen, bis sie irgendwann völlig komprimiert sind.

Ganz zu Anfang des Universums war die gesamte Materie und Strahlung auf einen winzigen Punkt im All konzentriert, der noch kleiner war als der Kern eines Atoms. Die Theorie, dass das Universum sich von einem fast nicht vorhandenen Punkt bis zu diesem unermesslichen Gebilde, das wir heute sehen, ausgebreitet hat, beruht auf der Annahme, dass die Rotverschiebung von Galaxien durch ihre Fluchtbewegung verursacht wird.

Der Urknall

Das Universum breitet sich aus, das heißt, dass es in der Vergangenheit eine viel höhere Dichte gehabt haben muss. Darauf baut die Urknalltheorie auf, die besagt, dass ursprünglich alle Materie und Energie in einem kleinen Punkt im All konzentriert waren, der unglaublich heiß und unermesslich dicht war. Mit dem so genannten Urknall entstand daraus explosionsartig unser heutiges Universum, das sich seitdem immer weiter ausbreitet und abkühlt.

Das Alter des Universums kann man nicht präzise berechnen, weil es von der Stärke der Krümmung im All abhängt, die noch nie genau gemessen wurde. Anhand der Expansionsrate kann man ein Alter von etwa 12 bis 20 Milliarden Jahren annehmen. Das ist nur eine vage Zahl, aber das Universum ist auf jeden Fall viel älter als die Sonne oder die Erde. In dieser längst vergangenen Zeit sah der Kosmos völlig anders aus als unser heutiges Universum der Planeten, Sterne und Galaxien.

Die ersten paar Sekunden

Zu Beginn war das Universum ein Feuerball aus Strahlung mit einer ganz anderen Materie, als wir sie heute kennen. Es bestand aus einer Suppe voller exotischer Teilchen, die sehr schnell abkühlte, während sich der winzige Kosmos ausbreitete. Als das Universum etwa eine Millionstel Sekunde alt war, hatte sich schon ein Großteil der Energie in Protonen verwandelt, aus denen die Kerne von Wasserstoffatomen bestehen. Während der nächsten Millisekunden bildeten sich Elektronen, die mit den Protonen kollidierten, sodass Neutronen entstanden. Neutronen überleben nur tausend Sekunden als unabhängige Teilchen, darum waren die nächsten paar Minuten von allergrößter Bedeutung.

Während der ersten Viertelstunde reagierten die Protonen mit den Neutronen, die sehr schnell zerfielen, und es entstanden Kerne

◁ Die meisten Astronomen glauben, dass das Universum vor 17 Milliarden Jahren mit dem so genannten Urknall entstand. Dieses Diagramm zeigt von links nach rechts die Veränderungen im Universum von der Zeit des Urknalls bis heute. Der obere Teil zeigt die heißen dichten Materieklumpen, aus denen im Lauf der Zeit die Galaxien entstanden sind. Der untere Teil zeigt zunächst die Strahlung und die subatomaren Partikel. Die Teilchen schlossen sich zusammen, um Atome zu bilden, aus denen dann – zumindest auf der Erde – allmählich Pflanzen und Tiere entstanden.

von Heliumatomen. In einem Wettrennen gegen die Zeit, während das Universum abkühlte und sich weiter ausbreitete, verwandelte sich etwa ein Viertel der Materie von Wasserstoff in Helium; aus dem restlichen Wasserstoff entstanden die Sterne.

Eine Million Jahre später

Etwa eine Stunde nach den Urknall bestand das Universum aus Fotonen, Elektronen, Wasserstoffkernen (Protonen) und Heliumkernen. Es gab keine Atome, weil die Elektronen auf Grund der sehr hohen Temperaturen die Protonen oder Heliumkerne nicht umkreisen konnten, sondern durch Zusammenstöße mit energiereichen Fotonen immer wieder aus ihrer Bahn geschleudert wurden.

Die Zeit arbeitete gegen die Fotonenstrahlung. Auf Grund der fortwährenden Ausdehnung kühlte das Universum ab, die Fotonen mussten immer mehr Raum ausfüllen und verloren dadurch an Energie. Nach einer Million Jahren war die Temperatur auf 4000°C gefallen, kühl genug, dass die Kerne die Elektronen in ihrer Umlaufbahn halten konnten.

In diesem Stadium bildeten sich die Atome. Die Elektronen brauchten einige tausend Jahre, um sich an die Protonen oder Heliumkerne anzuhängen, und so lange konnte sich das Licht nicht im Kosmos ausbreiten. Wenn du dich im frühen Universum aufgehalten hättest, wärst du also von einem heißen, grellen Nebel umgeben gewesen, durch den man nicht einen Zentimeter weit hätte sehen können. Nachdem sich stabile Atome gebildet hatten, wurde das Universum transparent, und das Licht konnte ungehindert passieren. Mit unseren Teleskopen kann man nur bis auf diesen Zeitpunkt zurückschauen, da das Universum zuvor undurchsichtig war. Wir können also nur vermuten, wie die Bedingungen damals gewesen sein müssen, indem wir die Gesetze der Physik auf das expandierende Universum anwenden.

Die Hintergrundstrahlung

Die Wärmestrahlung des heißen Urknalls ist immer noch im Universum vorhanden. 1964 arbeiteten zwei Wissenschaftler in New Jersey an der Beseitigung einer ärgerlichen Radiostrahlenquelle, die eine Satellitenverbindung störte. Mit Hilfe einer sehr empfindlichen Antenne fanden sie heraus, dass die Radiogeräusche zu jeder Tageszeit und in jeder Himmelsrichtung unverändert blieben. So entdecken Arno Penzias und Robert Wilson rein zufällig die Reststrahlung des Urknalls. 1989 startete die NASA den COBE-Satelliten (Cosmic Background Explorer), um diese Hintergrundstrahlung zu untersuchen. Der Satellit trug flüssiges Helium an Bord, um seine Detektoren auf die Temperatur der Hintergrundstrahlung abzukühlen. Einer der großen Erfolge von COBE war es, aufzuzeigen, dass die schwache Strahlung genau der Strahlung eines warmen Objektes entspricht. Dies war eine entscheidende Entdeckung, da damit bewiesen wurde, dass es sich bei den Radiowellen um eine Art von Wärmestrahlung handelt.

Die Hintergrundstrahlung ist aus allen Bereichen des Himmels erstaunlich gleichmäßig zu empfangen, was bedeutet, dass das Universum ebenfalls in allen Richtungen gleich ist, womit die Resultate von COBE eine Annahme der Kosmologen bestätigen. Die gleichförmige Verteilung der Strahlung ist ein wichtiger Beweis dafür, dass es sich um die Wärme des Universums selbst handelt und nicht um Strahlung, die von einer großen Zahl weit entfernter Objekte stammt.

Das Universum bläst sich auf

Verschiedene Teile des Universums sind sich sehr viel ähnlicher, als Astronomen einst vermuteten. Gegenüberliegende Gebiete des Himmels haben mehr oder weniger identische Eigenschaften. Das ist seltsam, denn zwei Himmelskörper, die wir in entgegengesetzter Richtung am Himmel sehen, können so weit voneinander entfernt sein, dass das Licht diese Distanz seit dem Anfang des Universums nicht zurückgelegt haben kann. Ein allmählicher Ausgleich kann also kaum stattgefunden haben. Wie kommt es dann, dass das Universum überall gleich aussieht?

Kosmologen haben eine Erklärung dafür vorgeschlagen, wie Teile des Universums, die heute außerhalb ihrer gegenseitigen Reichweite liegen, früher vielleicht einmal Kontakt miteinander gehabt haben könnten. Sie gehen davon aus, dass sich das Universum rasend schnell ausgebreitet hat, mit mehr als Lichtgeschwindigkeit. Laut dieser Theorie war das gesamte Universum einst in einem Punkt, kleiner als ein Proton, im All konzentriert. Mit einem einzigen Knall hat sich dieser Punkt zu einem Millionen Kilometer großen Gebilde aufgeblasen. All das geschah im ersten Millionstel eines Millionstels eines Millionstels eines Millionstels eines Millionstels einer Sekunde. Diese Theorie des Inflationären Universums erklärt, warum der Kosmos heute so groß und gleichförmig ist: Er hat sich zu einem sehr frühen Zeitpunkt mit extrem hoher Geschwindigkeit vergrößert.

Wenn die Theorie des Inflationären Universums stimmt, dann ist alles, was wir durch unsere Teleskope sehen, nur ein kleiner Teil des gesamten Kosmos. Der größte Teil des Universums ist dann so weit entfernt, dass wir ihn nicht sehen können, da das Licht noch nicht genug Zeit hatte, uns zu erreichen.

Die rasende Milchstraße

In einer Gegend des Himmels ist eine leichte Rotverschiebung der Hintergrundstrahlung und in der entgegengesetzten Region eine leichte Blauverschiebung festzustellen, weil die Milchstraße und ihre Nachbargalaxien durch das Universum fliegen. Die Lokale Galaxiengruppe hat eine Geschwindigkeit von etwa 550 km pro Sekunde, gemessen an den entfernten Galaxien und dem Universum insgesamt. Vielleicht zieht eine große Massenkonzentration, die bis jetzt noch nicht entdeckt wurde, die Lokale Gruppe durch ihre Gravitation an. Es gibt in dieser Richtung auch eine starke Konzentration von Galaxien, den so genannten Großen Attraktor, der dafür verantwortlich sein könnte.

Die Entstehung der Galaxien

Eines der großen Anliegen der Astronomie ist die Frage nach der Struktur des Universums. Die Hintergrundstrahlung zeigt, dass das frühe Universum sehr gleichförmig war. Wie ist es jedoch in Anbetracht der rasend schnellen Expansion möglich, dass sich Galaxien bildeten, bevor die Materie zu weit verstreut war? Bodenteleskope und das Hubble-Weltraumteleskop geben uns die

△ Weit entfernte Galaxien sehen wir in einer frühen Entwicklungsphase. Viele Fotos zeigen Galaxien, die anscheinend gerade miteinander verschmelzen. Vielleicht waren die meisten Galaxien bei ihrer Entstehung kleiner, sind aber durch das Einfangen oder die Verschmelzung mit anderen Galaxien gewachsen.

▽ Astronomen auf der Suche nach der Dunklen Materie in unserer Galaxis sahen 1993, wie ein entfernter Stern über einige Wochen hinweg plötzlich heller wurde. Es sah genau so aus, als sei das Licht von einem dunklen Objekt, das als Gravitationslinse wirkte, gebündelt worden. Die Zeitintervalle zwischen den Bildern betragen 33 Tage, 12 Tage, 6 Tage und 13 Tage.

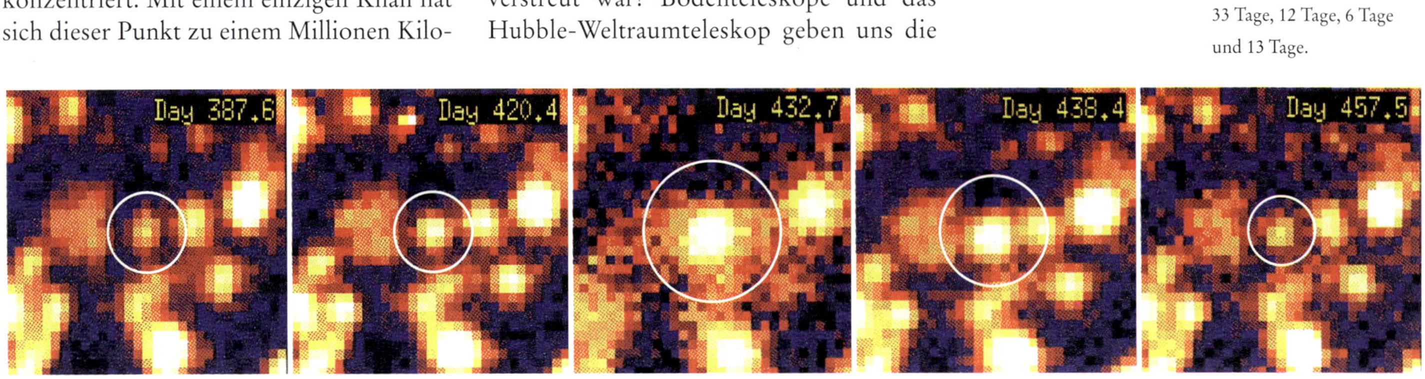

ersten direkten Hinweise auf die Zeit, in der die Galaxien entstanden.
Galaxien wie die Milchstraße sind vermutlich etwa 10 bis 12 Milliarden Jahre alt und haben sich seit ihrer Entstehung sehr verändert. So hat zum Beispiel die Sternentwicklung den chemischen Aufbau der lokalen Galaxien sicher stark beeinflusst. Um diese Frage zu klären, können wir in ferne Regionen des Universums schauen, in denen die Galaxien noch viel jünger sind.
Der COBE-Satellit hat gezeigt, dass sehr große Strukturen schon in dem Moment entstanden, als das Universum durchsichtig wurde. Die Materie hatte damals bereits begonnen, Klumpen zu bilden, und die Massenkonzentrationen wurden dichter, als sie sich auf Grund der Anziehungskraft immer weiter zusammenzog. Die von COBE gesichteten Konzentrationen könnten die Entstehungsphase großer Galaxien-Superhaufen sein.

Verschmelzende Galaxien

Vermutlich entstanden nicht alle Galaxien zur gleichen Zeit. Die massereichen elliptischen Galaxien bildeten sich kurz nach dem Urknall, als das Universum durchsichtig wurde. Sie kollidierten häufig miteinander, da der Kosmos damals noch kleiner und dichter war. Durch Kollisionen und Verschmelzungen wurden die Galaxien immer größer. Sterne in Schwindel erregenden Mengen bildeten sich, die häufigen Explosionen von Supernovae trugen noch zu diesem kosmischen Feuerwerk bei. Heute enthalten die elliptischen Galaxien kaum Gas, und die meisten ihrer Sterne sind alt.

Spiralgalaxien entstanden vermutlich erst später. Um die ursprünglichen Galaxien sammelte sich Materie, aus der sich später die Spiralarme bildeten. In der Andromeda-Galaxie entdeckte das Hubble-Weltraumteleskop zwei getrennte Kerne, als sei diese Galaxie durch die Verschmelzung zweier kleiner Galaxien entstanden. Es ist außerdem bekannt, dass unsere Milchstraße gerade dabei ist, die Große Magellansche Wolke einzufangen. So ist die Annahme, dass Galaxien durch Verschmelzungen und Kollisionen wachsen und sich weiterentwickeln, durchaus realistisch. Heute passiert dies zwar nur noch selten, aber die Beobachtung entfernter Galaxien zeigt, dass es in jüngeren Zeiten des Universums viel Bewegung gab.

Der Beweis für Dunkle Materie

Ist das, was wir durch Teleskope sehen, alles, was es gibt? Wahrscheinlich nicht. Materie, von der Astronomen glauben, dass sie existiert, die sie aber nicht sehen können, wird als Dunkle Materie bezeichnet. Astronomen vermuteten vor 60 Jahren zum ersten Mal, dass es im Universum verborgene Materie geben könnte. Die nächsten 40 Jahre jedoch begnügten sie sich damit, dies als reines Kuriosum festzuhalten, mittlerweile allerdings haben sich die Hinweise darauf, dass unsere Erforschung des Universums unvollständig ist, verstärkt.
In der Milchstraße deuten die hohen Geschwindigkeiten mancher Sterne und die Bahn der Großen Magellanschen Wolke darauf hin, dass noch etwas anderes im All vorhanden sein muss. Um die starke Gravitation, die an den Sternen zieht, zu erklären, muss die Galaxienmasse sehr hoch sein. Die sichtbare Materie liefert nur etwa 10 Prozent der dafür erforderlichen Masse.
Auch in anderen Galaxien gehen die Berechnungen nicht auf. Wie die Umlaufzeiten der Planeten von der Masse der Sonne abhängig sind, so hängt die Geschwindigkeit der Sterne auf der galaktischen Scheibe von der Masse ab, die im Kern konzentriert ist. Seit 1974 haben Astronomen immer neue Beweise für unentdeckte Masse in Spiralgalaxien gefunden.
Wenn wir zur nächstgrößeren Ebene im Universum übergehen, kommen wir zu den Galaxienhaufen. Auch hier ist das Problem der Dunklen Materie wichtig. Durch die Abwägung der Kräfte, die auf die Galaxien einwirken, lässt sich die Masse eines Haufens bestimmen. Diese Massen sind aber 10- bis 20-mal höher als die, die wir anhand des Lichts, das die Sterne der Galaxien liefern, ermittelt hätten. Die Galaxienhaufen müssen also ebenfalls eine große Menge Materie enthalten, die kein Licht ausstrahlt.

◁ Diese Seyfert-Galaxie hat zwei helle Kerne in ihrem Zentrum. Die sehr ungewöhnliche Struktur könnte entstanden sein, als zwei Galaxien verschmolzen, ohne dass ihre Kerne sich gänzlich zu einem Zentrum zusammenfügten.

Die Masse des Universums

Die Massendichte des Universums sagt uns sofort, ob es sich unendlich weiter ausdehnen wird oder ob es wieder in sich zusammenfällt. Um das Universum im Ganzen zu wiegen, müssen wir die Geschwindigkeiten oder Rotverschiebungen der Galaxien heranziehen. Die strömende Bewegung der Galaxien als Teil der Ausdehnung lässt Rückschlüsse auf die Masse des gesamten Universums zu.
Die sichtbaren Galaxien tragen so gut wie nichts dazu bei, die Expansion des Universums zu verlangsamen, da sie nur etwa 5 Prozent des Ballasts ausmachen, der benötigt wird, um das Universum von überschnellen Expansionsbewegungen abzuhalten.
Momentan befinden sich die Wissenschaftler auf der Jagd nach der Dunklen Materie, die das Universum schwerer macht. Es gibt viele Formen, die diese Materie annehmen könnte. Die meisten Astronomen glauben, dass es sich um eine Art subatomarer Teilchen handeln muss, die man tatsächlich nur sehr schwer entdecken kann, da sie völlig anders sein können als alle Stoffe, die wir schon kennen. Andere Astronomen fragen sich auch, ob diese Theorie überhaupt zutrifft. Vielleicht ist das Universum trotz allem einzigartig und wird sich auch in Zukunft unendlich weiter ausdehnen.

Sternkarten

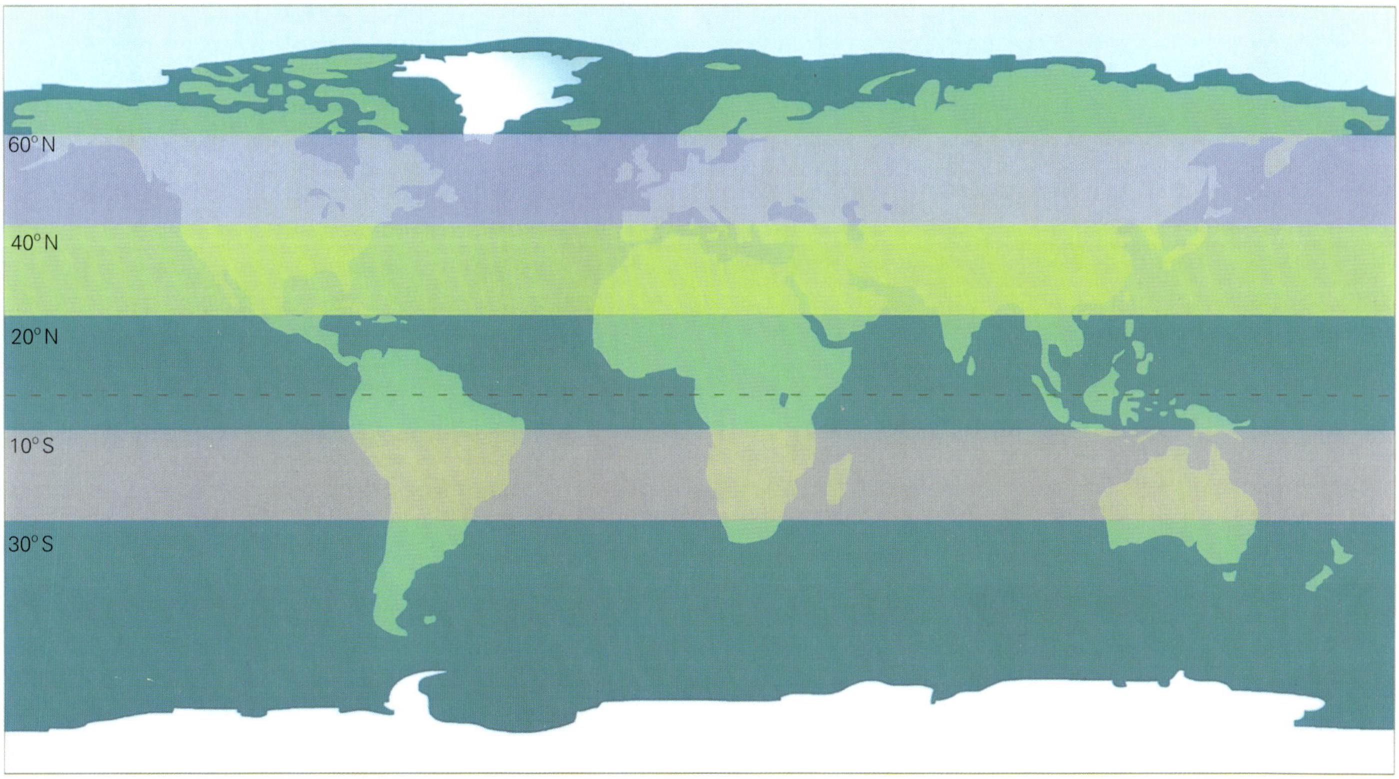

Um deinen Weg durch die Sternbilder zu finden, solltest du zunächst ein paar wirklich helle Sternmuster identifizieren, die du dann benutzen kannst, um die schwächer leuchtenden zu finden, bei denen die Sache ein bisschen schwieriger ist. Bei Vollmond oder in der Nähe starker Straßenlichter wirst du nur die hellsten Sterne wahrnehmen können. Am einfachsten ist es bei klarem, dunklem Himmel, aber auch in der Stadt kann man die helleren Sternbilder gut erkennen.

Von Stunde zu Stunde und von Nacht zu Nacht verändern sich die Positionen der Sterne. Abhängig von dem Breitengrad, auf dem du dich befindest, kannst du verschiedene Sternbilder sehen (vgl. S. 26–29). Deshalb achte bitte unbedingt darauf, dass du die richtige Sternkarte für deine Position und deine Beobachtungszeit vorliegen hast. Auf den nächsten drei Seiten findest du Karten für drei verschiedene Zonen, die auf der Weltkarte oben farbig markiert sind. Stelle zunächst mit Hilfe der Karte fest, in welcher Zone du dich befindest, und schlage dann die entsprechende Seite mit den Sternkarten auf.

Jedes Halbkreispaar zeigt für verschiedene Monate und Zeiten die Sternbilder, die du sehen kannst, wenn du nach Norden beziehungsweise nach Süden schaust. Über jedem Paar findest du die Monate und die Zeiten angegeben. Die vier Kartenpaare stellen in groben Zügen den Abendhimmel im Ablauf der Jahreszeiten dar.

Suche das für den Monat und die Beobachtungszeit geeignetste Kartenpaar heraus und bedenke, dass du im Sommer eine Stunde zu den Zeitangaben hinzurechnen musst, wenn die Uhren auf Sommerzeit umgestellt wurden. Auch wenn du am frühen Morgen beobachtest, kannst du die Karten benutzen.

△ Die drei farbig unterlegten Streifen auf dieser Weltkarte zeigen die Breitenzonen, in denen die einzelnen Sternkartensammlungen auf den Seiten 151–153 benutzt werden sollten. Die Seiten haben einen farbigen Rand, der mit der Farbe des dazugehörigen Streifens übereinstimmt.

Gehe für jeweils zwei Stunden, die du später beobachtest, einen Monat im Jahreskreis vor und suche die entsprechende Karte.

Je größer ein Punkt auf der Sternkarte ist, desto heller strahlt der Stern. Einige besonders helle sind mit Namen angegeben. Die lateinischen Namen der Sternbilder sind mit Großbuchstaben geschrieben, und die schwarzen Linien sollen dir helfen, die auffälligen Muster zu finden. Das heller gefärbte Band ist die Milchstraße.

40°–60° nördlicher Breite

Winterhimmel

Dezember: Mitternacht
Januar: 22 Uhr
Februar: 20 Uhr

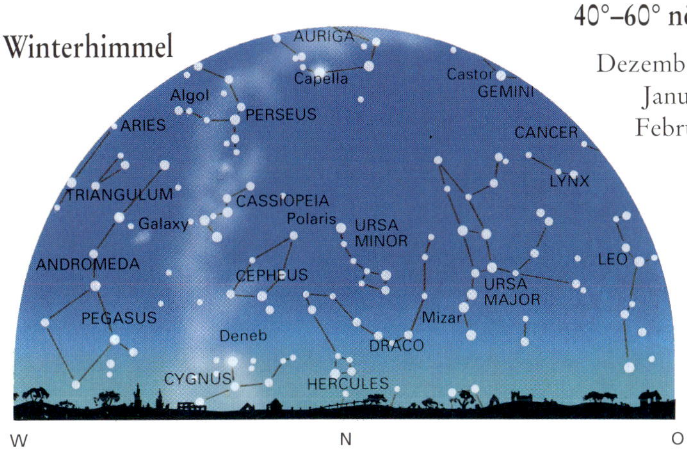

Frühlingshimmel

März: Mitternacht
April: 22 Uhr
Mai: 20 Uhr

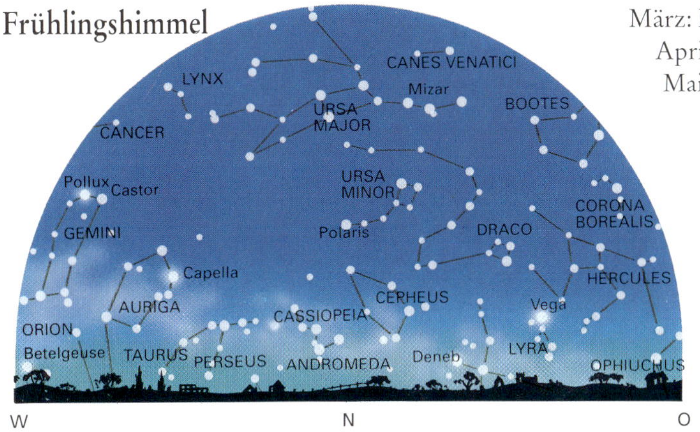

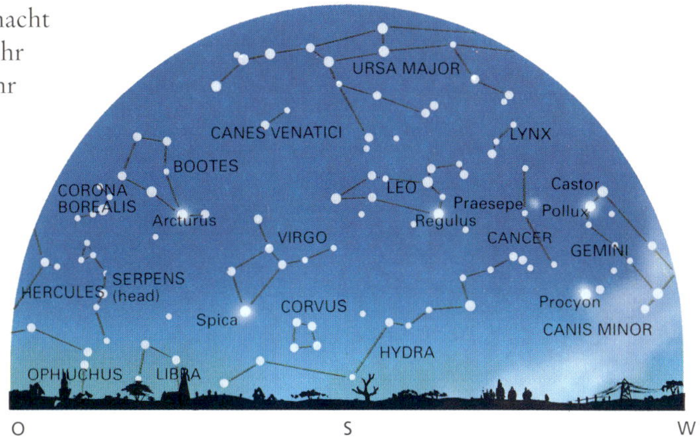

Sommerhimmel

Juni: Mitternacht
Juli: 22 Uhr
August: 20 Uhr

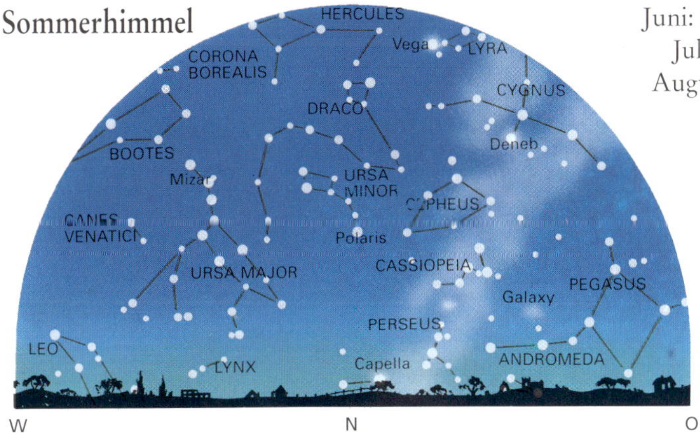

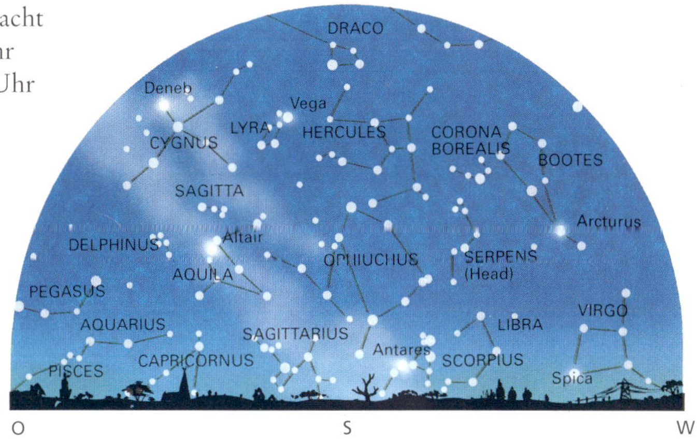

Herbsthimmel

September: Mitternacht
Oktober: 22 Uhr
November: 20 Uhr
Dezember 18 Uhr

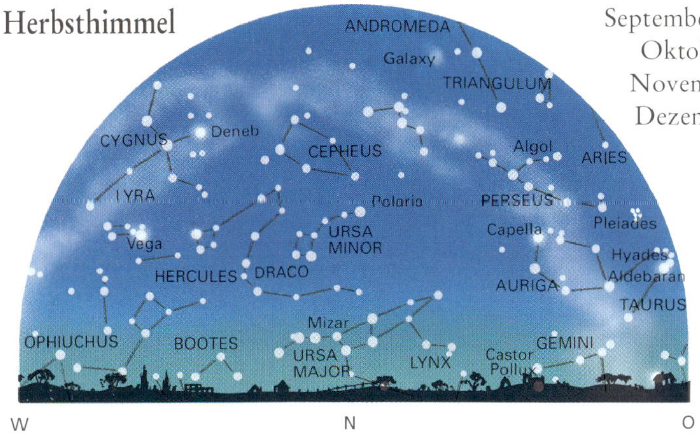

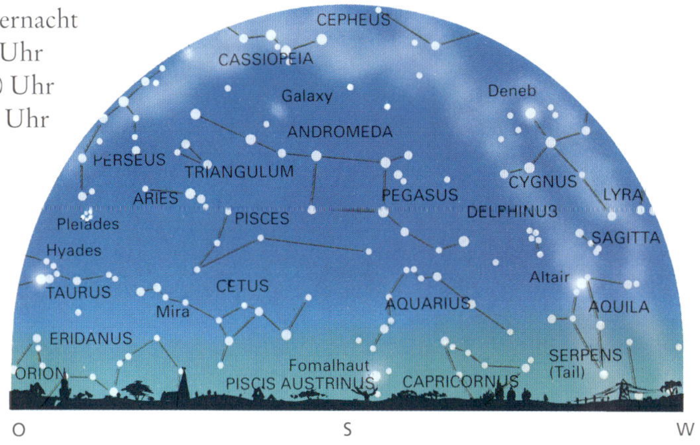

20°–40° nördlicher Breite

Winterhimmel

Dezember: Mitternacht
Januar: 22 Uhr
Februar: 20 Uhr

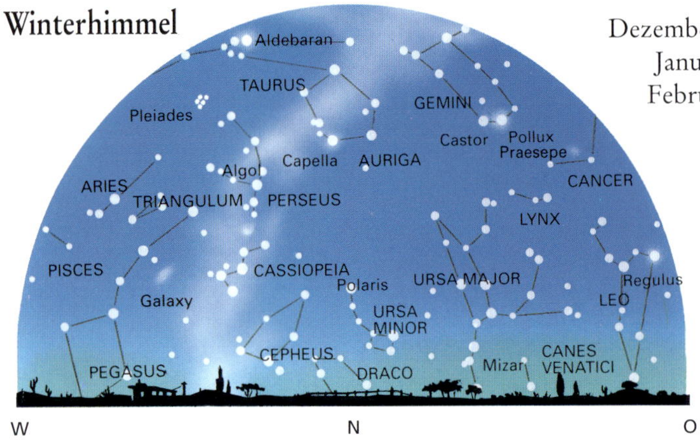

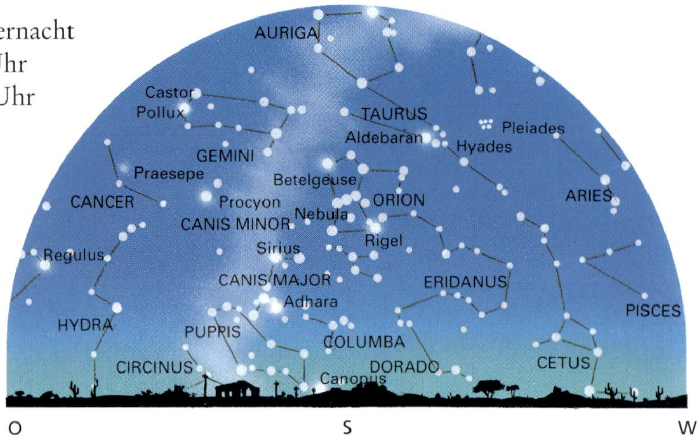

Frühlingshimmel

März: Mitternacht
April: 22 Uhr
Mai: 20 Uhr

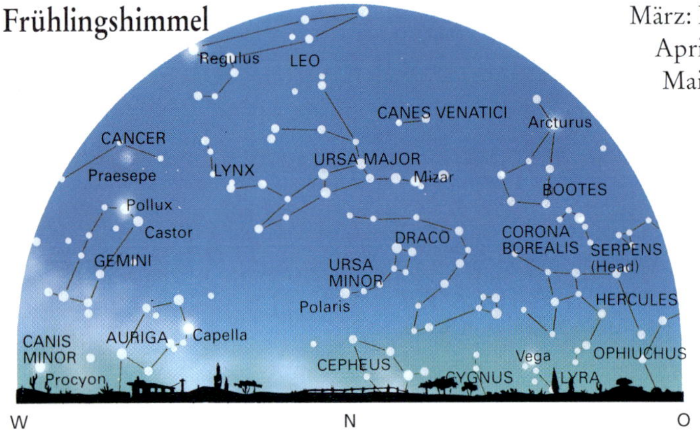

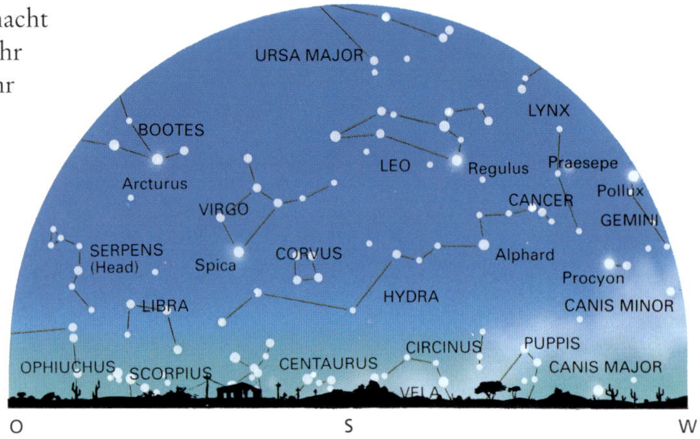

Sommerhimmel

Juni: Mitternacht
Juli: 22 Uhr
August: 20 Uhr

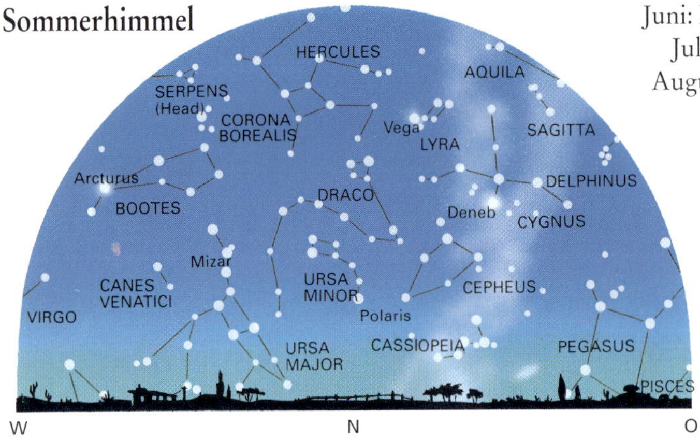

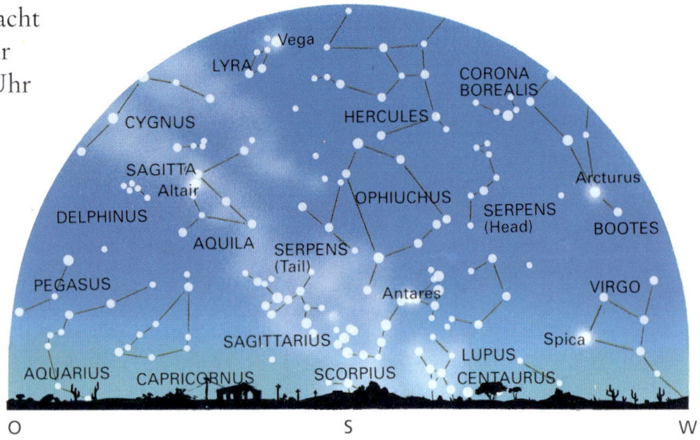

Herbsthimmel

September: Mitternacht
Oktober: 22 Uhr
November: 20 Uhr
Dezember 18 Uhr

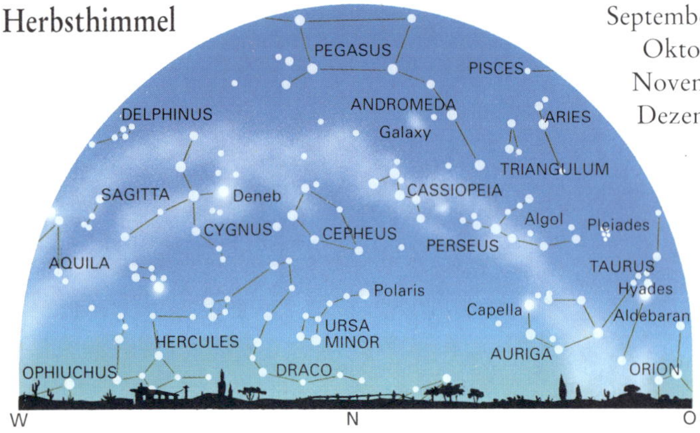

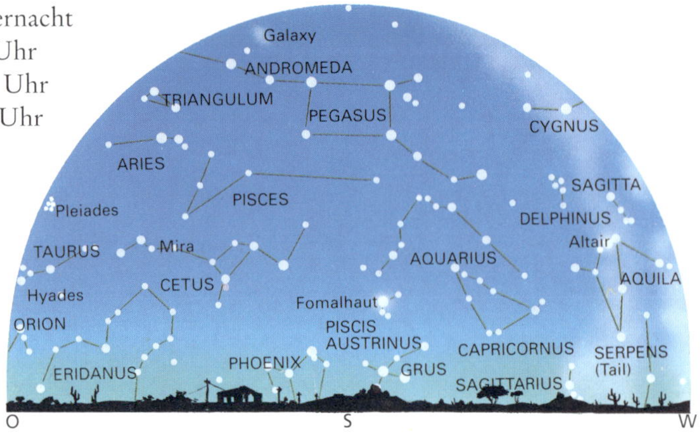

10°–30° südlicher Breite

Sommerhimmel

Dezember: Mitternacht
Januar: 22 Uhr
Februar: 20 Uhr

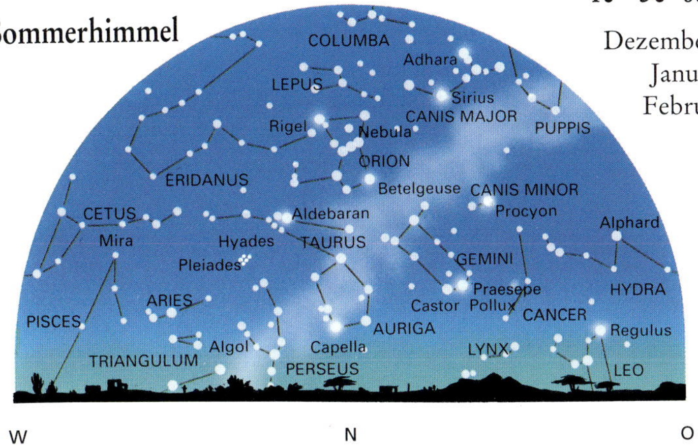

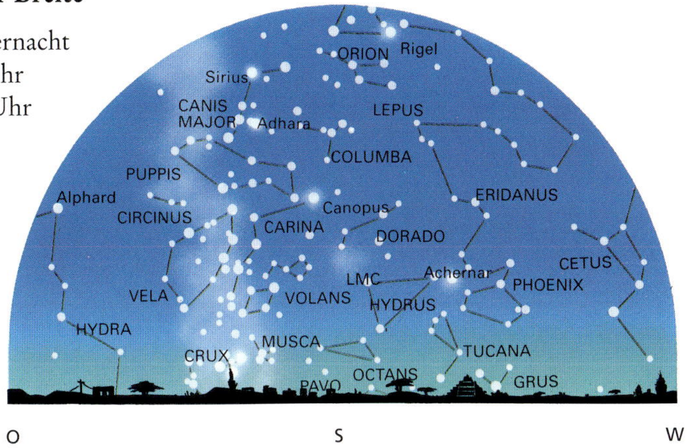

Herbsthimmel

März: Mitternacht
April: 22 Uhr
Mai: 20 Uhr
Juni: 18 Uhr

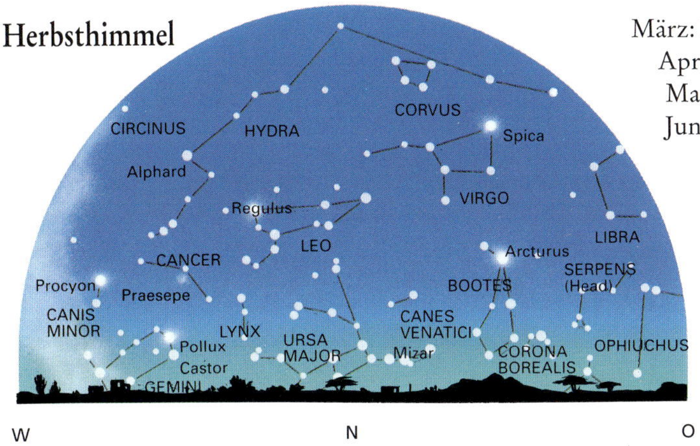

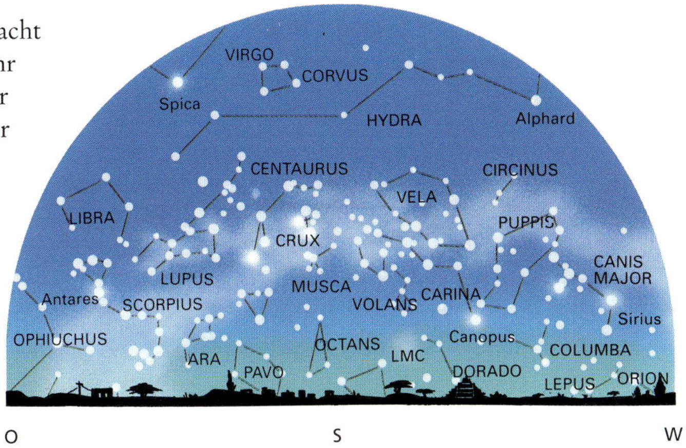

Winterhimmel

Juni: Mitternacht
Juli: 22 Uhr
August: 20 Uhr

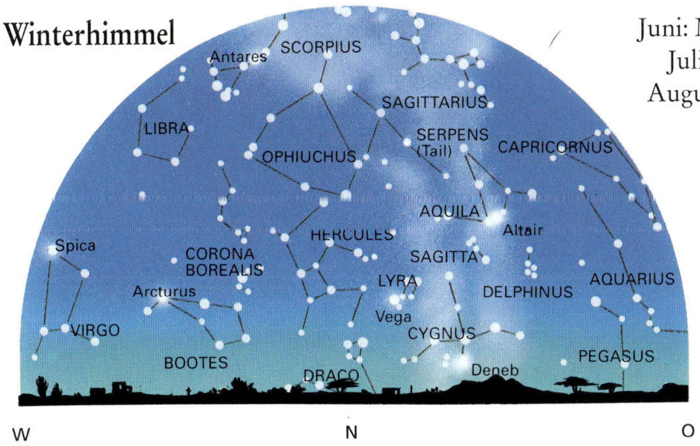

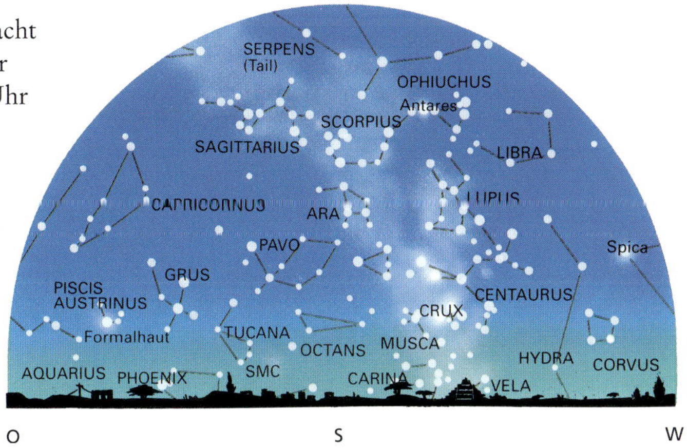

Frühlingshimmel

September: Mitternacht
Oktober: 22 Uhr
November: 20 Uhr

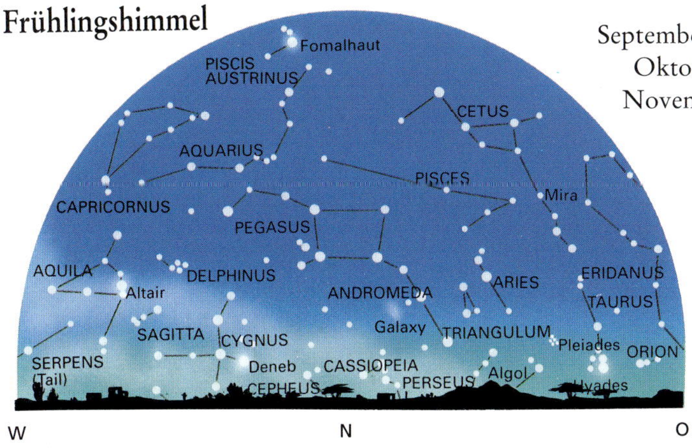

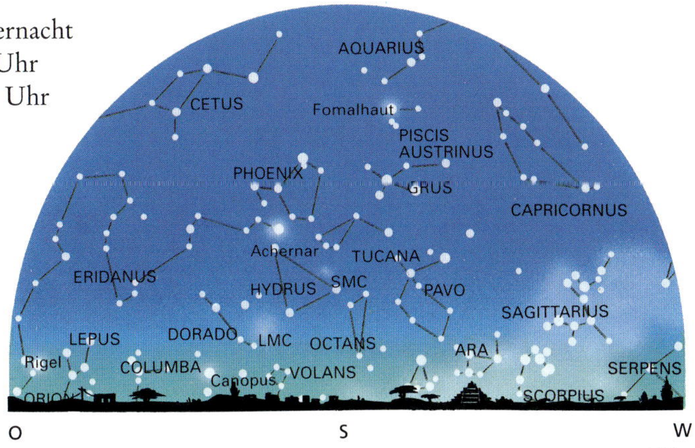

Glossar

Akkretionsscheibe Eine Materiescheibe, die sich um einen rotierenden Stern sammelt.

Aktive Galaxie Eine Galaxie, die in ihrem Zentrum enorme Energiemengen freisetzt, die nicht aus Sternen stammen.

Äquinoktium Tagundnachtgleiche, die beiden Zeiten im Jahr (um den 21. März und den 23. September), zu denen die Sonne mittags senkrecht über dem Äquator steht.

Asteroid Ein Gesteins- oder Eisstück, das die Sonne wie ein kleiner Planet umkreist.

Astrologie Ein alter Glaube, der Menschen und Ereignisse mit den Himmelspositionen von Sonne, Mond und Planeten in Verbindung bringt.

Astronomische Einheit (AE) Die durchschnittliche Entfernung zwischen Erde und Sonne, 149 597 870 km.

Atmosphäre Die äußeren Gasschichten, die einen Planeten, Mond oder Stern umgeben.

Atom Ein winziges Materieteilchen, das aus einem Kern und einer ihn umgebenden Wolke von Elektronen besteht.

Bogensekunde Eine Maßeinheit für sehr kleine Winkel. 3600 Bogensekunden sind ein Grad.

Brauner Zwerg Ein Materieball, der einem kleinen, schwach leuchtenden Stern ähnelt, aber nicht massereich genug ist, um ein echter Stern zu werden.

Breite Entfernung nördlich oder südlich des Äquators, gemessen in Grad.

Bulge Verdickung aus vielen Sternen im Zentrum einer Spiralgalaxie.

CCD-Kamera Elektronische Kamera zur Aufzeichnung des Lichts mit Hilfe von Pixeln, einzelnen Bildelementen.

Cepheiden-Veränderlicher Ein Sterntyp, der im Laufe weniger Tage pulsierend in seiner Helligkeit schwankt.

Chromosphäre Eine Gasschicht unmittelbar über der sichtbaren Scheibe der Sonne.

Deklination Das Äquivalent zur Breite bei der Positionsangabe am Himmel.

Doppelstern Ein Sternenpaar, das umeinander kreist.

Doppler-Effekt Eine Verschiebung in der Tonhöhe oder Lichtfarbe, wenn sich eine Ton- bzw. Lichtquelle dem Beobachter nähert oder sich von ihm entfernt.

Dunkle Materie Unsichtbare Materie im Universum, die durch ihre Gravitationskraft nachgewiesen werden kann.

Ekliptik Der jährliche Weg der Sonne über den Himmel aus der Sicht der Erde; oder die Umlaufbahn der Erde um die Sonne.

Elektromagnetische Strahlung Eine Energieform, die mit Lichtgeschwindigkeit durch den leeren Raum schießt.

Elektromagnetisches Spektrum Der ganze Bereich elektromagnetischer Strahlung, aufgefächert nach Wellenlänge. Je nach Wellenlänge unterscheidet man, angefangen bei den kürzesten Wellen, als Hauptkategorien: Gamma-, Röntgen-, Ultraviolett-, Licht- und Infrarotstrahlen, Mikro- und Radiowellen.

Elektron Ein winziges subatomares Teilchen mit negativer elektrischer Ladung.

Ellipse Eine ovale geometrische Form.

Fluchtgeschwindigkeit Die Geschwindigkeit, die ein Raumfahrzeug mindestens erreichen muss, um der Anziehungskraft eines Planeten zu entkommen.

Foton Ein Teilchen oder »Paket« elektromagnetischer Strahlungsenergie.

Fotosphäre Die sichtbare Oberfläche der Sonne (oder jedes anderen Sterns).

Galaxie Eine große Sternenfamilie im Weltraum, die durch Gravitationskräfte zusammengehalten wird.

Gammastrahlen Die energiereichste Form elektromagnetischer Strahlung.

Gravitation Die Anziehungskraft, die zwischen allen Massen wirkt.

Größenklasse (Magnitudo) Die Helligkeit eines Sterns oder eines anderen astronomischen Objekts. Je kleiner die Größenklasse, desto heller das Objekt.

Halo Eine kugelförmige Hülle um eine Galaxie, bestehend aus alten Sternen bzw. aus Gas.

Helium Das zweitleichteste chemische Element. Auf der Erde kommt es selten vor, stellt aber etwa ein Viertel der Gesamtmaterie des Universums.

Helligkeit Die Strahlungsstärke, die von einem leuchtenden astronomischen Objekt abgegeben oder empfangen wird. Gemessen wird die Helligkeit in Größenklassen (Magnituden).

Himmelssphäre Der Himmel als Projektion auf eine gedachte riesige Kugel, die die Erde umgibt. Dabei werden die tatsächlichen Entfernungen der Sterne außer Acht gelassen.

Hubble-Gesetz Das physikalische Gesetz, nach dem sich alle Galaxien auseinander bewegen und ihre Geschwindigkeit im Verhältnis zu ihrer Entfernung gleichmäßig zunimmt.

Hubble-Konstante Das sich aus dem Hubble-Gesetz ergebende feste Verhältnis von Geschwindigkeit und Entfernung aller Himmelskörper.

Infrarote Strahlung Elektromagnetische Strahlung, die wir als Wärme wahrnehmen, mit längeren Wellenlängen als das sichtbare rote Licht.

Interstellares Medium/interstellare Materie Das Gas und der Staub zwischen den Sternen.

Jahr Die Zeit, die die Erde braucht, um die Sonne einmal zu umkreisen.

Jet Stark gebündelte Gasfontänen, die sowohl von einigen jungen Sternen als auch von den kompakten Kernen mancher aktiven Galaxien ausgehen.

Keplersche Gesetze Drei von Johannes Kepler formulierte Gesetze, die die Bewegung der Planeten in ihren Umlaufbahnen um die Sonne beschreiben.

Komet Ein aus Eis bestehendes Objekt, das im Sonnensystem kreist, Gas und Staub abgibt und einen Schweif ausbildet, wenn es dem Licht und der Wärme der Sonne nahe genug kommt.

Kopernikanisches Weltbild Die Vorstellung, dass die Sonne und nicht die Erde den Mittelpunkt des Sonnensystems bildet, erstmals vertreten von Nikolaus Kopernikus im Jahr 1543.

Korona Die dünnen, sehr heißen äußersten Schichten der Sonne, die nur während einer totalen Sonnenfinsternis sichtbar sind.

Kosmische Hintergrundstrahlung Reststrahlung aus den frühesten Zeiten des Universums, die heute das ganze All füllt.

Kosmologie Die Beschäftigung mit dem Universum als Ganzem.

Krater Eine schüsselförmige Vertiefung auf der Oberfläche eines Planeten oder Mondes.

Kuiper-Gürtel Ein Gebiet des äußeren Sonnensystems – jenseits der Umlaufbahn des Neptuns – voller Eisstücke, die vielleicht einmal zu Kometen werden könnten.

Länge Entfernung östlich oder westlich des Null-Meridians, gemessen in Grad.

Lava Heißes, geschmolzenes Gestein, das bei einem Vulkanausbruch ausfließt und wieder fest wird, sobald es abkühlt.

Licht Die Form elektromagnetischer Strahlung, die mit dem Auge wahrnehmbar ist.

Lichtjahr Die Entfernung, die das Licht im leeren Raum in einem Jahr zurücklegt – 9,5 Billionen Kilometer.

Lichtstärke Die Energiemenge, die ein glühendes Objekt in einer Sekunde abstrahlt.

Lichtverschmutzung Künstliches Licht, das die Beobachtung des Nachthimmels erschwert.

Lokale Gruppe Der kleine Galaxienhaufen mit etwas über 30 Mitgliedern, zu dem unsere Milchstraße gehört.

Magellansche Wolken Zwei kleine Galaxien, die die Milchstraße begleiten und am südlichen Himmel mit bloßem Auge zu sehen sind.

Mare (Mehrz.: *maria*, Betonung auf dem ersten a) Das lateinische Wort für »Meer«, mit dem die großen dunklen Gebiete auf dem Mond bezeichnet werden, obwohl sie in Wirklichkeit aus festem Gestein bestehen.

Meteor Der helle Schweif eines kleinen Gesteinsbrockens, der bei seinem Eintreten in die Erdatmosphäre verglüht.

Meteorit Ein Gesteins- oder Metallbrocken, der auf der Erde oder einem anderen Planeten landet.

Meteoroid Ein kleines festes Objekt im All, das eventuell zum Meteor wird, wenn es sich der Erde nähert.

Meteorschauer Meteore, die von einem Punkt am Himmel aus strahlen, während die Erde eine Staubwolke im All passiert.

Milchstraße Die Galaxie, zu der unsere eigene Sonne gehört, in dunklen Nächten als nebliges Band am Himmel sichtbar.

Kleinplanet Ein anderer Name für Asteroid.

Molekül Ein winziges Teilchen chemischer Substanz, gebildet aus zwei oder mehr Atomen.

Mond Ein natürlicher Satellit, der um einen Planeten kreist, insbesondere der einzige natürliche Satellit der Erde.

Nebel Eine Gas- und/oder Staubwolke zwischen den Sternen und um sie herum. Auch Galaxien wurden als Nebel bezeichnet, bevor man entdeckte, dass sie aus Sternen bestehen.

Neutrino Ein subatomares Teilchen im Atomkern ohne elektrische Ladung und beinahe ohne jede Masse, das sich fast mit Lichtgeschwindigkeit fortbewegt.

Neutron Ein subatomares Teilchen ohne elektrische Ladung, Bestandteil des Atomkerns.

Neutronenstern Ein in sich zusammengefallener Stern, in dem alle atomaren Teilchen zusammengedrückt wurden und eine dichte Neutronenmasse bilden.

Nova Ein Doppelstern, der plötzlich sehr viel heller wird, wenn Materie von dem einen Stern auf seinen Begleiter fällt.

Objektiv Die wichtigste lichtsammelnde Linse in einem Refraktorteleskop.

Oortsche Wolke Eine Wolke aus Kometenmaterie, die das gesamte Sonnensystem wahrscheinlich in einer Entfernung von etwa einem Lichtjahr umgibt. Sie ist noch nie direkt gesehen worden.

Parallaxe Der relative Positionswechsel von Objekten bei verschiedener Entfernung, wenn man sie von verschiedenen Standorten aus sieht.

Parsec Eine Einheit der Entfernungsmessung, die nur von professionellen Astronomen benutzt wird. Sie entspricht 3,2616 Lichtjahren.

Phase Der Oberflächenanteil des Mondes (oder eines Planeten usw.), der von der Sonne angestrahlt wird.

Planet Ein Gesteins- oder Gasball, der die Sonne oder einen anderen Stern umkreist, selbst aber zu klein ist, um ein Stern zu werden.

Planetarischer Nebel Ein von einer Hülle aus glühendem Gas umgebener Stern.

Polarlicht Ein farbiges Glühen in der Erdatmosphäre, das man in den Polargebieten manchmal am Nachthimmel beobachten kann.

Positron Ein kleines subatomares Teilchen, das einem Elektron ähnelt, aber eine positive elektrische Ladung hat.

Proton Ein subatomares Teilchen mit einer positiven elektrischen Ladung, Bestandteil des Atomkerns. Ein einzelnes Proton bildet den Kern eines Wasserstoffatoms.

Protostern Ein Stern in einer sehr frühen Phase seiner Entstehung.

Protuberanz Ein flammenartiger Strom aus heißem Gas, der von der Sonnenoberfläche emporschießt.

Pulsar Ein Neutronenstern, der Radioimpulse in schneller Folge abgibt.

Quasar Eine extrem lichtstarke, entfernte Galaxie, die fast wie ein Stern aussieht.

Radar Ein Verfahren, mit dem reflektierte Radiosignale aufgenommen werden, um Entfernungen und Formen von Objekten zu untersuchen.

Radioastronomie Die Untersuchung des Universums mit Hilfe von Radiowellen, die von Planeten, Sternen, Galaxien sowie vom Gas zwischen den Sternen ausgestrahlt werden.

Radiogalaxie Eine Galaxie, die außergewöhnliche Energiemengen in Form von Radiowellen freisetzt.

Radiowellen Die Form elektromagnetischer Strahlung mit der niedrigsten Energie und der größten Wellenlänge.

Rektaszension Das Äquivalent zur Länge bei der Positionsangabe am Himmel.

Röntgenstrahlen Eine energiereiche Form elektromagnetischer Strahlung mit Wellenlängen zwischen der ultravioletten Strahlung und den noch energiereicheren Gammastrahlen.

Roter Riese Ein alter Stern, der stark an Größe zugenommen hat und eine relativ kühle Oberfläche besitzt, die rot glüht.

Rotverschiebung Die Verlängerung der Wellenlänge des Lichts (oder jeder anderen elektromagnetischen Strahlung), wenn ihre Quelle sich vom Beobachter wegbewegt.

Satellit Ein natürlicher Mond eines Planeten oder ein Raumfahrzeug in einer Umlaufbahn um einen Planeten.

Schwarzes Loch Ein Gebiet im All, in dem so viel Masse konzentriert ist, dass seine Anziehungskraft selbst das Licht nicht entweichen lässt.

Sonnenfleck Ein Gebiet auf der Sonnenoberfläche, das dunkel aussieht, weil es kühler ist als seine Umgebung.

Sonnensystem Die Sonne und ihre ganze Familie aus Planeten und anderen Objekten (Kometen, Asteroiden, Monden, Staub usw.).

Sonnenwenden Die Zeiten im Jahr, zu denen die Sonne mittags entweder senkrecht über dem nördlichsten Punkt (um den 21. Juni) oder über dem südlichsten Punkt (um den 21. Dezember) steht.

Spektroskopie Die Brechung von Licht oder anderen elektromagnetischen Strahlen, um die unterschiedlichen Farben oder Wellenlängen einzeln zu untersuchen.

Spektrum Der Regenbogen der Farben und seine Erweiterung in Richtung längerer und kürzerer Wellenlängen, die für das Auge unsichtbar sind.

Stern Ein großer glühender Gasball, der seine Energie aus Kernreaktionen in seinem Inneren bezieht.

Sternbild Eines der mit einem bestimmten Namen bezeichneten Gebiete, in die der ganze Himmel aufgeteilt ist, oder das Sternenmuster, das diesem Gebiet den Namen gibt.

Sternzeit Zeit, gemessen nach dem Aufgang und Untergang der Sterne statt nach dem der Sonne. Astronomen verwenden die Sternzeit, um Beobachtungen zu planen.

Supernova Die Explosion eines Sterns, der danach ein paar Wochen lang so hell leuchtet wie eine ganze Galaxie.

Supernova-Überrest Eine Gashülle, die bei einer Supernova ins All geblasen wird.

Tag Die Zeit, die die Erde braucht, um sich (im Verhältnis zur Sonne) einmal um sich selbst zu drehen.

Teleskop In der Astronomie jedes Instrument zur Sammlung von Strahlung aus irgendeinem Teil des elektromagnetischen Spektrums.

Tierkreis Das Band der Sternbilder, durch das sich die Sonne im Laufe eines Jahres bewegt.

Treibhauseffekt Das Aufheizen der Oberfläche und der Atmosphäre eines Planeten, sobald Wärmestrahlung der Sonne von Gasen in der Atmosphäre eingeschlossen wird.

Ultraviolette Strahlung Elektromagnetische Strahlung mit kürzeren Wellenlängen als das sichtbare violette Licht. Diese Strahlungsform verursacht Sonnenbrand.

Umlaufbahn Der Weg durch das All, den ein Körper unter dem Einfluss der Gravitation eines anderen Körpers nimmt.

Universum Alles, was da ist.

Urknall Eine Theorie, die besagt, dass das Universum entstand, als vor etwa 15 bis 17 Milliarden Jahren etwas unglaublich Winziges und Heißes explodierte, das sich seitdem ständig ausdehnt.

Veränderlicher Ein Stern, der in seiner Helligkeit schwankt, entweder regelmäßig oder in unvorhersehbaren Abständen.

Wasserstoff Das leichteste und in seinem Aufbau einfachste chemische Element. Es stellt etwa drei Viertel aller Materie im ganzen Universum.

Weißer Zwerg Ein alter, in sich zusammengefallener Stern, der den Kernbrennstoff in seinem Zentrum aufgebraucht hat und allmählich stirbt.

Zirkumpolarstern Ein Stern, der von einem bestimmten Beobachtungspunkt aus immer über dem Horizont steht und einen der Himmelspole umkreist, während sich die Erde um ihre eigene Achse dreht.

Register

Bildnachweis

Design: Raynor Design

Abbreviations: t = top; b = bottom; l = left; r = right; c = centre; back = background

Photographs
The publishers would like to thank the following for permission to reproduce the following photographs:
Adventure Photo:
A. P. Kennan Ward: 99b
Anglo-Australian Observatory: 4bl; 5bl; 38t; 92t; 94-95b; 122t; 122b; 123tl
Royal Observatory Edinburgh: 25l; 25r; 47t; 94l; 94-95t
Telescope Board: 26-27; 103c; 137tl; 137cl; 138tl
AURA Incorporated, Kitt Peak National Observatory: 121t
Bodleian Library: 36tr
Britstock-IFA:
Eric Bach: 36tl
T. S. Chanz: 44tl
Bernd Ducke: 8t
Grahammer, Ducke: 126t
H. Schmidbauer: 136t
California Institute of Technology, Las Campanas Observatory:
J. T. Trauger: 72b
Collection Ville de Bayeux: 82-83t
M. Covington: 9br; 45; 103t; 109r
J. Dragesco: 59t; 96-97t; 97 inset
European Space Agency: 19r
Mary Evans Picture Library: 12bl; 40tr; 74bl
J. Fletcher: 115c
Galaxy Picture Library: 10t; 18
Hale Observatories: 121c
H. R. Hatfield: 32t; 34-35b
P. Janssen: 97b
Jet Propulsion Laboratory: 22t
W. M. Keck Observatory:
Keith Matthews, James Larkin: 142tl; 142br;
KPNO Composite: 142bl
Serge Koutchmy: 5bc; 26; 98r
Lick Observatory, Santa Cruz: 58; 116t; 116c; 118b
MACHO Project:
Wil Sutherland: 148b
McDonald Observatory, Texas: 41
Mittons: 8cr; 118t;
J. Mitton: 14; 19r; 23c; 23b; 36b; 65t; 74tl
S. Mitton: 96bl
M. Moberley: 69b
NASA: 8bl; 8-9c; 17tl; 30-31; 51; 59b; 60t; 60b; 66b; 67t; 67b; 68; 69t; 70-71t; 73; 74-75t; 74-75c; 75c; 75b; 75r; 76c; 77t; 77 inset; 77b; 78b; 78-79c; 79tr; 86t; 87; 96br; 98-99; 110b; 132-133b
Eric Bach: 82t; 96t
Matt Bobrowsky (CTA Incorporated): 123tr
California Institute of Technology and Carnegie Institution of Washington: 24-25
Carnegie Institution of Washington, Alan Dressler: 47b; 142tr
COBE Science Working Group: 92-93; 126bl
European Space Agency: 72t; 80b; 98l; 123br; 143br;
Goddard Space Flight Centre: 144
COBE Science Working Group: 92-93; 126bl
IRAS: 92b
Jet Propulsion Limited: 30tl; 54-55t; 54-55b; 56; 57t; 57c; 57b; 57br; 65b; 66tl; 66c; 86t
Tod R. Laver, Sandra M. Faber: 137cr
Rice University, C. R. O'Dell: 103b
Space Telescope Science Institute:
Francesco Paresce, European Space Agency, Paola Sartoretti, University of Padua: 74bl
R. Jedrzejewski, Francesco Paresce, European Space Agency: 116b
JHU, H. Ford: 141tc
J. Mackerty: 149
H. A. Weaver, T. E. Smith: 85b
National Optical Astronomy Observatories: 8-9b; 47c; 130t; 132t; 138bl; 138br; 141tl; 141bl
Steward Observatory: 12-13
University of Arizona, Gary Berstein, Tony Tyson (A. T. & T. Bell Laboratories): 143
National Radio Astronomy Observatory: 17bl; 123bl; 138tr
AUI: 136-137t; 138tr; 141br
VLA: 137b
National Research Council of Canada, Dominion Astrophysical Observatory: 148t
Natural History Museum, London: 88t; 88br
Jack B. Newton: 8-9t; 102tl; 108; 121b; 130bl; 130br; 131b; 133br
Palomar Observatory/Carnegie Institution: 6-7; 109l
Max Planck Institute Fur Aeronomie: 85c
The Planetarium, Armargh, Northern Ireland: 82-83b
T. Platt: 71
Royal Astronomical Society, London: 114t; 114c; 114b
Royal Greenwich Observatory: 14-15t; 15tr
Royal Observatory, Edinburgh: 102tr; 110t
AAT: 128; 129l; 129r
John Sandford: 32b; 88-89t
Scott Sandford: 89br
UK Schmidt Telescope Unit: 133t
Science Photo Library/Hale Observatories: 46b
Scrovegni Chapel, Padua: 83t
Space Frontiers Ltd: 34-35t; 72c; 75l
H. J. P. Arnold: 30tr
Space Telescope Science Institute:
Dana Berry: 112t; 113b; 116-117; 126br; 136b; 141tr; 143tl
Antonella Fruscione, Richard Griffiths, John MacKenty: 16t
UCLA,Astronomy Department, Ben Zuckerman and Harland Epps, Jon Gradie-Joan Hayashi, Planetary Geosciences Division, University of Hawaii, Robert Howell, Department of Physics and Astronomy, University of Wyoming: 105l; 105r
University of Hawaii at Manoa, Institute for Astronomy: 81 inset
University of Hawaii, Alan Stockton: 137t
University of Michigan: 1; 17r
University of Oxford, Department of Astrophysics: 134-135

Illustrations and diagrams
Julian Baum: 15c; 15b; 16b; 20; 22-23; 32-33; 40t; 44b; 47b; 81; 84b; 86b; 108; 115t; 120; 126-127; 131; 138c; 139; 144; 144-145
Paul Doherty: 10-11; 46t; 61t; 61b; 102b; 104; 111
David Hardy: 2; 4tl; 5br; 26-27; 28b; 30b; 37; 38-39; 40b; 42; 43b; 48-49; 50t; 50b; 50-51; 52t; 52-53; 54tc; 58-59; 62-63; 64-65; 70t; 70-71; 73r; 74tr; 76t; 76b, 76-77; 78t; 78-79; 80t; 80-81; 84t; 90-91; 100t; 100b; 101; 106; 107; 119t; 119b; 124-125; 146-147; 151-153
David Mallott: 64t; 66–67
Oxford Illustrators: 14; 18; 34t; 44tr; 97
Raynor Design: 23t; 28tl; 28tr; 29; 31; 38; 40b inset; 43t; 47t; 88; 112b; 113t; 114b; 115b; 140; 150t